サスティナブル社会とアメニティ

高崎経済大学附属産業研究所【編】

日本経済評論社

刊行にあたって

　高崎経済大学附属産業研究所は、1957年（昭和32年）の本学の創立と同時に至極当然のように設置され今日に至っている。したがって早いもので、2007年に50年の節目を迎え——そこで、研究プロジェクト・チームによる今回の本報告書は、年度としては「創立50周年」の記念すべき年に当たるのである——、これを契機に一層の発展を示すものと思われる。ただそうは言っても設立当時から順風満帆であったわけではなく、そこには紆余曲折も見られた。しかし現在では、大学の支援を始め研究所（の所員）の努力や関係者の協力などによって、当研究所の事業や活動は評価できる水準にまで高まっている。さらに2学部・2研究科体制になったため、より高度で広範囲の研究体制が構築でき、これまでよりも充実した研究所として発展・展開している。

　研究所の目的（目標）とするところは、主に、産業・経済の分析・研究を通して学問的に貢献し、あわせて地域経済や地域産業（地域社会）の振興・発展に寄与することにある。『産業研究所規則』の第2条には、「研究所は、経済、経営及び地域に関する基礎研究等を行い、あわせて高崎市を中心とする地域社会の発展に貢献するため、次の事業を行う」とあり、研究活動の基本的な方向付けを謳うとともに、当研究所の取り組むべき事業として6項目（省略）を挙げている。研究所は、高崎市という地方公共団体（地方自治体）が設置した公立大学の使命と役割の発揮に一翼を担うことになる。

　本研究所は、研究の質的向上および開放された研究所の推進などを目指して、日々地道な努力を積み重ねて来た。さらに今後の課題は、これまでの伝統・実績を踏まえて国際化時代、地方分権時代にいかに対処・対応していくかについて優れた解を見つけることであろう。地域のニーズを正確に知ることはもちろん大切なことであるが、もっと重要なことは、グローバル化時代における地域の果たすべき役割を的確に把握することであり、さらにそれに真剣に応えていくことである。「グローバルな視野を持って地域のことを考える（地域に貢献

する)」をモットーにして、すなわち「グローバル化の時代」を念頭に置き「地方の時代」を考えることを通して、質の高い地域の研究を推進して、こうした優れた研究成果の情報を全世界に向けて発信することが極めて重要な本研究所の役割であり、貢献ということになろう。その際もちろん同時に、進展しつつある生涯学習時代についても考慮して、それに対応した活動を推進していくことも重要視すべきである。

　研究所にとって研究面の質の向上は死活問題である。その向上の主要なものとして、第一は、紀要の学術雑誌としての質的向上を目指して、1989年に『産業研究』発行等に関する取扱い要領が制定され、同年、長く続いた『産業研究所紀要』(その前身は『産業研究所所報』である) 時代から新しい『産業研究』時代に大きく前進したことである。第二は、研究プロジェクト・チームによる、外部からも高く評価されている研究図書の毎年の継続的刊行 (1979、1984、1987年～〈毎年欠かさず発刊〉) である。

　研究プロジェクト・チームがスタートしたのは、大学創立20周年記念事業としてであった。当研究所独自の出版物 (紀要を除く) の刊行の必要性は早くから主張・強調されてきたが、なかなか実現するには至らなかったので、第1巻が『高崎の産業と経済の歴史』のタイトルで1979年に公刊されたことは特筆大書すべきである。この時期は予算がほとんど無いに等しいといっても過言ではなく、執筆担当者は手弁当で自身の論稿に必要な資料の収集にあたったが、この時の精神は、1984年刊行の『北関東──都市の生活と経済』の研究者に受け継がれ、さらに今日のプロジェクト・チームにまで見事に引き継がれているのである。プロジェクト研究書は、執筆担当者の献身的な研究活動に、すなわち所員を中心とする (所員でない本学内外の研究者を含む) プロジェクト参加者の真摯な熱意に支えられ成り立っているとも言えよう。参加者には、研究に対する報酬は支払われていない。

　プロジェクト本は研究所の宝となっている。これらは現在では立派な叢書を構成しており、「継続は力なり」の諺が適切に当てはまる偉業であるといえよう。プロジェクト研究図書の継続的な刊行は、今日全国に (世界にも) 知れ渡

り、当該図書を求めての問い合わせは広範囲に及んでいる。

　研究プロジェクト・チームによる今回の報告書（学術・研究書）は、『サステイナブル社会とアメニティ』のタイトルで刊行される運びとなった。当研究チームは、上記タイトルの問題意識のもと本学の加藤一郎教授を代表として2004年度からスタートし考察を積み重ねてきた〔研究期間：平成16年4月1日～平成20年3月31日（平成16・17・18・19年度）〕。その成果がこのような形で公刊できることは、当チームのメンバーの研鑽の賜物である。今日「サステイナブル・ソサエティ」の実現の必要性はとみに高まっており、「新しい時代におけるサステイナブル・ソサエティとアメニティ」をテーマとすることは、もちろん持続型社会をアメニティとの関連で考究することを意味し、人々がその指針を待ち望んでいることを想起するとき、時代の要請にマッチした極めて意義ある研究であると言えよう。プロジェクト研究の趣旨には、「豊かな自然環境であっても、そこで暮らす人々が荒廃した人間関係であったり、特有の歴史や文化を持たない地域であったりでは意味がないのである。豊かな自然環境を再生させるとともに、その地域の歴史と文化を踏まえ、新しい地域特性を築き上げ、豊かな人間関係、コミュニケーションつまりアメニティを作り出していくことが、本当の意味で持続型社会を形成することになる。」とあり、「このような問題意識を、群馬・高崎という具体的な地域を念頭におきつつ、理論的・実証的に分析をしていくつもりである。」としている。研究チームのメンバーによる各論稿が当該分野などにおいて必ずや貢献するであろう。

　本プロジェクトの研究・刊行に関わったチームの各メンバー、特にチームのリーダーとして活躍された加藤一郎教授、本書の発刊を支援していただいた高崎市、大学当局、さらに上梓の労をいとわず努力していただいた日本経済評論社に対しここに衷心より深謝の意を表しておきたい。

　　2008年2月

　　　　　　　　　高崎経済大学附属産業研究所所長　　北條　勇作

目　次

刊行にあたって …………………………………………………………………3

序　章　持続社会の発展 …………………………………………加藤一郎　9

第Ⅰ部　サステイナブル社会の課題 …………………………………………13

第1章　持続型社会への金融アプローチ ………………………山田博文　14

第2章　持続可能な社会を支える投資行動
　　　　――「責任ある投資」概念の普及と実践の課題 ………水口　剛　38

第3章　戦前における電気利用組合の展開とその地域的役割
　　　　………………………………………………………………西野寿章　65

第4章　持続可能性と連帯経済
　　　　――プロジェクト・スモール・エックスへのまなざし ……矢野修一　90

第Ⅱ部　環境・アメニティの経済分析 ………………………………………125

第5章　コモンズの悲劇と非線形経済動学 ……………………柳瀬明彦　126

第6章　地域環境政策における経済的手段の導入と公衆の参加
　　　　　　　　　　　　　　………………………………………浜本光紹　144

第7章　エコツーリズムの経済分析
　　　　──コモンプールアプローチ　………………伊佐良次・薮田雅弘　162

第Ⅲ部　環境・アメニティ政策の評価 ……………………………………183

第8章　低炭素社会に向けた地方自治体における取り組み
　　　　──戦略的政策形成の課題と展望………………………林　宰司　184

第9章　GM産品へのEUラベリング政策の評価をめぐって
　　　　──貿易摩擦から"新しい環境アカウンタビリティ"へ………山川俊和　211

第10章　尾瀬におけるガイドツアーに対する紅葉期入山者の選好分析
　　　　　………………………………柘植隆宏・庄子　康・荒井裕二　236

第11章　群馬の森の環境評価──仮想評価法およびトラベルコスト法による実証
　　　　………柳瀬明彦・小安秀平・中条　護・堀田知宏・水野玲子　258

あとがき……………………………………………………………………………293

執筆者紹介…………………………………………………………………………300

序章　持続社会の発展

加藤一郎

はじめに

　数年前、21世紀を迎える頃、なんとなく「世紀末」という雰囲気が漂って、世の中は新しい世紀が来るという漠然とした期待感と、バブル経済の崩壊後、金融再編成、企業再編成が進んで、日本経済が混沌としている中、これからどのようになっていくのだろうかという不安感に包まれていた。途上国では依然として貧困問題が深刻であるが、日本では衣・食・住はおおよそ充足されるようになっていた。しかし、明るい期待にあふれた様子はほとんど見られなかった。今日の日本では、新たな格差問題が顕在化し、この先、決して遠い将来ではない未来がどうなるかは明らかではない。多くの人々には、期待はなく、不安が存在する。

　成長と発展を前提して成立する社会、戦後高度成長期以降の日本はそうした社会の典型的な事例であった。しかし、人間の成長がやがて止まるように、経済政長もやがて止まるときがくる。

　第2次世界大戦後の日本の経済成長は幾つかの条件によって支えられてきた。経済成長を支える条件は幾つかある。資本、技術、労働力である。戦後の荒廃の中で資本は不足していたが、残っていた資本を活用し、アメリカからの援助資金を利用した。戦争にともない世界から導入されなかった技術は、敗戦によってアメリカなどから急激に導入された。もともと豊富であった労働力は、敗

戦により戦争から解放されたことによって、大量の失業者を生み出すとともに、経済発展の潜在的なエネルギーとなった。

　敗戦後の日本は、この資本、技術、労働力を困難な条件の下で結合することによって経済発展を遂げてきた。すべてが経済成長を目指しており、経済成長のためにはすべてが認められるという雰囲気であった。その結果、奇跡ともいわれる経済成長を遂げた。

　しかしその発展は、経済成長以外の条件を考慮に入れないものであった。リーディング部門となった重化学工業は、資本を銀行など金融機関からの資金借り入れによってまかない、技術はアメリカなどから導入しながら、安価で豊富な労働力を利用しながら発展した。

　輸出型の産業を中心とする日本経済の発展は、農業や地場産業といった国内経済に基礎をおく産業を、輸出型産業の下に置くか、あるいは周辺化した。いわゆる「二重構造」を生み出しながら発展してきたのである。この関係を、現在では、国内だけにとどまらず発展途上国との間に広げつつある。しかし、このような発展は永続するものではない。資源・エネルギーの限界、環境の限界が至るところで露呈し始めている。そして、省資源、省エネルギーを目指し、環境保全を目指す動きが高まっている。資源や環境の限界を知り、国や地域、企業、市民が省資源、省エネルギーに取り組むことによって初めて、持続可能な社会が形成される。

　現在問題となっているのは、輸出型産業に頼らないで、国内需要に基礎をおく産業を発展させ、農業や地場産業の自立性を高めていく、そして経済成長優先の社会ではない、自然と暮らしに重点を置いた、いわゆる地産地消型の社会をつくることであろう。そのことが持続型社会をつくることになる。

　問題は、そのような持続型社会が経済成長を阻害する、あるいは経済成長と相反することにならないかということである。経済成長を阻害しない持続型社会を構想すること、言い換えれば、持続型社会の構想と相反しない経済成長は可能だろうか。

2　持続社会とは何か

「持続」は『角川大字源』によると「もちつづける。長くその状態が続く。」となっている。ちなみに、継続は「つづける。跡を継いで続ける。」とある。持続でも継続でも大きな違いはないが、継続には何か別のものから引き継ぐという意味合いが含まれているのに対して、持続にはそのような意味合いがなく、現にあるものが現にあるままに、そのまま続くという意味になる。考えようによれば、これは重大なことである。現在の正の遺産だけでなく、負の遺産も引き継ぐということである。

同じく「社会」とは『角川大字源』によると「共同生活をする組織・団体」とある。各種の組織や団体が共同生活を営むことを意味する。つまり、「持続社会」とは「現にある社会が現にある社会のまま続く」ということを意味する。それは、人類の生命を中心としてすべての生あるものの生命の維持、継続を意味するだけでなく、地球・宇宙をはじめとするあらゆるものが維持・継続していくことを意味する。

持続社会が問題になるようになったのは、反語的な意味にはなるだろうが、社会の持続が危うくなっていることの裏返しだろう。地球温暖化や公害など、ありとあらゆる問題が、世界のいたるところで発生するようになった。戦争は国内紛争も含めると世界のあらゆるところに広がっている。飢餓や食糧危機は、一方での豊かな社会の存在にもかかわらず、多くの地域に広がり、その豊かな社会にも貧しい地域、貧しい人々が存在する。

したがって持続社会の実現には、大気汚染などの公害問題や地球環境問題が解決するか、少なくとも社会の持続に障害とならない程度に収まり、飢餓や食糧危機に苦しむ人々がいなくなることが必要である。社会の中で、すべての人が環境破壊に苦しめられることなく、飢餓やその他の社会不安に囲まれることなく生活していくことが、そしてその生活が継続することが持続型社会である。

3　持続社会の「発展」とは何か

持続社会における発展とは何か。そもそも持続社会に発展はあり得るのだろ

うか。「発展」とは「のびのびひろがる」という意味だけでなく「低い段階から高い段階へ進む」、つまり変化を印象づける言葉である。

　封建社会から資本主義社会への発展は、封建的な生産関係では維持できなくなってきた生産力が、資本主義的な生産力への移行を促すとともに、封建的な社会関係が資本主義的な社会関係に変化していくことを意味している。日本でいえば、士農工商に代表される身分制度が解体し、一方で資本が誕生し、他方で自由な労働力が生まれることによって資本主義社会が生まれた。

　持続社会における発展は、生産力の拡大を意味したこれまでの発展とは異なり、生産力の拡大を必ずしも意味しない発展になる。すなわち、生産力の拡大を指標としてきたこれまでの発展概念と大きく異なり、何か別のものを基準として発展を図ることになる。

　それが「環境」なのではないだろうか。そのおおもとになるのは自然環境であろう。今日、自然環境が重要な意味を持つことはいうまでもない。持続社会であり続けるためには、自然環境が悪化しないことが重要であるだけでなく、改善していかなければならない。この地球上にはまだ豊かな自然が残っている地域も少なくないし、温かい人間関係が息づいている場所も多い。しかし自然が破壊され、人間関係がうまくいかないケースも拡大している。これらを食い止め、改善していくことが持続的な社会をつくる中心的な課題であると考えられる。

第Ⅰ部　サステイナブル社会の課題

第1章　持続型社会への金融アプローチ

山田博文

I　問題提起と課題設定

　本稿の目的は、持続型社会の実現に向けて、マネーと金融ビジネスはどのような役割を果たすことができるのか、その特徴と問題点を検討することである。

　従来、持続型社会に関する研究アプローチは、資源の枯渇や環境破壊などに注目して、大量生産・大量消費・大量廃棄のプロセスにおける物の循環の検討に向けられていた。そこでの中心的な論点は、資源の枯渇による破局を回避し、持続型社会を実現するために、省資源、省エネルギー、3R活動（Reduce・Reuse・Recycle）、大気や水資源の保全、資源循環型社会のあり方、などであった。

　だが、そうした物の循環が成立するためには、市場経済の下においては、それに先立つマネーの循環が前提となる。

　というのも、すべての物は、生産から最終消費にいたるすべての局面を通じて、マネーを介した売買取引によって循環し、あらゆる経済的な営みにとって、マネーの調達と運用は不可欠であるからであり、それは、銀行や証券会社などの金融ビジネスとして営まれている。

　したがって、持続型社会の実現にとって、マネーと金融ビジネスのあり方やその役割を検討することは、看過できない重要な課題である、といってよい。すでに国連は、金融と環境に関する補助機関として、「国連環境計画・金融イ

ニシアティブ」（UNEP FI：United Nations Environment Programme Finance Initiatives）を設立し、各国と金融機関に対して、持続型社会の実現のために金融が積極的な役割を果たすよう働きかけている。

持続型社会への金融アプローチを意図する本稿では、さしあたって、以下の2つの問題が検討対象となる。

第1は、企業に対して、マネーを貸し出し、投資を行う場合に、環境に配慮した経営を行っている企業を優先しようとする「環境配慮型金融」について、その現状と問題点を検討することである。

環境を破壊し、人々の快適な居住空間とアメニティを破壊するようなビジネスを行っている企業に対して、何の制限もなくマネーを貸し出し、株式や社債にマネーを投資するなら、そのようなマネーと金融ビジネスのあり方は、持続型社会の実現にとっての阻害要因となるからである。

第2は、マネーと金融ビジネス自体が持続型社会の実現にとっての阻害要因にならないために、現代金融の現状と問題点を検討し、社会が持続していけるように、「地域自立型マネー循環」のあり方を検討することである。

マネーが実体経済の営みから乖離し、目先の利益追求に向けられると、グローバル化し、情報化した現代世界では、マネーは、地球の裏側でも、リアルタイムで移動していき、自国の国民経済や地域経済の安定や成長とは無縁な存在となる。というより、このようなマネーと金融ビジネスのあり方は、各種の金利や価格の乱高下をもたらし、経済社会の不安定性を助長し、格差を拡大し、社会的な摩擦や対立を激化させ、持続型社会とアメニティの実現にとって、破壊的な作用すら誘発する時代が訪れているからである。

そのようなわけで、本稿では、持続型社会を構想し、実現するための金融アプローチとして、「環境配慮型金融」の現状と問題点を解明し、金融のグローバル化の対抗軸となる「地域自立型マネー循環」について検討する。

II 国連環境計画・金融イニシアティブ東京会議

1 持続可能性と金融の役割

　国連が運営する金融と環境に関する国際会議である「国連環境計画・金融イニシアティブ東京会議」は、2003年10月20日～21日にかけ、「金融が持続可能な社会と価値の実現に向けて果たす役割」をテーマにして、アジアで初めて開催された[1]。

　この「東京会議」が提起した重要な問題として、当時の新聞は、「環境保護、金融にも役割、国連環境計画金融イニシアティブ東京会議 for a Sustainable Society 明日の地球環境のために」との見出しで、つぎのように報じている。

　すなわち、「製造や流通などモノにかかわる産業は、二酸化炭素（CO_2）や廃棄物、化学物質の削減などで環境保全の責任を負う。しかし、産業界に投資、融資する金融機関も地球環境保護に大きな役割を担うのではないか。そうした視点から10月20、21日、環境と金融に関するアジアで初めての本格的な国際会議、国連環境計画金融イニシアティブ（UNEP-FI）東京会議（朝日新聞社など後援）が開かれた。融資の基準として、企業の環境対策を正確に評価しようと競い合う欧米金融界の現状などが報告された。その波は、日本の金融機関にも押し寄せている。」[2]、と。

　国連環境計画・金融イニシアティブ（UNEP FI：United Nations Environment Programme Finance Initiatives）とは、1992年の設立以来、260を超える世界各地の銀行・保険・証券会社とパートナーシップを結んで、金融機関のさまざまな業務において、環境および持続可能性（サステナビリティ）に配慮した最も望ましい事業のあり方を追求し、これを普及、促進することを目的に活動している国連の補助機関である。

　「2003国連環境計画・金融イニシアティブ東京会議」の特色は、共催団体となった日本政策投資銀行の「会議概要報告書」によれば、以下の4点にあった。

1. アジアの経済発展にともない深刻化する環境問題とその対策は、世界的

に重大視されているが、アジアの金融機関は、欧米の金融機関に比較すると、環境に配慮した金融活動を積極的に行う姿勢や意識が低い。
2. 会議の中核的な議題として、企業の社会的な責任（Corporate Social Responsibility）と社会的責任投資（Socially Responsible Investment）が取り上げられたことである。
3. UNEP FI（金融イニシアティブ）という組織が結成され、銀行、証券、保険といった業種の境界を超えて環境への配慮を議論する、初めての会議となったことである。
4. 会議の最後に、コンファレンス・ステートメントとして、「持続可能な社会の実現に向けての東京原則」が発表された。

「東京会議」において宣言された「東京原則」は、「国連環境計画・金融イニシアティブ（UNEP FI）東京会議コンファレンス・ステートメント——世界各国の UNEP FI 署名機関の総意として——」、ということで、つぎのような前文でその意義が宣言された。

すなわち、「あらゆる企業は、環境への配慮をはじめ、その社会的な責任を積極的に果たさなければならない。とりわけ我々金融に携わる者は、社会的な機能として広汎な影響力を有する立場にあるゆえに、持続可能な社会を実現するため、その果たすべき役割は極めて大きい。

金融機関がこのような環境配慮を含む社会的な責任を果たすことによって、持続可能な社会の実現がより確実なものになり、その結果金融機関自身の持続可能性を高めることが可能となる。

以上の認識を踏まえて、アジア地域で初めて開催された UNEP FI 東京会議『Sustaining Value』の議論の成果を受け、われわれは、次のような『東京原則』を確認する。」[3]。

ここで宣言された「東京原則」は、以下の通りである。

「1. 金融機関は、その投融資あるいは保険の対象とするプロジェクトもしくは事業者が、社会もしくは環境にどのような影響を与えるかについてあらかじめ適切に考慮し、社会・環境に与える影響が望ましい方向になるべく投融資及

び保険の対象の選定その他において適切な行動をとる。

2. 金融機関は、環境の保全もしくは社会の持続的発展に資する事業を積極的に選択し、これを投融資活動において支援し、また保険や資産運用など金融商品の開発販売においても環境の保全もしくは社会の持続的発展に資するような商品を普及するべく努力する。

3. 金融機関は、上記の金融活動を行うに際し、自らの経営方針、組織体制、情報開示の指針等ガバナンス全般について最適な体制を採るとともに、その直接的な環境影響等についても十分に留意する。

4. 金融機関は、あらゆるステークホルダーとのコミュニケーションを通じて、持続可能な社会の実現に資する普及啓発に努めるものとする。」[4]。

以上のような金融と環境に関する「国連環境計画・金融イニシアティブ」の東京会議は、30ヵ国以上、約100の金融機関から490名（うち海外からの参加者は150名）が参加し、過去に例を見ない大規模なものとなった[5]。

2　東京会議の意義と今後の課題

上記のコンファレンス・ステートメントとしての「東京原則」から明らかのように、「金融が持続可能な社会と価値の実現に向けて果たす役割」をテーマにした場合、その主な内容は、今回の東京会議における「東京原則」で見る限り、金融機関は、①環境・社会に望ましい投融資や保険を選定する、②環境・社会に資する金融商品の開発・販売に努力する、③ステークホルダーとの対話を通じ持続可能な社会の実現に努力する、といった表現に集中的に表れている。

激化する環境問題に対する金融機関サイドのアプローチの特徴は、各種の環境リスク保険などの新しい保険や金融商品を開発、販売し、金融ビジネスのフィールドを拡大し、活性化させることにある。持続可能な社会を実現するための道と金融ビジネスのフィールド拡大とが一体的に位置づけられている。環境とビジネスとの両立が、「東京原則」の特徴といえる。

たしかに、欧米の金融機関では、持続可能な社会の実現を重視し、「貧困や衛生、安全な水の確保」といった問題に取り組む必要性が指摘されている。

ただ、「会議概要報告書」も指摘しているように[6]、東京会議のメインテーマとなった「Sustaining Value」(「持続する価値」)には、2つの意味が含まれていた。1つは、「持続可能な社会」という意味での根元的な価値であるが、もう1つは、株主や経営者から見た「持続する企業価値」という意味での「市場主義的な価値」であった。欧米の民間金融機関は、この2つの「価値」を融合した概念をめざしている、ということである。

つまり、持続可能な社会を実現する銀行・証券会社・保険会社などの金融機関のさまざまな取り組みは、実利的なチャンスを前提とし、利益を求める金融ビジネスとして行われるのであって、無償のボランティアとして行われるのではない、という点である。換言すると、実利的なチャンスが見つけ出せない場合には、持続可能な社会を実現するための金融機関の取り組みにはブレーキがかかる、ということである。こうした市場の論理は、金融機関だけでなく、利益の追求を目的にしてビジネスが行われている資本主義経済下では、他のあらゆる企業にも妥当するであろう。

もちろん、だからといって、「2003国連環境計画・金融イニシアティブ東京会議」が無意味であったわけではない。この点について、日本政策投資銀行の「会議概要報告書」は、以下のように指摘している。「いずれにしても今回の会議は、わが国の環境配慮型金融が進展する大きな契機となったのは事実であり、今後これらの課題への対応も含め、わが国の金融機関は、『東京原則』の理念も踏まえつつ、一層持続可能な社会への実現に向けたそれぞれの機関の特色に合った対応が求められるのは確かであろう。」[7]、と。

この点では、「2003国連環境計画・金融イニシアティブ東京会議」の第1日目のスピーカーであるドイツ銀行の Hanns Michael Hoelz 氏 (Deutsche Bank, Global Head of Public Affairs and Sustainable Development & UNEP Finance Industry Initiative, Chair) は、「ビジネスが成り立つには、環境、経済、社会が調和した持続可能性が欠かせない。銀行や証券会社だけでなく全ての企業が、その持続可能性を追求する必要がある。また、ビジネスを超えた視点も重要である。企業もわれわれも、人類や地球レベルで持続的発展に寄与すべきである。」[8]、と

スピーチし、目前の利益の追求ではなく、持続可能な社会に向けた、ビジネスを超えた長期的、普遍的視点の重要性を強調している。

III 環境と金融——社会的責任投資と環境配慮型金融

1 環境保全における金融の役割

　欧米の金融機関が貸出や資産運用に際して、環境責任を問われることになった背景は、以下のようである。すなわち、「金融機関の環境責任が注目されたきっかけは、1978年に米のニューヨーク州で起きた大規模な土壌汚染、『ラブカナル事件』だ。化学会社の廃棄物投棄地跡にできた住宅地に大量の有害物質が漏れ出し、大統領が非常事態を宣言した。事件を受けて1980年、汚染企業や土地所有者だけでなく事業に出資した金融機関の連帯責任も問うスーパーファンド法が制定された。

　銀行は、お金を貸すだけで環境への責任が少ない業種、という通念は米国では打ち砕かれた。

　欧州も金融機関の環境責任に厳しい。欧州事情に詳しい日本総研の足達英一郎主任研究員によると、英国やドイツでは環境NGOの役割が大きいという。企業の環境破壊に対してメーンバンクの責任も追及し、銀行の株価が実際に落ちる。

　スイスでは、大口の個人預金者の要望が銀行を動かしている。富豪たちは、莫大（ばくだい）な資産を50年、100年という長期的視点で運用する。『標高の低いオランダは、地球温暖化影響のリスクはないか』。銀行はこうした問いに答えなければならない。（足達氏）

　融資先の環境リスクを正確に評価できないと、担保価値の暴落や融資先の倒産さえ招きかねず、金融機関自身の信用にも傷がつく。逆に、環境努力を評価できないとビジネス機会を逃すことにもなる。環境への取り組みを融資条件に反映させることで企業行動に影響を与え、持続可能社会の実現にも寄与できるという考え方が、欧米では浸透しつつある。」[9]。

環境問題に対する欧米の金融機関のこのような取り組み[10]や国連などの国際的な機関の呼びかけがきっかけとなって、わが国でも、一部の民間金融機関、環境NGO、日本政策投資銀行などの公的金融機関[11]、環境省などが、環境保全のための金融の役割について、さまざまな提言を行ってきている。

図1　環境と金融についての概念図

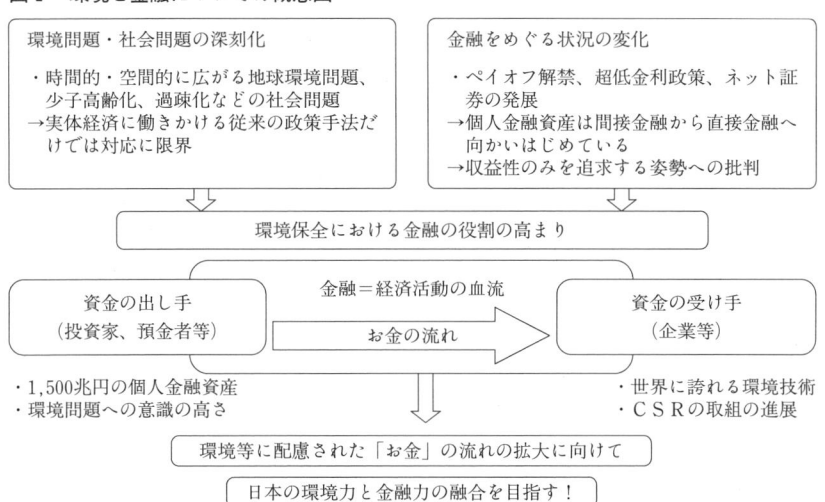

出所：環境と金融に関する懇談会『環境等に配慮した「お金」の流れの拡大に向けて』（平成18年7月10日、p.1）

環境省の「環境と金融に関する懇談会」は、図1のような概念図を示しながら、環境保全のために金融に期待される役割について、以下のように指摘している。「金融という手法は、個々の事情に即した臨機応変な対応が可能であるという利点もある。そして、何よりも私たちの社会が経済活動を軸に営まれていることを考えると、資金の出し手と受け手を結びつける金融に期待される役割は極めて大きいと言うことができる。すなわち、投資や融資に際して財務上のリスクと収益のみならず環境などの社会的価値も考慮するようにしていくことによって、お金の流れを環境など社会に配慮されたものに変えていくことができ、このことが経済社会を大きく変えていく鍵になると考えることがで

る。」[12]、と指摘している。

2　持続型社会と社会的責任投資——その有効性と課題

　ここにいう「お金の流れを環境など社会に配慮されたものに変えていく」取り組みは、近年、わが国でも、社会的責任投資（SRI: Socially Responsible Investment）として注目されつつある。

　すなわち、資金の出し手は、投資にあたって、高い利回りだけを追求するのではなく、投資の対象にした企業自身が社会的責任（CSR: Corporate Social Responsibility）を果たし、環境への取り組みやコンプライアンス（法令遵守）、従業員への配慮、地域社会への貢献、などの社会的な取り組みを行っていることを確認し、それを基準にして投資する。そのような投資基準を満たさない企業に対しては投資対象から除外する、というものである。

　社会的責任投資について、歴史的にも古くから取り組まれてきた欧米では、年金などの大口の機関投資家によって大規模投資が行われてきたために、投資残高も巨額である。たとえば、社会的責任投資の残高（2005年現在）は、アメリカでは274兆円、イギリスでは22.5兆円ほどに達しているが、わが国では、まだ2600億円程度（2006年3月末現在）にすぎない[13]。

　社会的責任投資について、歴史のあるアメリカでは、1920年代の教会の資金運用にあたって、反社会的な企業は投資対象から除外する、といったことにはじまり、1960年代の公民権運動の高まり、ベトナム反戦運動の高まりの中で、タバコ、アルコール、環境、人権、雇用、ギャンブル、武器、などについての企業評価を行い、投資から除外している。

　欧州連合（EU）では、社会的責任投資を積極的に推進する報告書が出され、フランスでは、企業の社会的責任として、環境・社会報告書を義務づけている。また、イギリスでは、2000年7月の年金法の改革により、年金基金の管理者に対して、投資に当たっての投資銘柄の選択・保有・売却において、社会・環境・倫理的側面をどの程度考慮しているかを、投資基本方針書に記載させることになった[14]。

わが国の社会的責任投資の現状は、環境省の懇談会報告書によれば、「環境問題への関心の高まりを受け、1999年に投資信託の一商品としてエコファンドが設定されたことから始まり、2000年にかけて企業評価に企業の環境への取組を加味した環境配慮型投資信託の新設も進み、資産残高も2,000億円弱まで急増した。しかし、その後の株安の影響もあり資産残高は大きく落ち込み、新たなSRI型の投資信託商品の設定がみられない状況が続いた。2003年以降、株価の回復とともに、CSRに対する社会的な関心が高まってきたことも反映し、企業の社会的な取組全体を評価する商品の設定が進み、資産残高も徐々に増加してきた。現在、10を超える投資信託会社から約20本のSRI型投資信託の設定がされている。しかしながら、現在の全投資信託の残高に占めるSRI型投資信託の割合は、わずか0.4％という水準にとどまっている。また、年金基金等の機関投資家による社会的責任投資についても、現在のところ大きな広がりはみられない」[15]、といった現状にある。

　わが国で社会的責任投資が広がりを見せない背景として、環境省の懇談会は、以下のように指摘する。

　「我が国においては、現在のところ、個人向けの投資信託商品が社会的責任投資の主なものとなっており、今後、その普及を図っていくためには機関投資家の運用において取り入れられることが望まれる。機関投資家である年金基金の取組をみると、欧米では公的年金を中心に社会的責任投資への取組が普及しているのに対し、我が国では、資金の運用を委ねられた者の負うべき責任、すなわち受託者責任により収益性や株主価値の増大といったことに重点を置く考え方と社会的責任投資の考え方が相反するのではないかという懸念があるため、社会的責任投資による運用は進んでいない。」[16]、と。

　戦後の経済運営において経済成長至上主義が貫かれた「企業中心社会」ともいえるわが国では、そもそも、社会的責任投資についての認識が低い。また投資信託という形で出発しているため、環境や社会問題との関係が希薄であることも、社会的責任投資が広がらない要因である、といえる。

　それだけでなく、社会的責任投資という方式によって、環境や社会問題に貢

献するには、一定の限界もあることもまた確かである[17]。

　というのも、価格変動リスクのある株式や投資信託といった金融商品への投資は、預貯金と違い、元本保証のないハイリスク・ハイリターン型の投資であるため、投資家サイドが、投資を通じて、環境や社会問題に貢献しようとしても、元本を割り込むような投資は不可能だからである。株価が下落する時期に、社会的責任投資の投資残高も減少しているのは、そうした経済論理が働いている、といえる。

　さらに、社会的責任投資を行うことによって、投資対象にした企業に対して社会的責任を促そうとしても、株主総会における発言権の強さは保有株の割合に比例するので、最大株主に近いほどの株式の大量保有が前提となる。だが、環境や社会問題に大きな影響を与える巨大な多国籍企業の大株主になるほどの巨額の投資資金を調達することは、不可能に近いからである。

　社会的責任投資をめぐるこれらの問題点は、利益追求を目的にした資本主義経済下における株式投資と株式会社のあり方によって画されている。

　もちろん、だからといって、環境、人権、雇用などについて、社会的責任を果たさない企業を、投資対象から積極的に排除していくことで、そのような企業の資金調達を困難にし、社会から孤立させ、企業経営のあり方を転換させていく効果を発揮することになる社会的責任投資の有効性は、株式投資というチャネルを通じて持続型社会を実現していく上で、積極的意義を有している。

3　自然環境保護ファンド

　投資という経済行為を通して、環境や社会問題に金融的にアプローチする方式は、株式投資以外にも、さまざまな試みが実施されているので、若干紹介しておく。

　自然環境保護を目的にした投資信託の一例は、図3である。自然保護に関心の高い投資家は、自分の投資した資金によって発生する収益の一部を、自然保護団体に寄付する形で、自然保護に貢献できる仕組みの投資信託である。さらに、投資を委託された会社は、社会的な責任を果たしている企業の株式やデフ

オルトリスクの低い公社債を投資物件に選定することによって、社会的責任投資に貢献し、かつ投資家のリスクを低減化している。

地方公共団体による環境保全を目的にした「ご当地ファンド」なども設定されるようになった（図4）。千葉県我孫子市は、環境保護のための用地取得費を調達するに当たって、地方債（「ミニ公債」）を発行し、広く市民や市内の団体から投資を募っている。

また、風車や太陽光発電などに投資する仕組みも立ち上がり、NPO法人や個人の出資金が、風力発電や太陽光発電の事業に活かされ、余剰電力を電力会社に売電し、その売電代金を配当や分配金として支払う事例もある。

他にも、土壌汚染再生ファンドの場合、このファンドに投資された資金で、汚染された土地を購入し、浄化した後、外部に売却し、その売却益で投資家に配当する、といった事例もある。

こうした各種の環境保護ファンドは、投資家の高い環境意識に支えられ、投

図3　自然環境保護ファンドの一例

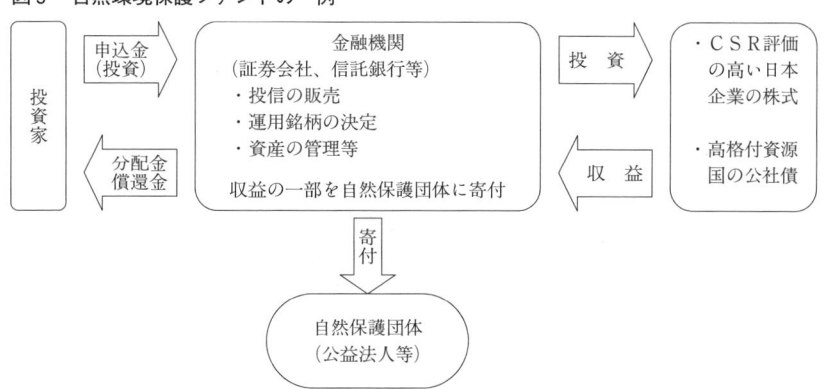

○　自然環境保護など、地域の持続性の寄与を織り込んだ投資信託商品
　　→収益の一部を自然保護団体に寄付
○　CSR評価の高い日本企業の株式と高格付資源国の公社債の組合せで運用
　　→収益性の確保とリスクの低減化

出所：環境と金融に関する懇談会、環境省『環境等に配慮した「お金」の流れの拡大に向けて』（平成18年7月、参考資料10）

資採算は期待できないので、投資残高は低いが、環境保護の点では直接的な効果が期待できる。

図4　ご当地ファンド（ミニ公債）の一例

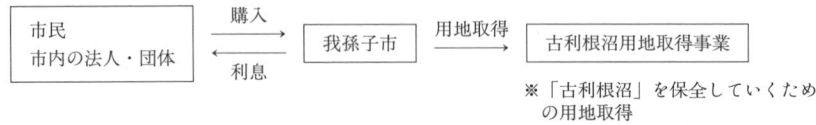

提供された資金は、豊かな水面と貴重な自然環境に囲まれ、ありし日の利根川の姿と風情を今にとどめる「古利根沼」を保全していくための用地取得費の一部として使用

発行者	我孫子市
発行総額	2億円
対象事業	古利根沼用地取得事業
発行日	平成16年11月25日
利率	年0.58%
利払日	年2回
償還条件	5年満期一括償還

低利回りながら、資金を投ずることにより、地方自治体が実施する環境保全の取組に貢献できることが特徴

出所：環境と金融に関する懇談会、環境省『環境等に配慮した「お金」の流れの拡大に向けて』（平成18年7月、参考資料9）

4　環境配慮型金融の展開

　金融機関は、環境配慮型金融を展開することで、つまり企業がどれだけ環境に配慮した取り組みを行っているのかを貸出条件とすることによって、持続型社会への金融アプローチが可能となる。

　金融機関による企業の環境対応を支援する動向として、環境融資枠の設定、貸出金利の優遇、環境格付融資の実施、ISO14001などの認証登録を要件とする低利融資の実施、といった環境配慮型金融が行われている。

　日本政策投資銀行の行う環境配慮型金融は、図5に示されている。

　代表的な公的金融機関の日本政策投資銀行は、2004年4月から、個別のプロジェクト単位ではなく、企業経営そのものの環境配慮度合いを評価する環境格

付スクリーニングシステムを利用した環境配慮型経営促進事業を開始し、年間で、約30件、約400億円の融資が実行された（2005年3月現在）[18]。

これは、環境配慮型経営に必要な事業資金全体（設備資金、非設備資金）を支援する取り組みであるが、「経営全般」、「事業活動」、「環境パフォーマンス」の3つの事項を対象に126の設問を設定し、環境格付の手法に従い、企業の取り組みが進んでいれば、より有利な条件での資金調達が可能になるような設計になっている[19]。

環境配慮型金融で先行するヨーロッパ[20]では、政府の環境政策と民間銀行と

図5　環境配慮型経営促進事業融資の概要（日本政策投資銀行）

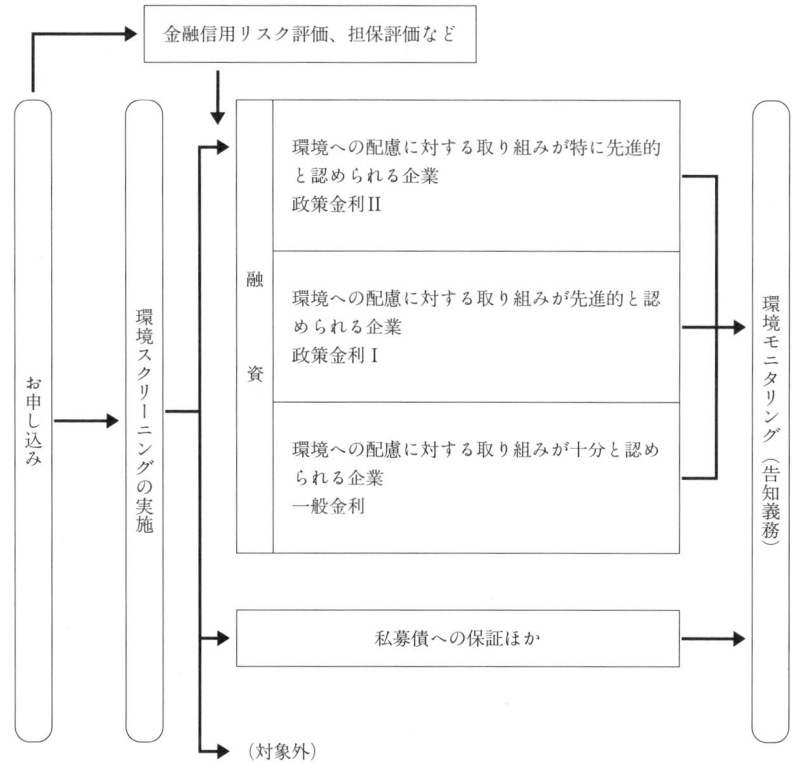

出所：環境と金融に関する懇談会、環境省『環境等に配慮した「お金」の流れの拡大に向けて』（平成18年7月、参考資料6）

図6　オランダ：グリーンファンドスキーム（GFS）

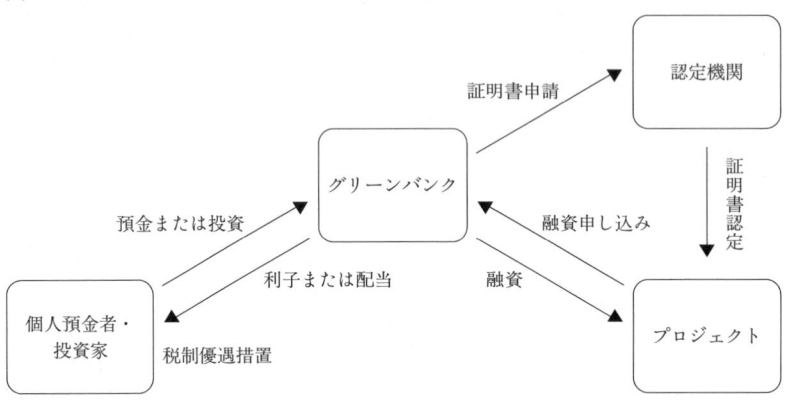

「政府が承認したGFS承認銀行において、非課税低利で個人投資家から集めた資金を原資として、環境保全の事業に対して低利融資を行う」

○　GFS口座で購入する債券や預金は、市場金利より安いが、税制優遇メリットを考慮すると実質的受取金利は同レベル。また、同口座はペイオフの例外。
○　事業者はGFS承認銀行に事業計画と資金計画を提出、政府機関に承認されると低利融資を実施。
○　GFS承認銀行は、同口座で集めた資金の70％を環境投融資に回し、その他は通常融資を行うことができる。

出所：環境と金融に関する懇談会、環境省『環境等に配慮した「お金」の流れの拡大に向けて』（平成18年7月、参考資料14）

の連携が進んでいる。オランダは、1995年にグリーン・ファンド・スキーム（GFS：Green Fund Scheme）制度（図6）を導入し、大きな成果を上げている。図中の「グリーンバンク」とは、政府がGFSを承認した民間銀行内に設定された専門組織であり、投資家向けに提供されたGFS口座は、非課税扱いとされ、またペイオフの対象外になっている。

　低利融資を受けようとする事業者は、GFS承認銀行に事業計画と資金計画を提出し、認定機関から環境にプラスになると認定されなければならない。事業のアセスメントは政府に代わって金融セクターのスキルをもつ民間のGFS承認銀行が行う。GFS承認銀行は、低利融資だけでなく、一定割合の通常融資もできるので、銀行にとってもメリットがある仕組みになっている。

　なお、わが国では、地方公共団体によって開始された環境配慮型金融の取り

組みの例として、東京都の「Tokyo 環境金融プロジェクト」[22]、大阪府の「環境金融グリーン・ファイナンス」[23]、などがある。

　東京都の場合、2005年3月の環境確保条例の改正により温暖化対策を条例化し、温暖化対策に率先して取り組む企業等との協働による「連携プロジェクト」を実施している。この「連携プロジェクト」のひとつとして、企業と個人の環境配慮行動を促進する「環境金融プロジェクト」を立ち上げ、都内の金融機関等に対し、このプロジェクトへの参加と協力を依頼している。参加した金融機関の供給する環境金融商品では、金利面での優遇措置がとられている。

　大阪府の場合も、金融機関と共同で、環境配慮型の金融商品を開発、推奨する取り組みを行ったり、大阪府中小企業制度融資要綱に基づく融資を利用した公害防止対策、アスベスト対策、などに係る融資に対する利子補給を行ったりしている。

5　開発金融と環境保護──環境 NGO の役割

　開発金融が環境を破壊しないように、チェックをする取り組みをしている国際環境 NGO は、ホームページで以下のように提言している。

　「現在日本は世界一を争う ODA 供与国。また、世界銀行や IMF などの国際機関への拠出や、企業の海外投資の促進を通して、途上国向けに多額の開発資金を提供しています。

　しかし、巨額の公的資金を投入して行われるプロジェクト等は、時に受け入れ国に環境破壊や人権侵害をもたらしたり、膨大な対外債務を負わせることになっています。

　FoE Japan・開発金融と環境プログラムでは、国際ネットワークを生かしてこうした開発金融の中身をチェック。社会的・環境的に問題の多いプロジェクトが公的資金で支援されることがないよう、政策提言活動を続けています。」[24]。

　環境 NGO の最近の取り組みの具体例について、以下、若干紹介する。

　フィリピンでは、活動家やジャーナリスト等が犠牲となる「政治的殺害」が後を絶たない状況にあるのに、日本政府は、フィリピンに対して無償・有償の

援助を新たに行うことを決めた。これに対して、NGO 15団体は、日本政府に、フィリピンへの経済協力を見合わせるよう求めた。2007年8月10日付けの政府への申入書は、「フィリピンの人権状況に対して日本政府がどのような認識を持ち、新たなODA供与を決定したのか説明責任を求めるとともに、フィリピン政府への政治的殺害の真相究明の徹底、被害者に対する救済を求める」[25]、と指摘している。

また、2007年10月11日、札幌で国際協力銀行が開催した「サハリンIIフェーズ2に係る環境関連フォーラム」において、ヨーロッパ、アジア、アメリカ等の環境団体21団体が連名で国際協力銀行に書簡を提出したが、それは、このプロジェクトによる環境影響が甚大であり、現在も多くの問題が残っている現状を伝え、またプロジェクトが国際協力銀行自らが設けている環境基準に沿ったものではないことを指摘し、国際協力銀行に対しプロジェクトへの融資を行わないように求めている[26]。

また、発展途上国の民間セクターに対する投資支援や技術支援などを行う世界銀行グループの国際金融公社（IFC：International Finance Corporation、本部アメリカ）に対して、「社会・環境持続性政策および運用基準」に関する公開書簡を送り、開発金融が環境を破壊しないよう求めている。

そこで問題とされているのは、「武器、原子力の材料、違法な生産や活動などの分野で、融資を禁止するための除外リストを作成する」こと、「事業実施者が環境、生物多様性、人権、労働、先住民族に関する関連の協定や条約を順守するよう要求するべき」こと、「原生熱帯林で使用される伐採機器や商業伐採事業に融資することを禁止するべきである」、といった14項目におよぶ。

環境NGOによるこうした取り組みは、実状を踏まえ、真に環境に配慮した金融やODAを行う上でも重要な役割を発揮し、したがってまた、持続型社会を実現する上での縁の下の力持ち、といった役割を担っている、といえよう。

IV　金融のグローバル化と地域自立型マネー循環

1　金融のグローバル化・マネーゲーム化と持続型社会への脅威

　グローバル化し、マネーゲーム化した現代の金融ビジネスのあり方は、それ自体が、持続型社会にとっての脅威になっている。環境保全のために金融は何ができるか、といった問題以前に、現代的な金融ビジネスのあり方そのものが、根本的に問われている。

　というのも、現代の金融ビジネスは、その多くが、物の取引から乖離し、物の裏付けのない投機的な金融取引が天文学的な規模に達している。投機のターゲットになった各種の商品の価格や相場は乱高下し、通貨危機・経済危機が誘発され、経済の不安定化、格差の拡大と固定化、生活破壊と貧困問題の深刻化、資源の浪費、環境破壊、といった事態を招いている[27]。

　国際的な金融投機組織のヘッジファンドなどによるタイ・バーツの通貨投機をきっかけにした、1997～98年にかけての連鎖的な世界通貨危機・経済危機は、東南アジア諸国、ロシア・東欧諸国、中南米諸国において、連鎖的なインフレ・物価高[28]、企業倒産・工場閉鎖、失業者の増大、を誘発し、生活が破壊され、資源が浪費され、環境も破壊される結果をもたらした[29]。

　さらに、2007年に表面化したアメリカの「サブプライムローン問題」は、世界中の主な金融機関に巨額の損失を与えただけでなく、多くの住宅から住民が追われ、住宅が放置され、資源の浪費と環境破壊をもたらしている。

　こうした事態が意味しているのは、現代の金融ビジネスは、環境を破壊し、持続型社会を阻害する脅威になっている、ということである。たしかに、環境配慮型金融を率先して展開しているのも、内外の大手金融機関である。だが、その大手金融機関は、他方において、ヘッジファンドに巨額の資金を委託し、高利回りで運用してもらうことで高い収益を追求している。「サブプライムローン問題」においても、住宅債権の証券化を請け負った巨大証券会社は、それによって巨額の手数料を得ているし、資金を融資した銀行は、高い利子を受け

取っている。むしろ、このような現代の金融ビジネスのあり方が支配的な傾向であり、大手金融機関の資金運用残高に占める環境配慮型金融の割合は、取るに足りない低水準である。

環境の保全と持続型社会の実現に向けた金融の役割を検討するには、このようなマネーゲーム化した現代の金融ビジネスのあり方を抜本的に見直し、投機的な行動に対する金融規制を実施することが不可欠となる。

さらに、現代のグローバル化した金融ビジネスは、地域や国内で集めた預貯金や投資資金をコンピュータのグローバルなネットワークを利用してリアルタイムで国外に持ち出し、より高い利回りが期待できる海外の各種の金融商品や投資物件に運用している。

そのために、地域社会における地場産業や中小企業からの金融ニーズがあっても、高利回りの期待できないそのような金融ニーズは無視される。地域社会で集められたマネーが、地域内で自立循環することなく、地域圏外へ逃避している。その結果、地域経済は衰退し、地域に伏在する資源は放置され、企業倒産や生活破壊が進展し、居住環境のアメニティも破壊され、環境破壊が深刻化する。

その地域で集めたマネーを、その地域内で自立的に循環させ、地域経済の発展と持続型社会の実現のために有効利用するスキームが不可欠である。

2 アメリカの地域再投資法(CRA)

アメリカの地域再投資法（CRA：Community Reinvestment Act）は、地域自立型マネー循環の先行事例（図7）といえる。地域再投資法の目的は、「金融機関は法によりそれらの預金取扱営業所が営業免許を受けている地域の便益とニーズに奉仕していることを証明しなければならない」、さらに、「金融機関はそれらが営業免許を受けている地元地域の信用ニーズの充足に継続的かつ積極的な責任を負っている」[30]、と定めている。

地元地域の金融ニーズの充足を通じて、地域経済社会へ貢献することを目的にしたアメリカの地域再投資法のような金融規制は、金融がグローバル化した

図7　米国：地域再投資法（CRA法）の例

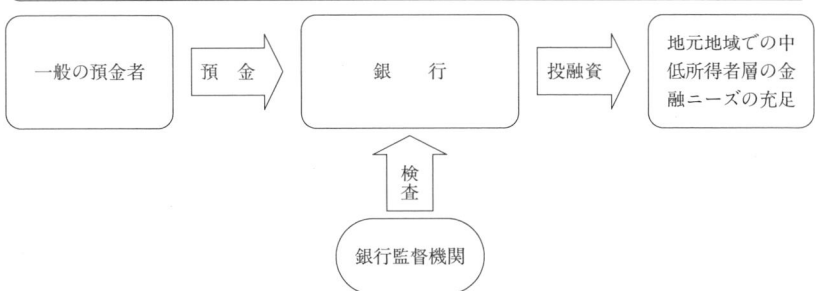

○　地元地域の中低所得者層の金融ニーズを充足し、地域社会に貢献することを義務づけ。

○　CRA法の対象となる銀行に対して、定期的にその取組を検査、地域への貢献度を格付けし、その結果を公表。

○　検査結果によっては、支店の開設、合併などの申請が許可されないことがある。

出所：環境と金融に関する懇談会、環境省『環境等に配慮した「お金」の流れの拡大に向けて』（平成18年7月、参考資料16）

現代において、有効性を発揮する。

　というのも、金融機関にしてみれば、できる限り高い利回りで資金を運用しようとするので、近年のように、日米金利差が3〜4％もあると、金利裁定が働き、日本国内のマネーは対米投資へ向かうことになる。そうなれば、日本の国内金融は空洞化し、国民経済と地域経済は、衰退する。それを防ぐためにも、アメリカの地域再投資法のような金融規制の実施が、わが国にとっても重要な課題となっている。

3　地域金融・公的金融の充実

　日本版の「地域再投資法」を制定[31]し、地域自立型マネー循環を実現する取り組みとともに、収益至上主義の市場原理から相対的に独立した、安定的な、公的金融による支援が、持続型社会と快適なアメニティの実現のためには不可欠である。

　わが国の公的金融（財政投融資）は、近年の民営化の中で弱体化してきてい

るが、その規模や役割からしても、他国に例をみない大規模な制度である。財政投融資とは、郵便貯金、年金、簡易保険など、国の信用を通じて集められた有償資金による政府の投融資活動である。租税で徴収した無償資金の配分ではなく、金融的な手法により、政府系の金融機関や独立法人を通じて、政策目的に沿った公共サービスに用いる、といった財政政策の手法でもある。

いま、持続型社会の実現という新しい次元で、公的金融の役割を再認識する必要がある。

というのも、財政投融資計画の使途別分類でみても、安価で、安定的な公的資金が、中小企業、生活環境整備、住宅、厚生福祉、といった分野に対して振り向けられているからである。これらの分野は、グローバル化し、マネーゲーム化した現代の金融ビジネスが避けて通っている分野であるが、地域の経済や社会の持続的で、安定的な発展にとっては、不可欠の分野に他ならない[32]。

市場原理や景気循環から相対的に独立した公的金融による公共サービスの供給は、「市場の失敗」を回避しつつ、一定の効率性と政策コストを計測しながら、地域の経済や社会にとって必要な金融ニーズに対応できるので、持続型社会と快適なアメニティの実現に、貢献することになろう。

もちろん、その場合、公的金融の充実が、「政府の失敗」に帰結しないように、運用機関の情報開示と説明責任を徹底させ、また運営の効率化を実現させ、無駄遣いを排除する、などの厳格な規制が不可欠となる。

2007年現在では、この間の民営化政策や行政改革のなかで、財政投融資の原資は、ピーク時（1995年度）の52兆9392億円から14兆1622億円まで、4分の1程までに激減し、また財政投融資の対象機関数も、ピーク時（1990年）の60機関から38機関まで激減してきた。

大企業の場合は、直接金融によって内外の証券市場から資金を調達できるが、地域に密着した中小企業や地場産業は、銀行からの借入という間接金融に依存している。地域経済の衰退のプロセスは、中小企業や地場産業に対する民間銀行の貸し渋りと財政投融資の原資や対象機関数の激減による公的金融の弱体化のプロセスと重なっていた。

実際、バブル崩壊後の民間銀行の貸出は、不良債権対策や自己資本比率規制対策から、低迷し、むしろ貸しはがしといった行動すら現出し、その上、中小企業に対する財政投融資の資金配分も、「当初ベース」で比較すると、1990年代後半の6兆円台から、近年、3兆円台にまで半減してきている[33]。

　中小企業と地域経済は、バブル崩壊後の長期不況とグローバル化の中で生産拠点を海外に移転し、空洞化する国内産業のリスクに直撃されている。こうした日本経済の現状は、持続型社会の実現とは無縁な経済であり、もちろん快適なアメニティとも無縁な経済である。

　環境配慮型金融の意義と問題点を踏まえつつ、マネーゲーム化する金融ビジネスを規制し、地域自立型マネー循環の仕組みを立ち上げ、公的金融を充実させていくことが、持続型社会と快適なアメニティの実現にとって、重大な課題となっている、といえよう。

注

1) 2003年に、アジアで初めて開催された「国連環境計画・金融イニシアティブ東京会議」の紹介は、共催団体の日本政策投資銀行「Sustaining Value A Meeting on Finance and Sustainability」『金融が持続可能な社会と価値の実現に向けて果たす役割』2003国連環境計画・金融イニシアティブ東京会議　会議概要報告書」、2003年12月、による。
2) 『朝日新聞』2003年11月28日。
3) 日本政策投資銀行ホームページ（http://www.dbj.go.jp/hot/1101_envi.html）より。
4) 日本政策投資銀行ホームページ、同上 URL。
5) 日本政策投資銀行、前掲報告書、p. i。内外の金融機関などの具体的な取組については、環境 NPO の「環境と金融」ホームページ（http://homepage2.nifty.com/Eco-Finance/）が詳しい。
6) 日本政策投資銀行、同上報告書、p. iii。
7) 日本政策投資銀行、同上報告書、p. iii。
8) 日本政策投資銀行、同上報告書、p. 1。
9) 『朝日新聞』2003年11月28日。

10) 世界環境経済人協議会は、経済界サイドから包括的に環境と金融の問題を扱っている（S. シュミットハイニー・F.J.L ゾラキン・世界経済人協議会、天野明弘・加藤秀樹監修『金融市場と地球環境——持続可能な発展のためのファイナンス革命』ダイヤモンド社、1997年、原題、Financing Change）。
11) 日本輸出入銀行（現国際協力銀行）も、比較的早くから持続可能な発展との関わりで、「金融上の措置」についても触れている（保田博・竹内啓『環境保全と経済の発展』ダイヤモンド社、1994年、p. 91）。
12) 環境と金融に関する懇談会、環境省『環境等に配慮した「お金」の流れの拡大に向けて』（平成18年7月、p.1）。
13) 『朝日新聞』2007年12月2日によれば、最近のわが国の SRI（社会的責任投資）ファンド、エコファンド、温暖化防止などの環境ビジネス関連投資は急増してきており、全体でほぼ1兆円に達している。
14) より詳しくは、環境省「社会的責任投資に関する日米英3ヵ国比較調査報告書——我が国における社会的責任投資の発展に向けて」、2003年6月、吉田守一「社会的責任投資（SRI）の動向——新たな局面を迎える企業の社会的責任」、日本政策投資銀行、『調査』40号、2002年7月、「第2章 欧米におけるSRI の動向」、などを参照されたい。
15) 環境と金融に関する懇談会、環境省、前掲報告書、p. 5。
16) 環境と金融に関する懇談会、環境省、同上報告書、p. 7。
17) 高田一樹「社会的責任投資の方法論と社会的・歴史的経緯の検討」（http://www.ritsumei.ac.jp/kic/~li025960/home/topics/040423report.html）は、社会的責任投資を多面的に検討し、その問題点にも触れている。
18) 詳しくは、日本政策投資銀行ホームページ（http://www.dbj.go.jp/japanese/environment/finance/program.html）参照。
19) 日本政策投資銀行『日本政策投資銀行の環境配慮型経営促進への取組について』2003年9月。
20) 最近の EU の持続型社会への構想と取組については、福島清彦『持続可能な経済発展——ヨーロッパからの発想』、2007年、税務経理協会、を参照されたい。
21) 以下、オランダの GFS 方式について、より詳しくは、藤井良広『金融で解く地球環境』、2005年、p. 74～82を参照されたい。
22) 東京都ホームページ（http://www2.kankyo.metro.tokyo.jp/kikaku/finance/index.html）。

23) 大阪府ホームページ (http://www.epcc.pref.osaka.jp/midori/money/)。
24) 国際環境 NGO FoE Japan ホームページ (http://www.foejapan.org/aid/index.html) より。
25) 国際環境 NGO FoE Japan ホームページ (http://www.foejapan.org/aid/jbic02/sr/press/20070810.html) より。
26) より詳しくは、国際環境 NGO FoE Japan ホームページ (http://www.foe-japan.org/aid/jbic02/sakhalin/letter/20070519.html) を参照されたい。
27) 最近の資料としては、「繁栄か危機か 巨大マネー経済――世界の富は150兆ドル、振り回される実体経済、バブル再生産のメカニズム、金融危機、サブプライムローン、アジア通貨危機10年」『週刊エコノミスト臨時増刊』、2007年11月12日号、pp. 8-130、を参照されたい。
28) 近年のインフレ・物価高の背景には、原油高があるが、この原油高は、マネーの投機的な活動の結果である。「投機を加速させる余剰マネーが異常な原油高を主導」(『日本経済新聞』2007年11月2日)「市場総点検 マネーがつくった資源高」(『週刊東洋経済』2007年11月24日)。
29) 詳しくは、山田博文『これならわかる金融経済(第2版)』大月書店、2005年、「Prologue 金融ビジネス最前線を探る」、を参照されたい。
30) 加藤敏春『エコマネーはマネーを駆逐する』勁草書房、2002年、pp. 201-202。
31) 日本版の地域再投資法のような「金融アセスメント法」を制定しようとの取組は、たとえば山口義行『経済再生は現場から始まる――市民・企業・行政の新しい関係』中公新書、2004年、を参照されたい。
32) 現行のグローバル・スタンダードは、アメリカン・スタンダードであり、それは地域経済に甚大な被害を与えている。むしろ、重要なのは、それぞれの「地域スタンダード」を「グローバル・スタンダード」として認め合うことである、と主張し、地域金融の充実に着目するのは、齊藤正『戦後日本の中小企業金融』ミネルヴァ書房、2003年、「終章 望ましい金融システムの構築に向けて」、である。
33) 中里透・参議院予算委員会調査室編『経済財政データブック平成19年度版』学陽書房、2007年、p. 246。

第2章　持続可能な社会を支える投資行動
―― 「責任ある投資」概念の普及と実践の課題

水口　剛

I　「責任ある投資」の可能性 ―― 本稿の問題意識と構成

1　なぜ投資を問題にするのか

　持続可能な社会を実現するためには、「それがどのような社会であるか」だけでなく、「どのようにしてそこに到達するのか」を検討する必要がある。たとえば地球温暖化問題と気候変動リスクに関しては、2007年のハイリゲンダム・サミットにおいて「世界全体での温室効果ガス排出量の半減」が1つの目標として示された。それは社会が持続可能になるための条件の1つと言えよう。問題は、どうやってそれを実現するかである。

　温室効果ガス削減のためには環境税や排出権取引などいくつかの選択肢が考えられるが、もちろん単一の手法で可能になることではなく、さまざまな手法の組み合わせになるであろう。本稿ではそれらの多様な手法の中で投資家の投資行動に着目する。その理由をこの問題に即して言えば、一国の温室効果ガス排出量の増減は企業行動に大きく影響され、企業行動は資本市場の圧力に左右されるからである。地球温暖化問題だけでなく、持続可能な社会のさまざまな側面が企業行動に関わっており、それは投資の影響を受けている。市場の視野が短期化し、四半期で利益を出すことが求められる環境で、地球温暖化対策のように長期的視野に立った息の長い活動ができるであろうか。逆に投資家が目先の利益だけでなく、社会や環境にも配慮して投資先を選ぶならば、企業行動

もそのような方向に誘導されるのではないか。本稿の基本的な問題意識はこの点にある。

　目先の利益だけでなく環境や社会にも配慮した投資行動があれば、持続可能な社会を導くための制度的インフラの1つになると考えられる。それではそのような投資行動は実際に起こりうるのか。起こるとすれば、どのような論理で可能になるのか。そしてそれが実際に企業に影響を与えるためには、環境や社会への配慮をどのように行うことが有効なのか。本稿ではこれらの点について先行事例を参照しつつ考察していくことにしたい。

2　「責任ある投資」とは何か

　目先の利益だけでなく環境や社会にも配慮した投資など、絵空事と思われるかもしれない。しかしそのような実践は、規模を問わなければすでに存在している。アメリカやイギリスで1920年代から始まったと言われる社会的責任投資（Socially Responsible Investment：SRI）である。SRIはキリスト教を起源とし、教義に反する酒、タバコ、ギャンブルには投資しないという行動から始まった。その後、アメリカでは南アフリカのアパルトヘイトに対する反対運動を契機に公務員年金基金、投資信託、労働組合、大学のファンドなどに拡大し、そのテーマも環境問題や人権問題、雇用問題、地域貢献などへと広がっていった[1]。2000年以降はヨーロッパでも拡大傾向にあり、その資金量は2005年時点で、アメリカで2兆2900億ドル、ヨーロッパで1兆330億ユーロと試算されている[2]。日本では五月女（2007）が2007年3月末時点のSRIファンドの残高を約4000億円と試算している。

　ただしSRIは、その歴史的な経緯から、当初は特定の価値観に根ざした特殊な領域と見られることが多かった。近年は大手の金融機関も参入し、SRIもメインストリーム化しつつあると言われるが、その場合でもSRIは数ある投資手法のうちの選択肢の1つと捉えるのが一般的である。つまりSRIに対する金融業界の一般的な認識は、特定の投資手法の1つという位置づけであって、すべての投資に共通する普遍的な原理とは考えられていない。

これに対して国連は、2006年に責任投資原則（Principles for Responsible investment：PRI）を公表し、世界の機関投資家に「責任ある投資」の実践を呼びかけた。これは国連環境計画の金融イニシアティブ（UNEP-FI）と国連グローバルコンパクトの共同プロジェクトとして開発されたもので、次のような前文とともに、表1に示す6項目の原則が掲げられている。「機関投資家として、私たちは受益者の長期的利益を最大にするように行動する義務を負っている。この受託者の役割において、私たちは環境、社会、コーポレート・ガバナンス（ESG）の問題が（企業間、セクター間、地域間、資産クラス間及び時間を通してさまざまな程度で）投資ポートフォリオのパフォーマンスに影響しうると信じている。私たちはまた、これらの原則を適用することで、投資家を社会のより広範な目的とよりよく連携させるものと認識している。したがって、受託者責任と整合する範囲で、私たちは以下のことにコミットする」（UN〔2006〕、前文、筆者訳）。

表1　国連「責任投資原則」

1．私たちはESG問題を投資の分析と意思決定のプロセスに組み込みます。
2．私たちは積極的な株主となり、株主としての方針と実践にESG問題を組み込みます。
3．私たちは投資先企業によるESG問題に関する適切な情報開示を追求します。
4．私たちは投資業界がこの原則を受け入れ、実践するように促します。
5．私たちはこの原則の実施における効果が高まるよう相互に協力します。
6．私たちはこの原則の実施に関する活動状況と進捗について報告します。

出典：UN（2006）、筆者訳

このPRIの特徴は、環境や社会への配慮を特別な投資行動とみなすのではなく、少なくとも長期の運用を行う機関投資家には一般的に求められる原則と位置づけた点にある。国連は世界の機関投資家（Asset owners）、運用機関（Investment managers）、リサーチ企業等（Professional service partners）にPRIへの署名を求めており、署名した機関投資家の運用資金総額は2007年10月時点で10兆ドルに達している。表2にPRI署名機関のうち機関投資家のリストを示す。

このうちABP（Algemeen Bedrijfs Pensionefonds：公務員年金基金）はオランダ最大の政府系年金であり、フランスのFRR（Fonds de Reserve pour les Retraites：年

表2　PRIに署名した機関投資家（Asset owners）一覧（2007年11月現在）

国	署名機関	国	署名機関
オランダ	ABP PME PNO Media年金基金 PGGM	フランス	CDC ERAFP FRR
オーストラリア	ARIA Australian Super CARE Super カトリック年金基金 CBUS年金基金 Christian Super ESSSuper ゴールドマンサックス年金基金 Health Super Hesta Super 地方政府年金基金 Local Super LUCRF Super 全州年金信託 UniSuper VicSuper Victorian Funds Management Corporation Vision Super	アメリカ	CalPERS（カリフォルニア州公務員退職基金） クリストファー・レイノルズ基金 コネチカット州年金基金 メソジスト教会年金 イリノイ州投資理事会 Jessie Smith Noyes Foundation Mennonite Mutual Aid Nathan Cummings 基金 ニューヨーク市職員退職基金 ニューヨーク州退職基金 ニューヨーク州教員退職基金 SEIU Master Trust ニューヨーク市教員退職基金
デンマーク	デンマーク労働市場補完年金 PenSam PKA	スイス	CIA Swiss Re
ブラジル	Arus CELPOS Centrus Ceres DESBAN Economus FAELBA FASERN Forluz Funcef Fundacao 14 FundacaoBrTPREV Infraprev Petros PREVI SISTEL Valia	イギリス	BBC年金基金 BT年金基金 環境庁年金基金 ロンドン年金基金 Mersevside年金ファンド 北アイルランド地方政府職員年金基金 Pension Protection Fund Standard Lfe 大学年金基金（USS）
		ニュージーランド	政府年金基金 ニュージーランド年金基金 Trust Waikato
カナダ	Caisse de depot et placement du Quebec カナダ年金プラン Comite syndical national de reraite Batirent	アイスランド	商業年金ファンド LSR Sameinadi Lifeyrissjodurinn
フィンランド	Ilmarinen年金保険 Mutual Insurance Company Pension-Fennia	ドイツ	KfW Bankengruppe Munich Reinsurance Company
日本	キッコーマン年金基金 太陽生命	ノルウェー	KLP ノルウェー政府年金基金 Storebrand
スウェーデン	AP1、AP2、AP3、AP4 Folksam	アイルランド	アイルランド国民年金準備基金
ベルギー	デクシア保険	タイ	政府年金基金
国連	国連職員年金基金	南アフリカ	政府職員年金基金

出典：国連「責任投資原則」ホームページより（http://www.unpri.org/signatories/）2007年11月27日閲覧

金準備基金) もフランス政府が将来の年金資金の不足に備えて設立した政府系基金である。このほかノルウェー、タイ、ニュージーランド、南アフリカ、アイルランドなどでも政府系基金や公的年金が中心であり、アメリカでも州や市の職員年金基金が主に署名している。このように欧米では政府系基金や公的年金が比較的積極的に PRI に署名している。これに対して日本で機関投資家として署名しているのは民間の二機関のみであり、公的な性質をもつ年金等は署名していない[3]。表3に示すように、日本の国民年金、厚生年金、地方公務員共済組合などの公的年金等の資産総額は平成17年度末で200兆円に達しており、それらの機関が「責任ある投資」へと動けば、大きな影響があると考えられる。それではなぜ日本の公的年金は、諸外国のように「責任ある投資」に取り組んでいないのであろうか。

表3　平成17年度末における日本の公的年金積立金残高（単位：億円）

国民年金			96,766
厚生年金			1,403,465
地方公務員共済年金	地方職員	17,601	388,082
	公立学校	71,205	
	警察	24,053	
	東京都	11,915	
	指定都市	16,875	
	市町村	91,255	
	都市	6,957	
	地方公務員共済組合連合会	148,069	
国家公務員共済年金			87,921
私立学校教職員共済年金			33,180
合計			2,009,414

出典：国民年金及び厚生年金に関しては厚生労働省(2006)p.9の「年金積立金の運用実績（承継資産の損益を含む場合）に基づく。また地方公務員共済組合に関しては、地方公務員共済組合連合会「組合別収支状況及び積立金の状況等（平成17年度末）」(地方公務員共済組合連合会ホームページhttp://www.chikyoren.go.jp)に基づく。国家公務員共済年金に関しては、国家公務員共済組合連合会(2007)「年金積立金等の運用状況＜平成18年度版＞」p.35に基づく。私立学校教職員共済年金に関しては、私学共済事業ホームページ (http://shigaku-kyosai.jp) に基づく

3　本稿の目的と構成

前述のように本稿の基本的な問題意識は、「投資家が環境や社会に配慮した投資意思決定をすることで、持続可能な社会に向けた企業行動を引き出す」という社会経済システムの可能性を検討することにある。PRI への署名は、そのような社会経済システムの成立を保証するものではないが、少なくとも環境や社会に配慮した投資（責任ある投資）という概念を機関投資家が受け入れていることを示す。そこでまず第II節で、日本ではなぜ PRI への署名が進まないのかという観点から、この問題を検討する。逆に言えば、欧米ではなぜ、どのような論理で PRI への署名が可能になっているのであろうか。この点を、実際に PRI に署名している組織の代表的な事例から検討する。

一方、単に PRI に署名しただけでは、実際に持続可能な社会の構築に結びつくとは限らない。そこで第III節では、「責任ある投資」という概念を具体化するための方法論に着目する。環境や社会に配慮した投資という考え方を具体化するためにはさまざまな手法が考えられるが、どのような手法を採用するかによって効果が異なると考えられる。企業行動は多様な要因に影響されるので、「責任ある投資」の効果だけを抽出して実証的に分析することは困難だが、実際に PRI に署名した機関投資家が採用している方法を基にその影響を考察していくことにしたい。

以上の分析を踏まえて第IV節で、「責任ある投資」が持続可能な社会に結びつくための条件を検討する。

II　「責任ある投資」を行う論理

1　「責任ある投資」の障害

(1) 受託者責任論

日本で公的年金に限らず、年金が SRI を行わない理由として挙げられるのが受託者責任である。たとえば谷本（2007）では「わが国の年金基金において SRI が普及しない理由として最も頻繁に登場するのが、いわゆる「受託者責任

論」である」として、「寺田徳・年金資金運用基金投資専門委員（当時）」の「SRI はエリサの受託者責任と相容れない」との見解を紹介している[4]。受託者責任とは、第三者の資金の委託を受けて運用する場合に、受益者の利益を最大にするように行動する責任を意味する。SRI は、環境や社会への配慮など、投資利益の最大化とは異なる価値観を運用に持ち込むものなので受託者責任に反するというのである。

　受託者責任に関する理解のモデルになっているのは、アメリカの退職所得保障法（Employee Retirement Income Security Act：ERISA）である。同法の第404条は受託者の義務（fiduciary duty）として、まず「もっぱら加入者及び受給権者の利益を図ることのみを目的として、制度に関する義務を遂行しなければならない」と、忠実義務の存在を示している。そしてその具体的な要件として、①「同等の能力を有し、同様の事情に精通している慎重人（prudent man）ならば当然発揮するであろう注意力、技量、慎重さ、勤勉さ」を求める慎重人原則（prudent man rule）、②分散投資義務、③制度規約遵守義務をあげている[5]。日本では法律上受託者責任という用語は使われていないが、受託者には忠実義務が課せられるので、実質的に同様の責任があると考えられている。年金の運用担当者に受託者責任があるのは当然として、問題は環境や社会に配慮した投資が受託者責任に反するのかどうかという点にある。

　これに関連して UNEP-FI はイギリスの大手法律事務所であるフレッシュフィールズ・ブルックハウス・デリンガー法律事務所に委託し、主要各国における受託者責任法制と「責任ある投資」との関係を調査した。その報告書である Freshfields Bruckhaus Deringer（2005）は、「ESG の要素と財務的パフォーマンスとの関係はますます認識されつつあり、その点で、ESG への配慮を投資意思決定に組み込み、それによってより確実に財務パフォーマンスを追求することは明らかに許されることであるし、おそらく求められることである」と結論づけている。

　日本では、年金向けに SRI 商品を販売している三菱 UFJ 信託銀行が成蹊大学の森戸英幸教授に依頼して、法律意見書を得ている。その結論は、まず

「SRI 運用とそうでない運用に対する投資の経済的価値が全く同等であるのであれば、一定の社会的な目的に沿って SRI 運用が選択されたとしても加入者の利益は犠牲にならないと考えられ、忠実義務違反は成立しない」とされ、また「同程度のリスクを有する他の運用方法と経済的に競合しうる SRI 運用であれば、それを組み込んだ資産ポートフォリオを妨げるものはない」とされている[6]。

いずれの見解も ESG への配慮を無条件に認めるわけではないが、財務的パフォーマンスと整合する限り、これを排除する理由はないとの結論である。実は国連の責任投資原則はあえて SRI という用語を使わず、前文でわざわざ「受託者責任と整合する範囲で」との限定をつけている。したがって論理的には、PRI に署名することについて受託者責任は障害にならないはずである。それにも関らず日本で署名が広がらないのはなぜであろうか。次に、受託者責任という表向きの理由の背後に隠れたもう 1 つの理由を検討していくことにしたい。

(2) 年金運用の視点の短期化傾向

谷本 (2007) は、企業年金 5 社の運用担当者へのヒアリングの結果として「受託者責任論が必ずしも SRI の普及を妨げている主因とはいえない[7]」との示唆を示している。それでは本当の理由は何かといえば、「短期のパフォーマンス志向や CSR とパフォーマンスの不明確な因果関係、個性に欠ける商品性といった課題」などが挙げられている。特に「退職給付会計の導入により長期のタイムスパンでパフォーマンスを評価する余裕がなくなりつつある」とし、「(年金基金の) 積み立て状況が (母体企業の) 企業財務にダイレクトに反映されるようになった」ために、「以前より短期志向になってきている」との声が紹介されている。「年金の運用担当者に母体 (企業) から相当のプレッシャーがかかっていることは想像に難くない」として、「四半期ベースで 2 回連続アンダーパフォームすると"なぜだ"とチェックが入る」とも記されている[8]。

年金の運用が財務パフォーマンスを求めて行われるのは当然であり、「責任ある投資」を推進する際にも、ESG への配慮が長期的には企業価値の向上に

つながると説明されることが多い。しかし長期的なパフォーマンスを事前に実証することは難しく、運用担当者の視点は短期化しやすい。企業年金の場合は母体企業への直接的な影響があるが、そのような制約のない公的年金の場合も、現実には短期のパフォーマンスで運用担当者を評価する傾向に陥りやすいのではないか。そしてその場合、長期的にはパフォーマンスにつながるという説明だけでは「責任ある投資」を採用しにくいのではないか。それでは、なぜ欧米の年金基金は PRI に署名しているのだろうか。以下では欧米の代表的な事例を対象に検討する。

2　長期的投資の視点

年金基金等の機関投資家が PRI に署名し、ESG に配慮した投資を行っている場合、その理由は2つに分けて考えることができる。1つは年金基金等が自主的に行うケース、もう1つは政府の政策的な推進によるケースである。まず自主的に行うケースの代表例としてオランダの ABP を取り上げよう。ABP はオランダの政府職員及び教員のための年金基金であり、2,650億ドルの資金を有し、その55％を株式に、43％を債券に投資している[9]。同基金は PRI に署名し、ESG に配慮した投資に積極的に取り組んでいるが、そのような投資行動を要請する法的根拠があるわけではない。

それではなぜ ESG を考慮するのか。その理由は、ESG 問題がリスク要因であり、長期的には投資パフォーマンスに影響するからであると説明されている[10]。これは、ESG への配慮が受託者責任に反するものではなく、むしろ受託者責任の観点から無視できないとの立場に立つものである。しかしそのような説明を準備することと、実際にそれを投資行動として実践することの間には、大きな隔たりがある。なぜなら、先に述べたように、実際の運用は短期志向になりがちだからである。

日本では年金基金の懐疑的な姿勢に直面して、SRI 関係者の関心は①ESG への配慮がパフォーマンスにつながることの説得力のあるロジックを示すこと、②ESG 問題の中でもパフォーマンスにつながりやすい論点（マテリアリティの

ある論点）に焦点を当てること、③ESGに配慮した投資のトラック・レコードを積み上げること、などに向いている。たとえば「長期的に見れば、今後地球温暖化対策で規制が強化されていくことは確実であり、気候変動リスクへの対応如何は、リスクとビジネスチャンスの両面で将来の企業価値に関わる可能性が高い」というのはESGと運用パフォーマンスを結びつける1つのロジックである。

しかしABPはそのような意味で、ESG問題が長期的パフォーマンスにつながるという客観的な証拠を得たというよりは、そうなるに違いないという信念で「責任ある投資」を行っているという方が正確であろう。その背後にあるのは、気候変動に伴う海面上昇の影響が大きく、環境問題に特に敏感であり、社会からの圧力も強いというオランダの国情である。そのような社会的背景があって、今のABPの方針があるのだと考えられる。つまり長期的パフォーマンスに資すると説明されているからといって、単に投資利益のために「責任ある投資」をしているわけではなく、現行の法的枠組みの中でできる最大限の取り組みと捉えるべきであろう。

3　政策的推進の事例

(1)イギリス年金法

次に環境や社会に配慮した投資を政策的に推進するケースを検討しよう。その方法はさらに2つに分けられる。運用方針の中に環境や社会への配慮があるかどうかの情報開示を義務づける方法と、環境や社会への配慮を運用目的や運用方針の一部として直接義務づける方法である。前者の代表例としてイギリスの年金法の改正がある。

イギリスでは、職域年金について定めた1995年年金法（Pension Act 1995）の第35条で、年金制度の目的に沿った投資の意思決定の原則について書かれた投資方針書の作成を求めており、同条第2項と第3項がその記載事項を定めている。その第3項(f)に「その他の事項」があり、これに関する規則が1999年に改正されて（Statutory Instrument 1999/1849）、「投資銘柄の選定、維持、現金化に

あたって、社会、環境、倫理面の考慮を行っている場合には、その程度」を投資方針書の中に記載することとなった。施行は2000年である。

この規定は投資意思決定において環境や社会に配慮すること自体を義務づけたものではないが、関連する情報開示を義務づけることによってそのような配慮を促す誘導的な効果をもった。実際、この規定の導入によってイギリスの企業年金の多くが SRI の採用に動いたといわれ[11]、イギリス社会的投資フォーラム (UKSIF) のプロジェクトである Just Pensions の調査によれば、アンケートに回答した101の企業年金のうち、23%が環境、社会への配慮は財務上もポジティブな影響があるとし、43%はネガティブな影響がなければ考慮すると答えている[12]。EU 諸国の CSR と SRI の推進について調査した EC (2004) によれば、フランス、ドイツ、スウェーデン、ベルギー、イタリアでも同様の年金開示規制がある。

ただしこのような開示規制は、環境や社会への配慮そのものを義務づけたものではないので、投資意思決定における環境や社会への配慮は各年金基金の判断によって自主的に行われることになる。したがって個々の企業年金はそのような投資行動を、ABP と同様、長期的な財務パフォーマンスへの貢献として説明することになろう。それでも多くの企業年金が環境や社会への配慮を投資方針に組み込んだということは、短期化しやすい投資の視野を長期化する効果があったと考えることができる。

(2) ニュージーランド政府年金基金

ニュージーランドでは、PRI に署名した機関投資家の中に政府系のファンドが2つある。1つはニュージーランド政府年金基金 (New Zealand Government Superannuation Fund: GSF)、もう1つはニュージーランド年金基金 (New Zealand Superannuation Fund: NZSF) である。この両者はともに、法律の中である意味での「責任ある投資」を求められている。

GSF は政府職員を対象とした公務員向け年金基金であり、職員が拠出し、給付を受ける確定給付型年金である。一方、NZSF は、ニュージーランド年金 (New Zealand Superannuation) というスキームを補完するためのファンドである。

ニュージーランド年金は65歳以上の全国民が所得や資産に関わりなく年金を受け取れる制度であるが、人口構成の変化のために、将来の給付の維持が困難になると見込まれている。そこで現時点で政府が NZSF に出資し、運用益とともに積み立てておき、将来の給付の一部をまかなうこととしているのである（図1参照）。

図1　NZSF及びGSFの概要

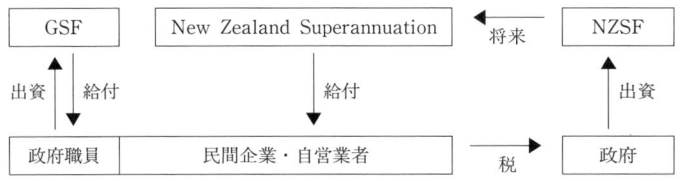

```
  GSF      New Zealand Superannuation   ←将来   NZSF
   ↓出資↑給付         ↓給付                      ↑出資
 政府職員    民間企業・自営業者          →税→   政府
```

GSF を規定しているのは1956年政府年金基金法（Government Superannuation Fund Act 1956）であるが、2001年に条項の一部が次のように改訂された。

第15条J(2)項：GSF は慎重（prudent）かつ商業ベース（commercial basis）で投資し、もって下記の要件と整合するように運用しなければならない。

　(a)ポートフォリオ・マネジメントの最善の実務（best-practice）
　(b)基金全体として過度のリスクを負うことなしにリターンを最大化すること
　(c)国際社会の責任ある一員としてのニュージーランドの評判を傷つけることを避けること（avoiding prejudice to New Zealand's reputation as a responsible member of the world community）．

この(c)は、具体的には環境や社会の面で問題のある企業や国への投資を避けることを意味しており、ある意味で「責任ある投資」の概念を法制化したものといえる。しかもこれは、(a)、(b)の要求と並列であるので、相互に矛盾する可能性がある場合には、両者のバランスを考慮して意思決定する必要があるとされる[13]。すなわちリターンの最大化が最優先とは限らないということである。

同法はさらに第15条 L 項で、「慎重、商業ベースかつ15条 J 項にしたがって

投資する義務と整合する投資方針、投資基準及び投資手続きを作成し、遵守しなければならない」と定め、15条 M 項で「投資方針、投資基準及び投資手続きには以下の事項を含まなければならない」として、記載事項を列挙している。その中の(d)で「国際社会の責任ある一員としてのニュージーランドの評判を傷つけないための方針、基準、手続きを含む倫理投資（ethical investment）」について記載するよう示している。「含む（including）」とされているので、倫理投資は「国際社会の責任ある一員としてのニュージーランドの評判を傷つけないこと」よりも広い概念であると考えられる。ただしそれは、15条 J項に反しない範囲で認められることになる。

　以上の規定に基づく倫理投資の実際の運用は、事後チェック方式とも言えるものである。同基金は SRI リサーチの専門企業2社[14]と契約し、半年に1回、実際の運用先のリストを提示して社会、環境、倫理に関して問題のある投資先が含まれていないかどうかを事後的にチェックする。問題があると思われる投資先があればレポートを作成し、理事会の判断を仰ぐのである。

　このようにニュージーランドの場合は公的年金に対して法律で「責任ある投資」を義務づけている。そのため受託者責任論や、短期的な運用パフォーマンスを求める圧力は大きな問題にならないと考えられる。問題は、そのような法制化を可能にした論理とは何かということであるが、その議論に入る前に、「責任ある投資」を法律上より明確に位置づけているノルウェーの事例を見ておくことにしたい。

(3) ノルウェー政府年金基金

　ノルウェーの政府年金基金・国際（Government Pension Fund-Global）は、政府石油基金（Government Petroleum Fund）を前身とし、2006年に設立された。同時に、全国保険スキーム（National Insurance Scheme）を前身として政府年金基金・ノルウェー（Government Pension Fund-Norway）が設立されている。両基金の目的は、石油収入を長期的に運用し、今後予想される公的年金の支出の増大に備えることである。また両基金の運用にはノルウェー財務省が責任を持ち、このうち政府年金基金・国際の方は、ノルウェー以外の国の株式と債券を運用

対象にして、ノルウェー銀行が実際の運用を行っている。

ノルウェーの政府年金基金・国際の特徴の1つは、その運用に関して「倫理ガイドライン（Ethical Guidelines）」が定められていることである。同基金は2005年に成立した政府年金基金法（The Government Pension Fund Act）に基づいて設立されたものであり、その細則を規定するものとして、2005年12月には財務省が政府年金基金規則を公表している。そしてそのセクション8に基づいて、同年、財務省が倫理ガイドラインを公表した。これは、前身の政府石油基金の時代である2004年に議会で承認されたものを引き継いだものである。同ガイドラインは最初に、基礎となる2つの前提があるとして次のように記している。

①「政府年金基金・国際は石油という国家の富の適切な割合が将来世代の利益となることを確保するための手段である。その財務的な富は長期的に確実なリターンを生むように運用されなければならず、それは経済、環境及び社会の持続可能な発展しだいである。基金の財務的な利益はそのような持続可能な発展を促進する株主権の行使によって強化される[15]」

②「政府年金基金・国際は、基本的な人道主義的原則の侵害、深刻な人権の侵害、大きな不正、深刻な環境破壊などの非倫理的行為に基金が加担してしまうという受け入れがたいリスクを構成する投資を行ってはならない」

ここには、環境や社会に配慮する「責任ある投資」の考え方が非常に明確に表れている。ガイドラインはさらに、これらの原則を実践するために同基金が採用する3つの方法を示している。

① 国連のグローバル・コンパクト及びOECDの多国籍企業ガイドライン、コーポレートガバナンス・ガイドラインに基づいて、長期的な財務的リターンを追求するための株主権の行使。

② 通常の使用によって基本的な人道主義的原則を侵害するような兵器を、自社が自ら、あるいは自社がコントロールする組織を通じて、生産する企業に対するネガティブ・スクリーン。

③ 以下の事項に加担する受け入れがたいリスクがあると考えられる企業の、投資ユニバースからの除外。

―殺人、拷問、自由の剥奪、強制労働、児童労働、その他の児童の搾
　　　　取などの深刻で構造的な人権侵害
　　　―戦争や紛争時における深刻な個人の権利の侵害
　　　―深刻な環境破壊
　　　―大きな不正
　　　―その他、基本的な倫理規範に対する特に深刻な侵害
　このうち株主権の行使は運用を担当するノルウェー銀行が行う。同行は、これらの原則をどのように実行するかを規定した内部ガイドラインを設け、毎年、その実施状況について報告する。一方、ネガティブ・スクリーンと除外については、5人のメンバーからなる「倫理委員会（Council on Ethics)」を設け、同委員会の勧告に基づいて、財務省が決定するとされている。実際、倫理委員会は精力的に勧告を公表しており、財務省はクラスター爆弾、対人地雷、核兵器の開発・生産等を理由にロッキード・マーチン、ボーイング、BAEシステム、タレス、ハネウェル・インターナショナルなど15社を2006年1月までに投資対象から除外している[16]。

4　投資利益と社会的利益の統合

　以上のようにニュージーランド政府年金基金やノルウェー政府年金基金では「責任ある投資」の実践が法的に求められているのであり、PRIへの署名はその延長線上にあると言ってよい。それではなぜこのような法制化がなされているのであろうか。法律を策定するのは議会だが、その背後に、それを必要と認める何らかの論理が必要であろう。その論理は、ここまで述べてきた各国の事例から、次の3点に集約できる。

　第一に環境や社会に配慮した投資は長期的には財務パフォーマンスに貢献するという考え方であり、これはオランダのABPによる説明の中に典型的に現れている。第二に「財務的な富は長期的に確実なリターンを生むように運用されなければならず、それは経済、環境及び社会の持続可能な発展しだいである」とするノルウェーの倫理ガイドラインの指摘である。ここに示されている

のは、投資収益の基盤となる健全な社会を維持することの必要性である。自然環境や生態系が保護され、信頼感や安心感のある社会があってはじめて健全な企業活動が可能になるのであり、そのような持続可能な社会の形成に配慮して投資することは投資家共通の利益なのである。

　第三の論理は、投資を通して非倫理的行為に加担してはならないという、ニュージーランド政府年金基金法やノルウェー倫理ガイドラインにこめられた価値観である。ただしこれを単なる主観的価値観と捉えるべきではなかろう。ここで述べられている基本的な人道主義原則や深刻な人権侵害への反対は、過去の悲惨な経験を経て人類が到達した共通の価値観と言えるのではないか。また広範かつ深刻な人権侵害や環境破壊は社会全体を不安定化させ、結局、投資家自身の利益をも損なう可能性がある。なぜなら投資家も同じ社会の一員として被害を受けるかもしれないからである。逆にそれらに配慮して投資すれば、社会がよりよくなることで、同じ社会に所属する投資家にとっても利益となる可能性がある。つまり投資には直接的な金銭的リターンだけでなく、それが将来の社会のあり方を左右するという社会的なリスクとリターンがあると考えられる。そのように考えれば、「責任ある投資」を法的に求めることの意義も理解できるであろう。目先の利益を優先しがちな運用を修正するのには法的枠組みの存在が有効だからである。

　以上の論理を視覚化したのが図2である。従来の投資行動はもっぱら直接的な金銭的利益の最大化を目指すものであり、これが「合理的な行動」であると考えられてきた（図のaのルート）。これに対して環境や社会に配慮した投資行動が長期的には投資収益に貢献するというルートも考えられる（図のb）。また環境や社会に配慮した投資行動は企業行動に影響を与え、環境が守られ信頼感と安心感のある社会を導く可能性がある。そしてそのような社会によって投資収益が支えられるという面もある（図のc）。さらにそのような社会の実現自体が同じ社会に住む投資家にとっても利益であり、それは金銭的利益とは異なる社会的利益として認識できる（図のd）。このように考えれば、直接的で金銭的な利益のみの最大化を目指す投資は必ずしも合理的な行動とは言えず、

むしろこれらの要素をすべて加味した上で、金銭的利益と社会的利益の合計を最大化することが真に合理的な行動なのではないか。しかし社会的利益にはフリーライド（ただ乗り）が可能なため、投資家の自由な意思決定に任せておけばフリーライドが増大し、結果的に社会的利益そのものが消滅してしまう可能性が高い。それゆえ環境や社会に配慮した投資を政策的に推進することに意味があるのである。

図2　私的（金銭的）利益と社会的利益の統合

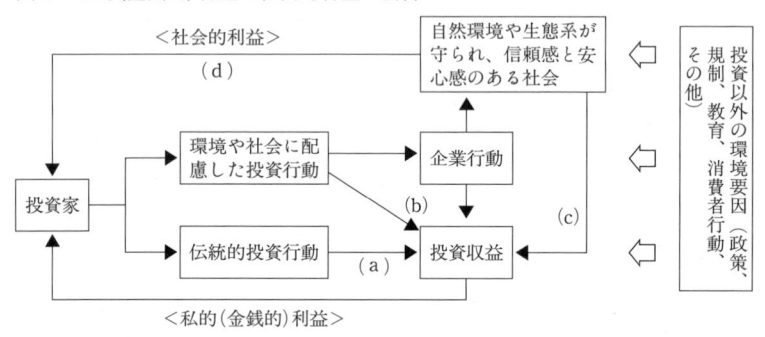

ただしこの投資利益と社会的利益の統合という考え方にはいくつかの課題がある。まず「環境が守られ、信頼感と安心感のある社会」は「責任ある投資」や企業行動だけに依存するのではなく、政府の政策や規制、教育、消費者行動などそれ以外のさまざまな要因の影響を受ける。また企業行動自体もそれらの要因の影響を受けている。したがって投資行動が変わったからといって、それだけで社会が良くなるとは限らない。またすべての投資家が「責任ある投資」を行うとは限らないので、それが企業行動や社会に与える影響の大きさは、「責任ある投資」の規模や割合にも左右される。さらに、「責任ある投資」という概念を受け入れたとしてもそれを実践する方法はさまざまであり、企業行動への影響は、投資家が採用する「責任ある投資」の方法にも依存する。しかも社会的利益は直接的には数値化できないため、「金銭的な投資利益と社会的利益の合計の最大化」という指針は抽象的には考えられても、実務的な投資意思

決定の基準には使いにくい。

このように投資行動と社会的利益の関係は非常に複雑であり、社会的利益のような数値化できない要素をも勘案しようとすれば、個々の意思決定の場面で完全な合理性を追求することは困難である。しかしたとえそうであっても、相対的にみて、よりよい行動を選ぶことはできる。そこで次に「責任ある投資」の方法論についてみていくことにしよう。

III 実践の手法と効果

1 「責任ある投資」の方法を評価する視点

「責任ある投資」の原型となった SRI の具体的な方法は、ソーシャル・スクリーン、株主行動、コミュニティ投資に大別される[17]。それでは「責任ある投資」の場合はどうか。特にそれが特定の投資手法や特別な投資行動ではなく、すべての投資に求められる一般的な原則であると考えた場合、具体的にはどのような方法で実施すべきだろうか。「責任ある投資」の方法は SRI と全く同じと考えてよいのか。それとも SRI の方法論の中から、いくつかが妥当な手法として選ばれるのか。あるいは SRI とは異なる方法論がありうるのか。この点について定説はまだなく、それぞれの年金基金等が独自の考えに基づいて行動している[18]。

しかし「責任ある投資」という概念を受け入れたとしても、それを実践する方法によって効果が異なるとすれば、どのような方法でそれを行うかが重要になる。それでは「責任ある投資」の実践として適切な方法とはどのような方法であろうか。当然それは、「責任ある投資」の目的を効果的に達成しうる方法であり、効果のより高い方法ということになろう。問題は、「責任ある投資」の目的とは何で、その効果をどのように測るか、ということである。

前節で述べた通り、「金銭的な投資利益と社会的利益の合計の最大化」が真に合理的な行動基準であるというのが本稿の立場である。しかし社会的利益の大きさは数値化するのが困難な上、当該投資家の行動だけでなく、他の投資家

行動の影響を受けるため、不確実性が大きい。たとえば環境配慮的な観点からのある投資行動に対して、他の投資家が同調するかどうかで、効果が異なる可能性がある。このような不確実性は社会的利益の追求に関する一種のリスクと捉えられるが、そこまで加味して方法論の良否を精緻に評価することは現状では不可能である。

そこで本稿では、①社会的利益への貢献と、②長期的利益への貢献の2つを方法論の評価基準とし、それぞれについて定性的に考察していくことにしたい。また「責任ある投資」が考慮する問題領域は地球環境問題、人権問題、労働問題、地域貢献など幅広く、どの問題を対象とするかによっても効果が異なる可能性もある。したがって採用する方法を1つに絞る必要はなく、対象とする問題に応じて複数の方法論を組み合わせることも可能である。以下では、現在知られている方法を①評価・選別型、②影響力行使型、③資金提供型の3つに分けて検討する。

2　評価・選別型の手法

評価・選別型の手法とは、環境や社会の観点から投資先を評価し、選別するもので社会的スクリーンが代表的である。社会的スクリーンは、評価の高い企業を積極的に投資先に組み込んでいくポジティブ・スクリーンと、特定の業種や企業を投資先から排除するネガティブ・スクリーンに大別できるが、後者は投資先の評価というよりは、特定の事業内容に対する批判と圧力であると考え、次の影響力行使型に含めて検討する。

ポジティブ・スクリーンの一般的な方法は、環境や社会に関して複数の評価項目を設け、CSR報告書やアンケートを用いて項目ごとに評点をつけてウエイト付けして総合点を出すというものである。総合点で一定水準以上の企業を母集団とし、さらに財務的基準を用いて投資先を絞ることが多い。環境問題や社会問題の具体的な項目だけでなく、企業の管理体制やコーポレートガバナンス、経営者の姿勢、組織風土などの定性的な側面を重視し、アンケートよりもインタビューに重点を置いて評価する方法もある。またポジティブ・スクリーンの

一種に「ベスト・イン・クラス」と呼ばれる方法もある。これは、投資先を業種別に区分して、業種ごとに評価の最も高い企業を選ぶ方法である。

　さらに環境や社会の要素を個別に評価するのでなく、財務的な側面と結び付けて評価する「統合的評価（Integration）」という方法もある。たとえばエネルギー多消費型の企業は環境税が導入された場合に影響が大きいなど、通常のアナリストが企業を評価する際に、各企業の特性に応じて個々の環境問題や社会問題がどのような影響を及ぼすかを財務的な評価のプロセスに組み込んでいくのである。

　まず社会的利益への貢献の観点からみると、これらの手法は投資家の評価の基準が企業に伝わることで、環境や社会に配慮する方向へと企業行動を誘導することが期待される。問題領域としては環境問題や労働問題など比較的幅広い領域が対象となる。しかし現状では次のような課題がある。まずこのような手法を採用する資金量が小さい。たとえばSRIを採用している企業年金の場合でも、その組み入れ比率は全運用資産の1％程度であるとされる。またアンケートに回答する企業が300社程度と限られており、全上場企業に影響が及ぶわけではない[19]。アンケートの質問項目が数十に及ぶケースが多く、どの項目をどのように改善すればよいかという指針になりにくい。総合的な評価が一般的なので、個別具体的な問題について明確なメッセージを送ることには向かない。結果的に大手優良企業ばかりが上位に評価されることになり、下位企業のインセンティブになりにくい。

　一方長期的な投資パフォーマンスとの関係については多くの実証分析があるが、必ずしも決着はついていない[20]。ポジティブ・スクリーンだけでなく、財務的評価も組み合わせて用いるので、パフォーマンスには運用の巧拙も影響する。また近年は環境問題や社会問題の中でも長期的利益への影響の大きい項目（マテリアリティの高い項目）に注目していこうとする動きもあり、統合的評価（Integration）もマテリアリティに着目した方法の一種と言える。マテリアリティに注目すれば、当然、長期的利益との相関は高まるものと予想される。ただしそれが社会的利益にどのような影響を与えるかは別途検討が必要であろう。

3　影響力行使型の手法

　影響力行使型の手法とは、環境や社会の観点から投資先に直接影響力を行使し、投資先企業の行動の変化を促すもので、株主行動が代表的であるが、ネガティブ・スクリーンもこちらに含めて考えることにしたい。株主行動とは株主総会での議案の提案、議決権の行使、それらを背景にした経営陣との対話などを意味する。ネガティブ・スクリーンは特定の業種や企業を投資先から除外するもので、前述のノルウェー政府年金基金による兵器産業の除外が典型的である。

　これらの手法は具体的な問題を取り上げて対応を求めるものであるから、企業に対して明確なメッセージが伝わる。したがって多くの投資家が同調すれば社会的な効果は大きいと思われる。しかし個別的な手法であるので、幅広い問題を網羅的に扱うことはしにくい。株主行動の場合は、原理的にはあらゆる問題を扱えるが、ネガティブ・スクリーンは兵器産業や児童労働など、特に企業活動のネガティブな側面に対象が限定され、環境問題への積極的な対応のような前向きな行動を引き出す方向には使いにくい。

　株主行動と投資パフォーマンスの関係に関しては、①投資先企業が社会的責任を果たすことで企業としての持続可能性を高め、長期的には基金の利益になるので、株主行動は長期的利益に貢献するという見解と、逆に、②株主行動による経済的利益はそのための費用と釣り合わないとの見解がある[21]。ネガティブ・スクリーンについては、広範な企業を除外すれば、投資先の分散が不十分となり財務的パフォーマンスを悪化させるとの見解が一般的である。しかし特定少数の企業の除外ならば財務的パフォーマンスへの悪影響はないとされ、実際、長期的利益の追求を掲げる ABP でも一部の兵器産業を除外している。

4　資金提供型の手法

　資金提供型の手法とは環境や社会に配慮した事業に直接的に資金を提供していく行動を意味する。たとえば事業を通じて社会的問題を解決していこうとす

る社会起業家に出資するソーシャル・ベンチャーや、有望な環境技術を有する未公開企業の株式を取得して成長を促すプライベート・エクイティなどの手法が考えられる。

こういった手法は社会的課題の解決のために必要な事業や技術に資金を供給するものであるので、その社会的利益は明確である。ただし対象領域は技術によって問題解決が図れるような環境問題や、地域活性化などの分野に限られる。また基本的に中堅・中小の事業が対象となるので、資金規模としては小さく、「責任ある投資」のマジョリティを占めるものにはなりにくい。

長期的な投資パフォーマンスは投資先の事業次第である。投資先が社会的課題を解決しつつ、利益を上げる事業に育てば、十分な投資収益が期待できるが、当然、リスクも大きい。投資家の事業評価能力が問われることになる。

IV 持続可能な社会の実現に向けて——「責任ある投資」の課題

第II節で持続可能な社会の構築を視野に入れた「責任ある投資」の必要性について述べ、第III節ではそれを具体化するためのさまざまな手法を取り上げて、それらの予想される効果について検討した。それでは実際に「責任ある投資」を行う場合、これらの手法をどのように組み合わせて実践すればいいのであろうか。少なくとも、単に総資産の数％をSRIファンドに投資したというだけでは、持続可能な社会の実現に実質的に貢献するものにはならないだろう。そこで、十分な投資利益を確保しつつ社会的利益との合計を最大化しうる、社会的に最適な資産配分や社会的に最適なポートフォリオとはどのようなものかが問題となる。

たとえばPRIに署名したABPは資産の一部をSRIファンドに投資した上で、一定のネガティブ・スクリーンを導入し、通常の投資に関しても環境や社会の要素を投資先の評価に加味するようファンド・マネージャーに要請し、投資先に対する株主行動も行っている[22]。これに一定の比率でソーシャル・ベンチャーなどの資金提供型の手法を加えたものが、考えうる「責任ある投資」の姿で

あると思われる。

　ここで課題となるのは、通常の投資の中に環境や社会への配慮を組み込んでいく方法論である。現実に、300社程度しか回答のないアンケート調査によるスクリーニングの方法ですべての資産を運用するわけにはいくまい。そこでソーシャル・ベンチャーなどに一定の資金を配分し、最低限のネガティブ・スクリーンを導入した上で、資産配分の最も大きな部分を占める株式や債券の運用に関しては、ファンド・マネージャーやアナリストの日常の評価の中に環境や社会の視点を織り込んでいく必要がある。方法としてはⅢ-2で述べた統合的評価の方法である。

　しかし統合的評価の方法では、実際に環境や社会の要素がどのように反映されているのかを、外部から事後的に検証することが難しい。環境や社会の視点も、その他の判断基準とともに総合的評価の中に埋もれてしまい、その部分だけを取り出してみせることができないからである。したがってファンド・マネージャーやアナリストの裁量の余地が大きい。しかもその判断が投資を通じて将来の社会を左右するのであるから、それに見合う高度な能力と倫理観が求められる社会的責任の重い仕事になると思われる。同時に何らかのチェック・メカニズムも必要になるであろう。それは、彼らのアカウンタビリティであり、社会との対話であると思われる。

　特に「責任ある投資」が難しいのは、投資行動のもつ環境や社会への影響が複雑であり、効果が簡単に測定できないことである。目先の利益を優先した行動が大きな社会的損失を生みかねないのと同様に、社会に良かれと思ってした行動がかえってマイナスになる可能性も否定できない。たとえば地球温暖化防止に貢献するはずのバイオエタノールが食糧生産からのシフトや価格高騰をもたらすというのは、その一例である。それ以外にも、一見、環境や社会によいと思われる行動が、気づかぬところで思わぬ弊害を生んでいるかもしれない。このような不確実性と効果の測定不可能性は「責任ある投資」の本質的な課題である。

　これに対処する特効薬はないが、世界各地で起きる問題をきめ細かく監視し、

問題が起きる都度、関連する投資行動を修正していくという逐次的なアプローチは考えられる。たとえばバイオエタノールにも問題があると分かれば、「食糧生産に悪影響がないか」という新たなチェック項目を設けて投資先評価を修正するのである。「責任ある投資」とはそのような監視と修正行動の不断のプロセスと考えた方がいい。ただしそれが可能になるためには、世界中のどこで何が起こっているかに関する情報が必要だが、そこまで個々のファンド・マネージャーやアナリストに求めるのは非現実的であろう。そのような情報の生産を担えるのは各地の研究者や NPO/NGO である。NPO や NGO による指摘を受けて、ファンド・マネージャーやアナリストが問題の存在に気づき、投資先を見直すということがスムーズに起これば、社会的利益の不確実性という「責任ある投資」の課題を緩和することができる。投資家と社会との対話がチェック・メカニズムの役割を果たすのである。

本稿の検討を通して分かることは、持続可能な社会のための投資は単なる理念ではなく、「責任ある投資」という概念の浸透、その実践手法の開発、ファンド・マネージャーやアナリストの能力の向上、投資家と社会との対話の促進など、多様な要因が関連する社会的な制度だということである。それはまだ十分確立したものではないが、ヨーロッパでは形を見せ始めている。日本でも今後いかにこれを実践していくかが課題である。

注

1) SRI について詳しくは水口（2005b）、谷本（2003）を参照。
2) アメリカについては SIF（2006）、ヨーロッパについては Eurosif（2006）を参照。
3) ただし日本でもこの他に2007年10月時点で運用機関として8社、リサーチ企業等として1社が署名している。
4) 谷本（2007）pp.238-240。
5) 石垣（2003）pp.56-65, p.361。なお石垣（2003）では fiduciary を trustee と区別し、前者を受認者、後者を受託者としているが、本稿ではこの点は主要な論点ではないため、慣例にならい受託者と表記する。

6) 三菱 UFJ 信託銀行 (2007) pp.29-30。
7) 谷本 (2007) p.247。
8) 谷本 (2007) p.242。
9) UNEP-FI (2007b) p.10.
10) 2007年11月15日、パリで開催された TBLI (Triple Bottom Line Investment) Conferenceにおいて行った ABP のシニア・ポートフォリオ・マネージャーである Rob Lake 氏へのインタビューに基づく。
11) 労働政策研究・研修機構 (2007) p.75。
12) JUST PENSIONS (2004).
13) 同基金の倫理投資担当者である Denise Healey 氏への筆者インタビューに基づく。2007年3月27日、ニュージーランド、ウエリントンにて実施。
14) 2007年10月時点で、同基金の契約先は、Sustainable Investment Research Institute PTY 及び Innovest Strategic Value Advisor Inc である。
15) Ethical Guidelines : Government Pension Fund-Global より引用。筆者訳。以下、倫理ガイドラインの内容についてはすべて同様である。
16) Council on Ethics (2006) p.9.
17) アメリカの SRI 関連組織のネットワークである Social Investment Forum による分類。SIF (2006) 参照。
18) 各年金基金等が採用する方法論については UNEP-FI (2007b) に詳しい。
19) たとえばモーニングスター SRI インデックスに調査データを提供しているパブリックリソースセンターの2007年の調査対象企業は314社であった。パブリックリソースセンター (2007) 参照。
20) この点については UNEP-FI (2007a) が研究者及び実務家による実証分析のサーベイを行っているが、明確な傾向は見られない。
21) 森 (2004・2005) 参照。
22) UNEP-FI (2007).

参考文献

足達英一郎・金井司 (2004)『CSR 経営と SRI ──企業の社会的責任とその評価軸』金融財政事情研究会。

石垣修一 (2003)『年金資産運営のためのエリサ法ガイド』東洋経済新報社。

経済法令研究会編 (2007)『金融 CSR 総覧』経済法令研究会。

厚生労働省 (2006)『厚生年金及び国民年金における年金積立金運用報告書』。

國部克彦・伊坪徳宏・水口剛（2007）『環境経営・会計』有斐閣。
五月女季孝（2007）「日本の公募 SRI ファンドの現況」野村アセットマネジメント『ファンドマネジメント』No. 51（2007年夏季号）。
谷本寛治編著（2003）『SRI 社会的責任投資入門』日本経済新聞社。
─── (2007)『SRI と新しい企業・金融』東洋経済新報社。
特定非営利法人パブリックリソースセンター（2007）『第 5 回「企業の社会性に関する調査」集計結果報告書』パブリックリソースセンター。
藤井良広（2005）『金融で解く地球環境』岩波書店。
三菱 UFJ 信託銀行（2007）『責任投資セミナー2006』エム・ユー・トラスト・アップルプランニング。
水口剛・國部克彦・柴田武男・後藤敏彦（1998）『ソーシャル・インベストメントとは何か』日本経済評論社。
水口剛（2005a）『社会を変える会計と投資』岩波書店。
─── (2005b)『社会的責任投資（SRI）の基礎知識』日本規格協会。
─── (2007a)「SRI と株主行動」経済法令研究会編『金融 CSR 総覧』所収。
─── (2007b)「SRI は環境を守れるか──投資行動における環境配慮の歴史と展望」『環境情報科学』第36巻第 3 号。
森祐司（2004）「米国年金基金の株主行動と社会的責任投資（前編）」『年金調査情報』2004年12月20日号、大和総研。
─── (2005)「米国年金基金の株主行動と社会的責任投資（後編）」『年金調査情報』2005年 1 月18日号、大和総研。
労働政策研究・研修機構（2007）『諸外国において任意規範等が果たしている社会的機能と企業等の投資行動に与える影響の実態に関する調査研究』（労働政策研究報告書、No. 88）。
Amy Domini (2001) *Socially Responsible Investing : Making a Difference and Making Money*, Dearborn Trade.（山本利明訳〔2002〕『社会的責任投資』木鐸社）。
Council on Ethics (2006) *Council on Ethics : Governmental Pension Fund-Global : Annual Report 2005*, Council on Ethics (Norway).
EC (2004) *Corporate Social Responsibility : National Public Policies in the European Union*, European Commission.
Eurosif (2006) *European SRI Study 2006*, European Social Investment Forum.
Freshfields Bruckhaus Deringer (2005), *A Legal Framework for the Integration of Environmental, Social and Governance Issues into Institutional Investment*, UNEP Finance Initiative.

JUST PENSIONS (2004) *Will UK Pension Funds Become More Responsible ?*, UK Social Investment Forum.

SIF (2006) *2005 Report on Socially Responsible Investing Trends in the United States*, Social Investment Forum.

UN (2006) *Principles for Responsible Investment*, United Nations.

UNEP-FI (2007a) *Demystifying Responsible Investment Performance : A Review of Key Academic and Broker Research on ESG Factors*, United Nations.

―――― (2007b) *Responsible Investment in Focus : How Leading Public Pension Funds are Meeting the Challenge*, United Nations.

第3章　戦前における電気利用組合の展開とその地域的役割

西野寿章

I　戦前の電気事業と電気利用組合

　本稿の目的は、戦前、主として山村地域に展開した電気利用組合の地域展開を追いつつ、その地域的役割を明らかにするものである。

　戦前の電気事業については、経済記者であった三宅晴輝が戦前に著した『電力コンツェルン読本』と『日本の電気事業』を最初として、多くの研究が積み重ねられてきた[1]。近年では、橘川武郎（1995・2004）、渡　哲郎（1996）の研究が得られた。これらはいずれも、中小の電灯会社を吸収合併して地域独占体制を形成していった東京電灯、東邦電力、大同電力、宇治川電気、日本電力のいわゆる「五大電力」の形成と市場競争に焦点が当てられていた。また室田武（1993）は電力自由化論に関連して、戦前の公営電気事業、戦後の電力再編成時における公営電気復元運動に着目し、また梅本哲世（2000）も戦前における宮崎県営電気の実現過程に注目した。さらに中瀬哲史（2005）は、現行の9電力体制の基礎を1930年代の電気事業の構造に求めた。

　戦前の電気事業は、1887（明治20）年に東京電灯が電気供給を開始したのを嚆矢として、1938（昭和13）年に国家総動員法の一環として電力の国家管理が行われるまで民営主導で展開したが、投資効率を重んじる電灯会社は、採算性の悪い山間地域を供給地域から除外し、そのため、電力未供給地域では公営電気事業によってカバーされた。

公営電気には、青森県や宮城県、山口県、高知県、宮崎県などで経営された県営電気事業、東京市、仙台市、金沢市、京都市、大阪市、都城市などで経営された市営電気、そして、小規模な山間地域で経営された町村営電気事業と小規模自治体が共同経営した町村組合電気事業、さらに郡単位で電気供給を行った郡営電気事業が存在していた[2]。大阪市長・関一が都市経営の見地から電気供給や交通機関の経営を論じたように（関 1928）、県、都市のレベルでは自治体経営、財政の見地から事業の必要性が論じられてきたが、主に山村で経営された町営、村営電気事業は、電力未供給地域での社会資本整備という役割を第一義としていた。

　筆者は従来の研究において、ほとんど研究の対象とされてこなかった主に山村に立地した町村営電気事業に多大なる関心を寄せ、その成立条件の解明を進めてきた。それは、自由度が少なく、財政的余裕のなかった戦前の地方財政構造下において、莫大な財源を必要とする町村営電気事業に山村の自治体が取り組めたのはなぜかという疑問から出発している。そして、町村営電気事業の経営を可能とした地域的条件の解明に取り組んできた。

　まず筆者は、民営主導で展開した戦前の電気事業は、地域の特性と対応して生成、発展してきたことを明らかにし（西野 1988）、経営効率を重んじる電灯会社の供給地域から自治体全体や一部が除外された農村や山村に展開した町村営電気事業の地域的意義を検討してきた。とりわけ、町村営電気事業の一大集中地域であった岐阜県における町村営電気の展開過程を追いつつ（西野 1995）、一村営電気が成立した社会的経済的条件を長野県上郷村（西野 1989・1990）、岐阜県福地村（西野 1996）、長野県中沢村（西野 2006）で究明してきた。筆者はこれまでに、山村地域の町村営電気事業は「地域一斉点灯」という行政的使命を持っていたこと、町有林や村有林が事業費を捻出し、かつ住民の寄付金の軽減の役割を集落の持つ共有林が果たしていたことなどを明らかにしてきた。

　町村営電気事業は、地域産業の振興、自治体財政の充実のため、内発的にその経営に取り組んだケースも少なくないが、多くは民営電灯会社の供給地域から除外されていたことが設立の契機となっていた。戦後も、しばらくの間、電

力無給地域として存在していた山村は、戦前においても自力で電力供給を行うことができなかった地域であったと考えてよい。このことは、戦前の山村地域の財政構造は一律ではなく、地域差が存在していたことを同時に裏付けている。

ところで、戦前の電気事業者の中心は民営電気、公営電気であったが、これらの電気事業者のほかに発電施設を有する自家用電気工作物施設者という区分があった。さらにこの自家用電気工作物施設者は、「電気事業法準用自家用」、「其ノ他自家用」、「国ニ於テ施設スル自家用」、そして「産業組合及共同施設自家用」に4区分されていた。「電気事業法準用自家用」には製紙会社や電気化学工場、鉱山、一部の電気利用組合[3]、市営電気などが該当していた。また「其ノ他自家用」には鉱業、電気化学、セメント、ニッケル、紡績などの企業、百貨店などの有する発電施設が該当し、そして「産業組合及共同施設自家用」には、産業組合法に基づいて設立された集落（旧村）を供給単位とした電気利用組合による発電施設、山間集落に多く見られたごく小規模な個人所有による発電施設が該当していた。

1900（明治33）年に公布された産業組合法は、子爵・品川弥次郎が、窮乏農村の救済運動として展開していたドイツの農村信用組合運動を導入したものとされる（八木澤 1935）。ドイツ全権公使として渡独していた品川弥次郎は、「我国に在って社会の根本たり、生産の主力たるものは、実に中産以下の小農小商工業者である。然るに、これら小生産者は、将に資本家の圧するところとなり、その営業の維持に苦しみ、産を破り、家を失ふもの多からんとす。これ自由経済の世において当然の結果なりと雖も、またいづくんぞ之が窮乏を救い、かつ国家のために危険なる状態を予防するところなくして可ならんや」と述べ、小農、小商工業者を救済するには「彼等に産業組合を組織させるより急なるはない」と産業組合の必要性を説いた（野田 1927）。

産業組合法の第一条は「本法ニ於テ産業組合トハ組合員ノ産業又ハ其ノ経済ノ発達ヲ企画スル為左ノ目的ヲ以テ設立スル社団法人ヲ謂フ」と規定した。社団法人とは、組合員への資金貸付、貯金に便宜を図る「信用組合」、組合員の生産物を販売、加工して販売する「販売組合」、組合員の生産物の加工に必要

な設備、産業に必要な設備を設置する「生産組合」を指し、これらの組織は無限責任、有限責任、保証責任の三種のいずれかの形態をとることとされた（産業組合中央会岐阜支会 1911）。電気利用組合は、これらの規定に基づき、設置されたものであった。

前述したように、産業組合法のプロトタイプはドイツの農村信用組合運動にあった。そのため、ドイツ産業組合の調査（農商務省農務局 1911）、研究（西垣 1913）が盛んに行われていたが、八木澤善次は、ドイツから輸入した官僚が、その精神を置き忘れて、ただ形式だけを輸入したと批判している（八木澤 1935）。

戦前に行われた産業組合研究のひとつに八木芳之助の研究がある（八木 1936）[4]。八木はドイツにおける産業組合研究の諸説の分析をふまえ、産業組合の本質は、まず第一に「産業組合は原則上同一地域に居住する人々」により形成され、第二には「産業組合は中産階級以下の人々」によって構成され[5]、そして第三には「産業組合は自由なる人的結合」にあるとし、産業組合は、地域自治的要素を強く持ち合わせていたとみることもできよう。

戦前の地方自治、地域自治については、大正デモクラシーの形成との関連からは金原（1967）や天野（1984）の研究、名望家の役割論からは太田（1991）、石川（1995）、髙久（1997）らの研究、社会史からは岩本（1989）の研究、政治学からは金原（1987）の研究、また地方自治論の立場からは宮本（1986）、大石・室井・宮本（2001）らの研究があり、産業組合が地域自治に果たした役割について触れる研究も多い。

産業組合は、1932（昭和7）年末では全国に1万4,352組合があり、組合員数は497万8,248人、組合に加入している農家の割合は62.4%に達し、大部分の組合は有限責任の形態をとっていた（八木 1936）。電気利用組合は1928（昭和3）年では158組合、国家総動員法が発せられた1938（昭和13）年では246組合を数えた。

従来の産業組合研究は、農業振興との関係から論じられることが多く、管見によれば電気利用組合に注目した研究は存在しない。民営主導で発展してきた

戦前の電気事業は、国家総動員法発令に伴う電力の国家管理によって官製化の道を歩み、現在の九電力体制の礎を形成するに至るが、電力の国家管理以前の電気事業は、地域の特性に応じた電力業の発展が見られた（西野 1988）。

しかしながら、市場原理に委ねた電力供給体制の形成は、電力会社の経営を経済効率主義に陥らせ、電力事業の持つ公益性への認識を不十分なものとしていた。そのため、電力未供給地域の多くを地方自治体が経営する町村営電気事業がカバーし、自治体の地理的範囲を電力供給地域とした。これに対して多くの電気利用組合は、属する自治体が民営電灯会社の供給地域に組み込まれていても、家屋の密集度や地理的条件によって配電されなかった集落の範囲を供給地域としていた。電気利用組合は、住民自らの出資によって設立され、自ら経営され、電力供給、農業機械の電化を行ったのであった。

II 電気利用組合の概要と地域分布

図1は、わが国における電気事業者数の推移を示したものである。1914（大正3）年における電気事業者数は1,940を数え、その数は1925（昭和元年）には5,350、国家総動員法発令の前年1937（昭和12）年では1万675を数えていた。しかし、これらの大部分は電気利用組合を含めた小規模零細な自家用電気工作物施設者であり、電力供給の大部分を担っていたのは私営、公営の電気事業者であった。電気事業者数は、1914年では私営439、公営22の計461事業者、1925年では私営655、公営83の計738事業者、1937年では私営610、公営121の計731事業者であった（図2）。発電量に占める自家用施設の発電量の割合をみると、1914年22.5％、1925年21.6％、1937年15.0％となっていたことから（図3）、電気利用組合を含めた自家用電気工作物施設者による電気供給力は電気事業全体からみれば小規模ではあった。しかし、民営主導で発達した戦前の電力供給系統の末端が、住民出資の組合方式によって支えられていた点は、日本の電気事業史において特筆されてよいし、もっと知られてもよい。

太刀川平治は、大正末期において、当時のアメリカの農村電化の発展状況に

図1 電気事業者数の推移

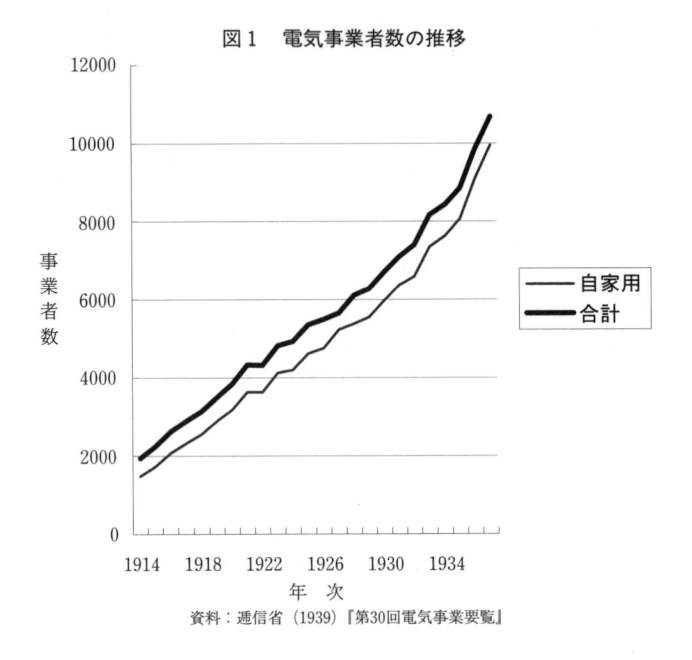

資料：逓信省（1939）『第30回電気事業要覧』

図2 公営・私営別 電気事業者数の推移

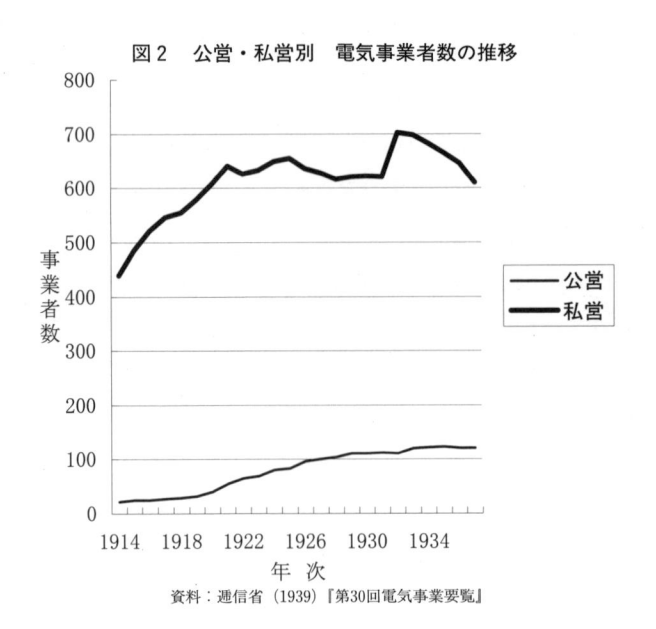

資料：逓信省（1939）『第30回電気事業要覧』

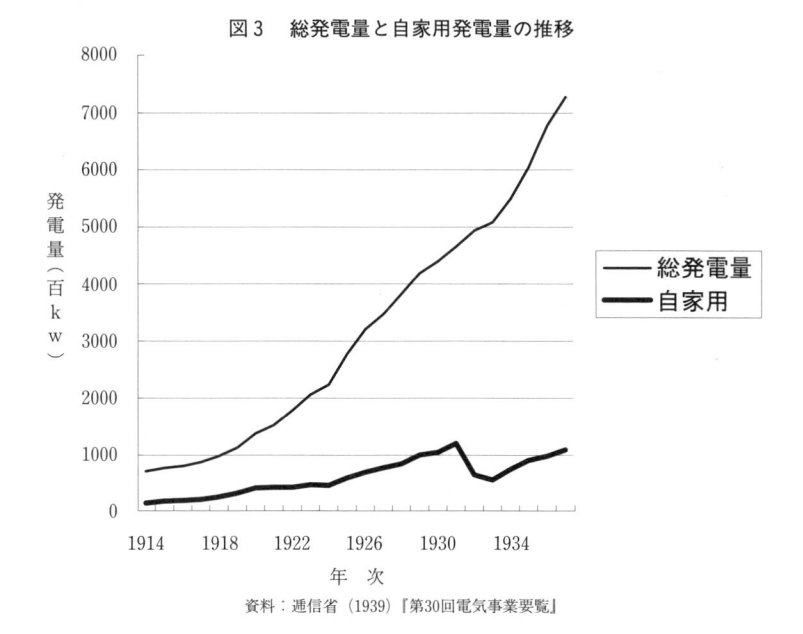

図3　総発電量と自家用発電量の推移

資料：逓信省（1939）『第30回電気事業要覧』

比べ、日本の農村電化の遅れを指摘しながら、農民の地位向上、農村の振興、工業の余弊緩和、食糧問題の解決と電気との関係から農村電化の必要性を論じ、農村電化の技術や方法をまとめている（太刀川 1926）。戦前の農村における電気の用途は、揚水、調節、照明、雑作業、副業などであった。揚水は灌漑、排水、調節は籾擢機、精白機、製粉機への電気利用、照明は一般照明、誘蛾灯、そして雑作業は豆粕粉砕機、縄捻機への電気利用、副業は孵卵、製材、薪割などであった（大日本農政会 1924）。

　1920年代前半の大正末期の農村は、第一次世界大戦期における急速な資本主義の発展によって農作物需要が拡大し、農産物価格の急騰をもたらし、商品生産農業を成長させ、農民層分解が地域的差異を持ちつつ進んでいた（林 1981）。このことは、商品生産農業が展開可能な農村と、地理的条件や地形的条件のために商品生産農業が浸透しにくい山村との格差も生み出していたものと考えられる。それゆえに山村では、電気の導入が農家経済の向上のために求められて

いたとも考えることができる。

　美紀抱鍬は、電力会社による電気供給が困難な農村では「唯一最善の途は、即ち、協同の力を以て集落に於いて適当なる水源地に於いて小電力を発生せしめて、使用するにある」と説き、電気の導入によって農業経営を機械化し、余剰労力によってさらに生産を向上させ、農閑期には副業に利用するなど、農業経営の理想化、合理化の方向を示して、「（電気の導入は）言うまでもなく是は多額の費用を要する事業なれば、団結の力によってのみ実現するものであって、産業組合又は農業組合によって経営するは、最も其の当を得たる方法である。資本に乏しき農民は、個々の弱き力を活用して、有利ならしめねばならぬ。時代は今や個立主義を許さぬ、着々人類共棲の理想たる共存共栄相互扶助に進みつつある」と産業組合による電気供給組織の設立を勧めている（美紀 1924）。

　図4は、1928（昭和3）年と、国家総動員法が発せられる1938（昭和13）における電気利用組合の都道府県別分布を示したものである。1928年において電気利用組合は158組合が存在し、それを道府県別にみると、愛知県の23組合が最も多く、次いで岐阜県13組合、以下、福岡県11組合、静岡県、福井県、徳島県が各10組合、岡山県8組合、広島県、大分県が各6組合などとなっている。10年後の1938年になると電気利用組合は247組合にまで増加した。道府県別分布をみると、愛知県の26組合が最も多く、次いで福井県の19組合、岐阜県と徳島県の16組合、大分県の14組合と続いている。1928年に比べ大幅に増加した県は、岩手県、福井県、京都府、愛媛県、大分県などである。電気利用組合の地域分布に顕著な傾向はみられないが、概して、中部地方以西の地域で電気利用組合の設立が盛んであったことがわかる。

　最も電気利用組合が集中していた愛知県の様子について、産業組合中央会愛知支会は「電気利用組合は電灯会社の営業区域の内、採算出来ない僻陬の山間地、即ち電灯設備費に対し支出の伴はない地域に於て、自ら其の衛に当たるので経営上非常の苦難を覚悟して全く郷土愛に燃ゆる隣保扶助の観念で行ふ事業で真に地方開発、農村文化の建設に心を致して居る」と述べている（産業組合中央会愛知支会 1937）。愛知県の電気利用組合は、ほとんどが東三河地方の山

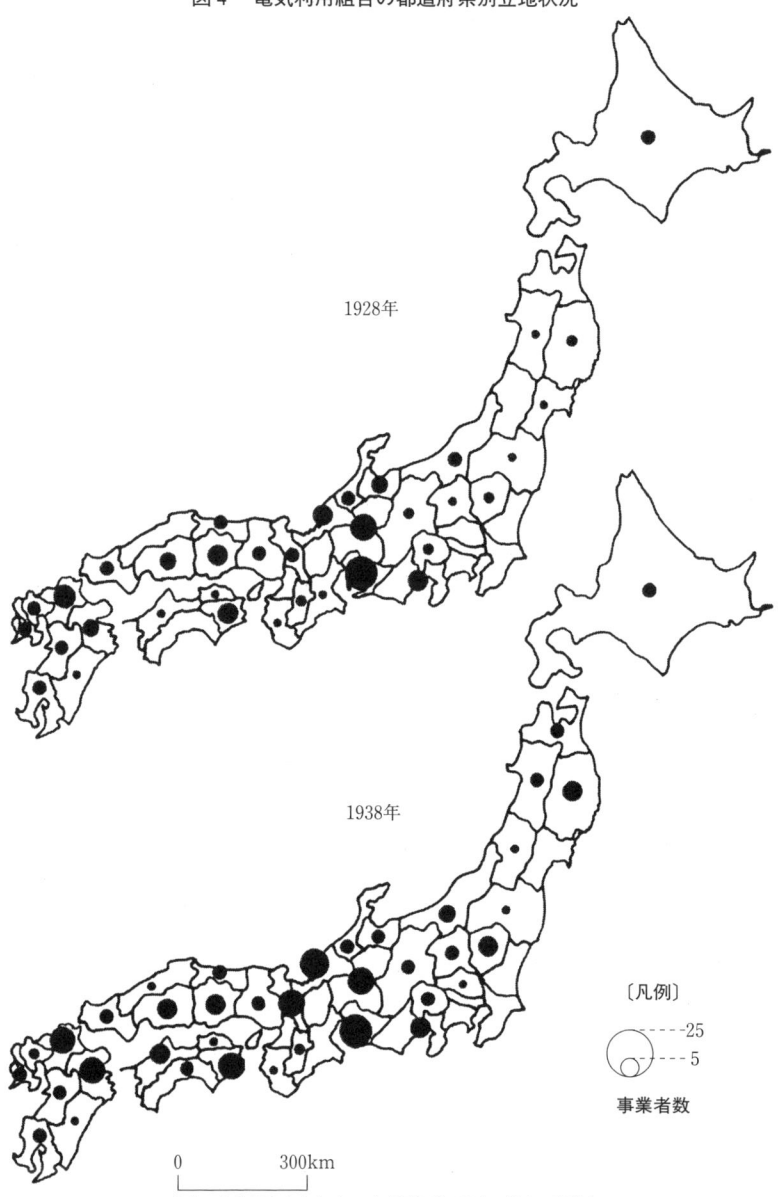

第3章　戦前における電気利用組合の展開とその地域的役割　73

図4　電気利用組合の都道府県別立地状況

1928年

1938年

〔凡例〕
25
5
事業者数

0　　300km

資料：産業組合中央会（1928）『電気利用組合に関する調査』
　　　逓信省（1939）『第30回電気事業要覧』

間部に立地し、険しい地形条件ゆえに集落も分散的に立地し、電気の供給されなかった集落が多かったものと考えられるが、電気導入に際して、電灯会社から多額の寄付を要求されたため、電気利用組合を設立したケースもあった（芳賀 2001）。

　産業組合中央会では、電気利用組合の増加に対応して、1930（昭和5）年6月に全国電気利用組合協議会を開催している（産業組合中央会 1930）。電気普及率は1917（大正6）年では42%に留まっていたが、大正期後半から急速に伸び、1922（大正11）年には70%、そして1927（昭和2）には87%に達していた（新電気事業講座編集委員会、1977）。しかし山村地域での電気普及は、投資効率を重んじる電灯会社の方針によって、遅れていたものと考えられる。それゆえに、電気利用組合に注目する山村地域が続出していたものと捉えられる。産業組合中央会の動きは、これに呼応したものともみることができる。

　電気利用組合が最も多く分布した愛知県では、産業組合中央会愛知支会が全国的な協議会の設立より早い1927（昭和2）年に愛知県電気利用組合協会を設立し、指導機関として電灯会社との交渉、電気器具共同購入の斡旋、電工具取扱講習会を開催していた（産業組合中央会愛知支会 1937）。都道府県レベルでの協議会の設置は、鹿児島県にもみられた（産業組合中央会 1929）。

　個別の電気利用組合の経営状況を把握することは、存在する資料がかなり限られているため容易ではない[6]。1930年に開催された第26回全国産業組合大会における1929年度の産業組合状勢報告中、岐阜県だけが唯一、電気利用組合にふれ、「山間部地方に於いて電気利用組合12存在するも其の成績は余り良好ではない」と報告している（産業組合中央会 1930）。1924（大正13）年に設立された奈良県室生村の室生村信用購買販売利用組合は、1928年時点で「本組合が電気事業費に投じたる其金11万余円にして其大部分は借入金にて而も其利率が高歩なるを以て収支均衡を得難く頗る困難の状態」（産業組合中央会 1929）と報告しており、その一方、1923（大正12）年に設立された愛知県藤岡村の深田電気利用組合では「昭和3年末日を以て組合借入金全部償還したり」（産業組合中央会、1929）とあって、電気利用組合の規模や発電所の有無、事業期間な

どによって経営状況は多様であった。

1938（昭和13）年中における電気利用組合の経営状況を『電気事業要覧』によって把握すると、損出を計上している電気利用組合は247組合中28組合に留まっており、例えば岐阜県では16組合中3組合で損失を計上しているほかは、多くの電気利用組合で利益を出している。これは、電気事業が初期投資[7]には多くの費用を必要とするものの、後には概して利益率が高くなるという性質を持っていることによるものと考えられる。

III 電気利用組合の地域的展開

今日、電気事業は公共性の高い公益事業として認識されているが、市場原理に委ねた戦前の電気事業には公共性の概念が欠落しており、五大電力間の電力供給地域の争奪戦にみられるように、電力資本は自らの巨大化、地域独占化を企業活動の中心に据え、地域住民はそのような電力資本の動きに翻弄され続けていたともいえる。電気利用組合が設立された農村や山村の多くは、電力資本から市場として見なされず、それゆえに地域自治的に電気利用組合を設立せざるを得なかった。この節では、電気利用組合の設立理念を中心として概観し、電気利用組合の本質を考察する。

1　電気利用組合の嚆矢——長野県竜丘村電気利用組合

1915（大正4）年に電力供給を開始した長野県下伊那郡竜丘村の竜丘電気利用組合が、わが国における電気利用組合の嚆矢となった。竜丘村が位置する長野県伊那地方は、辰野・飯田間の電気鉄道の経営者・伊那電気鉄道の南下とともに、同鉄道が経営する電気事業部門によって、投資効率のよい家屋密度の高い集落のみに電気が供給されていった。そのため、地域一斉点灯を求めた天竜川沿いに位置する中沢村や上郷村では、村営電気事業によって電気供給が行われた（西野　1989・1990；2006）。

竜丘村電気利用組合の計画が企てられたきっかけは、伊那電気鉄道のそのよ

うな横暴とは関係なく、岐阜県の中津川電気の技師が、天竜川に流入する新川に水力発電所を建設するために再三来村し、調査していたことにあった。後に電気利用組合の発起代表者となる北沢 清は「この天が吾々竜丘村住民に与えてくれた恵みを、他町村の人に奪われる事は面白くない、何とか産業組合で発電事業が出来ないものか」と農林省の役人に相談し、その結果、電気利用組合方式による電気事業へと展開することとなった（竜丘村誌刊行委員会 1968）。

電気利用組合による電気供給を見ることなく死去した北沢清は、竜丘電気利用組合の設立の趣旨に次のように述べていた。

「文明の急激なる進歩は 我産業及び経済組織の根底を動かし 之を一変せずんば止まざらんとす、然して近世学術の進歩と共に 之を産業に応用するの区域益々拡張せられつつあるにも拘らず 我が農村は山岳、囲繞、交通不便にして新智識の普及も従て遅く 且又之を応用するの設備も整はず為に 都市に比し文明の恩恵に浴する事 最も薄きは誠に遺憾とする処なり、然るに我郷村に天恵の地利あり 之を利用して水力を原動力と為さば 絶大なる発電をなすことを得 然して之を産業に応用するあれば其利益の莫大なる言語に尽す能はざらんとす然れども 此電気事業たる多額の資金を要し農村小民に於て容易に為し能わざる企業なり 然るに吾国には既に産業組合法なる小国民団結して産業の経営を自由ならしむるの宝典あり 豈に農村小民と雖も躊躇して止むべきにあらざるなり」（竜丘村誌刊行委員会 1968）。

竜丘村電気利用組合は、同村全員を組合員とすることを定款で定めたため、村営電気事業とほぼ同じ性格を持ったことは特筆される。同組合の役員は村を代表する有力者が務め、組合員への通達も、行政組織を通して行われた（中部電力飯田支社 1981）。なお逓信省は、同組合を多くの電気利用組合が属する「産業組合及び共同施設自家用」ではなく、唯一「電気事業法準用自家用」に分類していた。

竜丘村電気利用組合を設立するにあたり、北沢ら26名が設立者となって、設立許可申請が行われたが、出資金は一口35円であったこと（竜丘村誌刊行委員会 1968）以外、経営内容などの詳細は不明である。

開業から13年が経過した1928(昭和3)年の「組合事蹟」には、「当組合ハ地方農村ニ於ケル電気事業ノ創立者ニシテ　其筋ノ指導ト相挨チ協同相援ケテ其発展ヲ期シ　恩澤ニ沿ヘルヲ以テ　他ノ営利会社ガ権利ヲ獲得シテ容易ニ其施設ヲ為サゞルノミナラズ　之ガ施設ヲナスニ当リテ金銭物品ノ寄附強要ヲナス等ノ弊害ヲ抑ヘ　隨而農村ニ対シ電気ノ供給ヲ促進セシムル媒介トナレリ又山間僻地ニテ他ノ営業会社等ヨリ其供給ヲ受クル能ハザル土地ト雖モ組合組織或ハ其他ノ方法ニヨリ起業シ電灯ノ輝カザルハナク」とある(中部電力飯田支社 1981)。

また、1933(昭和8)年の「組合事蹟」には、電気利用組合が地域の産業に及ぼした影響について、「本組合ハ　二十年前ニ事業開始シタルモノナルヲ以テ　蒸汽機関ニ換フルニ電動機ヲ応用シ石油ランプニ換ルニ電灯ヲ使用スルハ産業経営上至大ノ便益アルコト明瞭ナル事実ニシテ　其電動機使用ノ効果ハ普ク知ル所ナルヲ以テ　特記セサルモ電灯ノ使用ニ付テノ効果ヲ特記スレハ　商業者ハ商品陳列場並ニ店舗ノ電灯装置ハ顧客ニ好感ヲ与ヘ　工業者力工場ニ電灯ヲ利用スレハ　安全ニシテ作業便利ナリ　農業者カ養蚕業ニ利用スレハ風力ノタメ減火ノ憂ナク害鼠ノ侵入ヲ防キ作業ヲ容易ナラシム　其他街路、劇場、神社、寺院、公園又ハ祭典等ニ利用スルハ　直接産業上ニハ関係ナキニ似タレトモ　其実用ト安全ト美観トハ特記ノ価値アリ」と記され、地域経済に及ぼしたる状況については、「動カニ付イテハ燃料ノ消費ヲ節減シ交通ノ便利ニヨリテ価格低廉トナレル　現今ノ薪炭ニ比シ利用者ノ利益尚ホ年額一万円ニ達ス其他利用者種別ニヨリ使用人夫ヲ節減スルコト大ナリ　電灯ノ経済上ニ於ケル効果ハ　特記セサルモ　間接ニハ失火ノ率ヲ減シ衛生上交通上ノ利便多ク　従テ産業並ニ経済ノ上資スルコト大ナリ」(中部電力飯田支社 1981)と述べられいる。

竜丘電気利用組合による点灯開始時期が、第一次世界大戦期にあたり、この時期、この地方の養蚕飼育が飛躍的に増加し、電気は石油ランプを使用していた養蚕農家の火災予防に貢献した。また5月から9月かけては養蚕灯として、養蚕農家には料金が割安に設定されていた(中部電力 1995)ことなど、村ぐ

るみで設立した電気利用組合は、地域に多大なる効果をもたらしていた。

2　有限責任蛭川産業共同利用組合の設立と村落構造

　電気利用組合に関する詳細な資料の存在がなかなか摑めない中、秋田県公文書館にて「有限責任蛭川産業共同利用組合原簿」に出会うことが出来た。この原簿は、電動籾摺機、電動精米機等、電動農業機具の設置を目的とした産業組合の設置許可申請書である。設立後の経営状況に関する資料は入手できなかったが、農村電化に関係する産業組合設立の背景や過程を解明するには貴重な資料のひとつといえる。そこで以下、この原簿によって、同組合の設立史を辿ることとしたい[8]。

　組合が設立された秋田県大川西根村蛭川集落（現大仙市）は、1926（大正15）年5月12日に伊藤徳治[9]外73名によって、秋田県に産業組合の設立申請を提出した。入手した資料には、電力の購入先等、電気設備関係に関する記述が一切ないため、詳細は明らかではないが、当時、大川西根村は増田町に本社を置く増田水力電気の供給地域となっており、蛭川産業共同利用組合は同電気から受電し[10]、組合員が電動籾摺機、電動精米機等を利用して農業労働力の省力化を図って、副業となっていた石切に余剰となった労働力を投入して、農家の経済基盤の強化を図ろうとしたものであった。

　申請当時、蛭川集落は戸数74戸（農業71戸〔内、石切兼業者30戸〕、商業3戸）、林野率60％の山間集落であった。「設立ノ必要ニ関スル事項」には、産業組合設立の理由が次のように述べられている。

　「蛭川集落ハ大川西根村ノ北部ニシテ南ハ大字大曲西根集落　西ニ山ヲ負ヒ東及北ニ雄物川ヲ控ヘ　戸数74戸田地94町歩7反歩　畑6町3反歩　山林原野150町歩ヲ有シ　自作農11戸　小作農16戸　自作兼小作農47戸ヲ有スル農村ニシテ　従来ハ灌漑水不足ノ為　年々旱害ヲ被リ疲弊シ鍬延土地殆ント半数以上ニ至リタレハ　農業ノ傍ラ石切ヲ為シツヽアリシ処　大正5年大曲西根耕地整理組合ニ於テ　揚水機ヲ設置セラレシヨリ耕地ハ倍加シ且ツ旱害ノ患絶対ナクナリシ為　漸次資力快復ノ域ニ進ミツヽアリサレハ　農業ノ経営及経済的ノ各

種設備ヲナシ　組合員ニ之ヲ利用セシメ以テ　集落民ノ福利ヲ増進セントスル次第ナリ」とある。

　申請書によれば、蛭川産業共同利用組合の理事9名は、村会議員4名、村農会総代、衛生組合長、集落組頭、農業2名となっている。原簿に綴られた土地所有状況表によれば、村会議員4名はいずれも10町歩以上の水田を所有しているが、他の理事は1.5町歩程度となっていて、役員全員が上層農家ではない。「区域内ニ於テ組合員タル資格ヲ有スル者」は全戸74戸で、「全部加入セルヲ以テ今後加入セントスルモノ現在ナシ」と記入されている。

　1926（大正15）年7月9日、秋田県地方農林主事が蛭川集落に出張して、産業組合設立の事情を調査している。その復命書によれば、大川西根村には、すでに有限責任大川西根信用組合（組合員94人、出資2,130円）が設立されていたが、同組合はほとんど貯金事業を行っていないため、近い将来において利用事業を行う計画もなく、蛭川産業共同利用組合は特別の目的を持っているので、既設の組合に何ら影響を及ぼさないと認められること、「設立セントスル事情」については、蛭川集落では耕地整理組合を組織して開墾の結果、200町歩増歩しているが、副業として行われている石材切出しは労力不足を招いていることから、「本業ニ対スル労力ヲ節約シ余剰労力ヲ以テ副業ニ力ヲ注グコトハ　同集落民ノ経済上重要ナル関係ヲ有シ　本施設ハ最モ適切ナルモノト認メラル」と報告している。そして、「本組合ノ設立ハ集落組合ニシテ組合員夫々経済的基礎薄弱ノ感アリト雖モ　前記事情ノ如ク特殊ナル目的ヲ有シ　村当局者モ之レガ設立ヲ適当ト認メ居リ　殊ニ同集落民ハ共同ノ精神ニ富ムト云フ□　能ク設備ノ利用ニ努メ協力スレハ組合ノ経営ニ当ラハ相当ノ成績ヲ挙ケ得ルモノト認メラル」と結論づけている。

　原簿の資料によれば、初期投資費用の調達方法は不明であるが、事業費総額は3,490円を要し、年間収入を1,725円、年間支出を725円と見積もり、差引益金の内、200円を積立金に充当する計画となっていた（表1参照）。産業組合設立のための出資総口数は200口、払込出資総額は3,000円となっている。「設立許可申請書」によれば、出資引受口数は、役員である10名の理事、2名の監事

表1　有限責任蛭川産業共同利用組合　事業費予算書

事業費総額　一金 3,490円也
　　内　訳

種　類	台　数	単　価(円)	総　額(円)	備　考
岩田式籾摺機	1台	140.000	140.000	三馬力用　一時当5名
ナショナル式精米機	1台	150.000	150.000	三馬力用　一時当5俵
福嶋式稲扱機	1台	140.000	140.000	
昇降器	1台	140.000	140.000	
三馬力モーター	1台	160.000	160.000	
医電架線工事		2,200.000	2,200.000	
作業場		310.000	310.000	古物修繕使用
据付其他諸費		100.000	100.000	
ベルト・シャフト其他		150.000	150.000	

収入ノ部
1ヶ年総収入高　一金 1,725円也
　　内　訳

項　目	数　量	単　金(円)	総　額(円)	備　考
米籾機使用料	3,500俵	0.300	1,050.000	
精米機使用料	1,500俵	0.250	375.000	
稲扱機使用料	15,000束	0.020	300.000	
計			1,725.000	

支出ノ部
1ヶ年総支出高　一金 725円也
　　内　訳

項　目	数　量	単　金(円)	総　額(円)	備　考
電力料	不定時 三馬力 六ヶ月間		150.000	
消耗品費			30.000	油類筆墨紙
雇人料	延人員200	1.200	240.000	
諸　費			305.000	諸手当、雑費共
計			725.000	

差引益金　1,000円也
　　内　訳
金200円也　積立金
金800円也　益金

資料：「有限責任蛭川産業共同利用組合原簿」(秋田県公文書館所蔵)一部改編

中、理事全員と監事1人が7口、監事1人と住民1人が3口、61人が2口となっている。1口が15円であったので、役員のほとんどは105円、住民の大半は30円の出資をしたことになる。

図5は、原簿に附属していた農家別土地所有状況より、各農家の水田の所有面積をグラフ化したものである。蛭川集落における農家の水田所有面積の最高は5.7町歩余りで、平均は1.3町歩余りとなるが、水田所有面積が平均以下の農家が6割余りを占めている。出資状況を見ると、役員に名を連ねたおおよその上層農家が一般農家の3.5倍を出資しているが、地主小作関係に規定され、階層性が明瞭であった戦前の村落構造下において、産業組合への出資は、土地所有面積が少なく、所得の低い小作人ほど、負担として重くのしかかったに違いない。

このような農業機械の電化によって生まれた余剰労働力がどれほどの所得増加につながり、階層間の格差を埋めることにもつながったのかなど、解明すべき点が多々あるが、資料的限界があって推測の域を出ず、これらの解明は、筆者の今後の課題としたい。

図5 蛭川集落の農家別水田所有面積

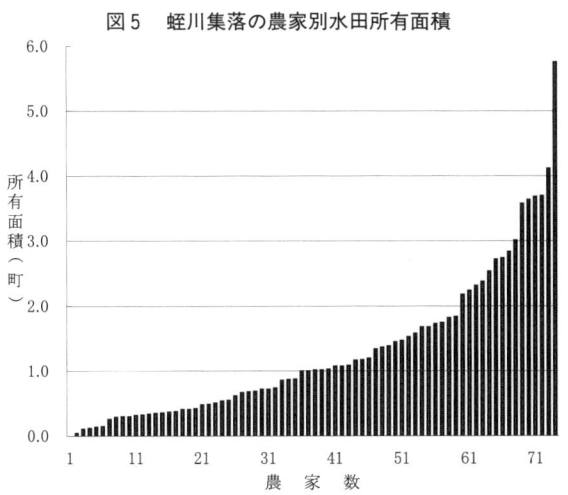

資料：有限責任蛭川産業共同利用組合原簿（秋田県公文書館所有）

IV 電気利用組合の歴史的意義の一考察

　産業組合中央会が1929（昭和4）年にまとめた『電気利用組合に関する調査』[11]は、戦前の電気利用組合の現状をまとめた唯一の資料である。この資料は、全て同一項目、同一レベルの記述内容ではまとめられてはいないが、全国32の電気利用組合の現況、規程、規約、組合細則などが収録されており、電気利用組合の性格を知る有力な手懸かりとなっている。

　同資料に収録された宮城県川崎村の本砂金電気利用組合の沿革には「当組合は宮城県柴田郡の北端山間僻地の小集落にして電気供給区域ハ定義電気株式会社に属し居るも供給不便殊に100戸内外の小集落のため強いて点火希望を訴ふるも会社は経済関係上言を左右に託して点火を為さず。やむを得ず自家用電気組合を組織し僅に5キロワットの直流器械を設備し組合一同へ点火をなし」とある。また、長野県南小川村の上水電気利用組合は事業の効果について「農村電化の目的により電気事業を経営する会社に殆ど顧みられざる山間12戸の集落迄電灯電力の普及せるは全く組合経営の賜なりと組合員一同の満足を博しつつあり」と述べ、福岡県白川村の白川信用購買販売利用組合も「本村は山間僻地の純然たる農村にして全戸数360余りの小村なれば九水電灯会社の配電区域外に属し容易に文明電化の恩恵に浴すること能はざるを遺憾とし再三九水会社に交渉せしも彼是事情の為談義纏まらず空しく手を引くこととなり茲に始めて小規模の水力発電の計画を立つるに至れり」と記している（産業組合中央会1929）。

　電気利用組合の多くは、このように民営電灯会社の配電区域外に置かれたことが動機となって住民の出資によって成立し、あるいは本稿で紹介した蛭川産業共同利用組合のように、農村電化を目的として設立された。戦前の電力供給網の末端が、このようにして住民の出資によって形成されていたことは、ほとんど知られていない。と同時に、その成立をめぐって解明せねばならない諸点は多い。そのひとつは、電気事業への出資とその後の電灯料金の家計支出が、

半封建的生産関係（中村 1979）、地主を中心とするヒエラルキー構造を持ちつつも、地主と小作は保護と奉仕によって結ばれた温情的な主従関係（福武 1949）などとされる地主小作制度下において、地主、小作にどのような利益、負担をもたらしていたのかという点である。

　岐阜県福地村の村営電気事業は、篤農家が発案した電気利用組合への住民の出資額が巨額であったために、住民が出資を拒み、そのため組合事業が頓挫したことを受け、村の複数の有力者が村有林を買い取り、その売却益を村営電気事業の開設資金に充当したことによって成立した（西野 1996）。長野県中沢村の村営電気事業は、国が村に設立資金の起債を認めなかったために、住民に多額の出資を必要としたものの、集落所有の共有林の売却益を村に寄付することによって、小作層への負担を軽減して成立した（西野 2006）。

　電気事業は初期投資に巨額の資金を必要とし、自ら電気事業に取り組もうとする町村、組合にとって、その調達は最大の問題であったと思われる。戦前の地方自治法は、電気事業のような「永久の利益となるべき支出を必要とする場合」には起債を認めていたが（藤田 1943）、長野県中沢村のように、村の財政状態によっては許可されないケースもあった（西野 2006）。また、許可されたとしても、電気事業が巨額の費用を必要とするため、町村有林や集落単位の共有林などによって生み出される自己的資金を持っていることが必要でもあった。

　岐阜県において明治末期から大正前期にかけて設立された町村営電気事業の多くは、町村有林の売却益を財源としていた（西野 1995）。税源が乏しく、しかも1918（大正7）年に市町村義務教育費国庫負担法が成立するまで、義務教育費に多くの予算を費やすことを余儀なくされていた自治体にとって、基本財産の有無は電気事業のような社会資本整備を行う際の重要な財源であった。しかし、基本財産だけで開業費用を賄えない自治体では、住民から寄付金を集めたケースも多く、半ば強制的性格を持っていたとされる寄付金は、小作人、低所得者層への重圧となっていた（大島 1994）ことも勘案すれば、必要な資金の調達の際の地主層と小作層の対応は、町村営電気事業の成立条件を解明するうえで重要な要素となっていると考えられる。電気利用組合の場合は、供給範

囲が特定の集落に限定されるケースの多く、組合への出資に際しての地主層と小作層の対応は、町村営電気事業よりも明瞭なものがあったと推測される。この点については、稿を改めて考察する予定である。

ところで、筆者が研究に取り組んでいる町村営電気事業、電気利用組合は、繰り返すが、戦前の電気供給ネットワーク形成の末端を地域自治的に形成したという点で電気事業史に特筆されるべきものである。しかしながら、これまでの日本の電気事業史研究の中では、これらはほとんど注目されていない。

本稿で紹介した電気利用組合の多くは、1942（昭和17）年から1943年にかけて、現在の九電力の前身である国策会社・九配電に吸収合併して消滅していくが、1960年代後半まで存続したケースもあった。1927（昭和2）に設立された愛知県設楽町の段嶺電気利用組合は、戦後、産業組合法の廃止に伴い、名称を段嶺電気利用農業協同組合と変え、1970（昭和45）年まで存続していた[12]。電気利用組合が最も多く立地していた愛知県では、豊根村の川宇連電気利用（農業協同）組合が1962（昭和37）年まで、同じく豊根村の間袋電気利用（農業協同）組合が1965（昭和40）年まで存続していた。戦後においても、住民出資の電気利用組合が存在していたことは、もっと知られてもよい。言い換えれば、民主的な取り組みによって、地域エネルギー問題に住民が直接関わっていた事実は、今日、議論が盛んに行われている持続可能な社会形成に大きなヒントを与えているといえよう。

原油の可採年が80年を切り、石油依存のエネルギー構造の変革が求められ、その一方で地球温暖化が顕著となり、二酸化炭素の排出抑制が求めている。その反動は原子力発電所の世界的増設へと導かれ、放射性廃棄物が大量に誕生し、日本ではその処分場の立地も定まらず、エネルギーをめぐる問題は混沌としている。

1980年代のはじめ、通産省では無限の純国産クリーンエネルギーを開発するために水力発電の推進を打ち出した。同省では、経済の成長によってスケールメリットを追求した電源開発が行われてきたが、二度にわたるオイルショックなどを経て、小規模な水力発電の普及、自然循環エネルギーの開発の必要性を

認識していた（通商産業省、1983）。しかし、1985年以降のバブル経済を経験する中で、電源開発はさらにスケールメリットを追求した大規模揚水発電や原子力発電所の増設へと向かい、通産省の問題提起は、いつの間にか忘れ去られていた。

　しかし、近年、日本では地球環境問題の顕在化、エネルギーの多様化が議論されるようになり、小水力発電に各地で取り組まれるようになったことは注目される。群馬県では2006年に環境保全型の県営水力発電所を長野原町に建設したのをはじめ、2007年末には群馬県藤岡市では農業用水路を利用した小水力発電テスト事業がスタートした。山梨県都留市では小規模水力発電所を設置し、長野県では小規模水力発電を普及するために利用促進協議会を設置して、農業用水路や小河川におけるマイクロ発電の実用化に取り組んでいる。

　しかしながら、管見によれば、電力自由化論議の中において、現在、地域独占となっている電気の供給地域の枠組みを見直す議論は見当たらない。米国では多くの電力会社が設立され、電気供給を担っている一方で、公営電力が電力供給を行う都市や、農村電化協同組合が電力供給を行っている農村、山村が存在している。このような公営電力や農村電化協同組合は、戦前から設立され、住民による出資、民主的な手続きによって運営されてきたことは注目される。自由競争を重んじる米国社会においても、コミュニティーを基礎とした電気事業が存在し、しかも、民主的な事業運営が行われることによって、住民のエネルギー問題への認識を高めることにもつながっているからである[13]。わが国の電力自由化をめぐっては、国家総動員法によって形成された現行の地域独占型電力システムが前提となって、国民、住民が不在のまま議論されている。この状態が続く限り、環境問題、エネルギー問題の国民的共有は、ほとんど困難であるといってもよい。

　このようにみてくると、戦前に住民出資によって設立された電気利用組合は、今日のエネルギー問題、環境問題への対応に留まらず、少子高齢化、財政難の下、地方分権時代の地域づくりに苦悩する地方自治体の民主的な運営にも大きな示唆を与えているといえる。持続可能な社会形成のヒントを、戦前日本の電

気事業の末端を支えた電気利用組合が与えてくれていることに気づくべきである。

〔付記〕本稿を2008年3月で定年を迎えられた石井伸男先生、石井満先生、木暮至先生、武井明先生、三浦達司先生、山崎益吉先生に献呈いたします。先生方には、筆者が高崎経済大学に奉職して以来、公私にわたってたいへんお世話になり、ご指導をいただいてきた。心より感謝し、お礼申し上げます。

本稿は、日本学術振興会科学研究費補助金・基盤研究(C)「戦前のわが国における地域組合電気事業の設立と展開に関する地理学的研究」(平成17〜19年度、研究代表者・西野寿章、課題番号17520543)による成果の一部である。記して、感謝申し上げたい。

　　　　注
1) 戦前の電気事業に関する研究史は、西野（1988）にまとめたので参照されたい。
2) 計画されたものの実現に至らなかった公営電気も見受けられる。筆者が知る範囲では、たとえば秋田県では横手町と周辺地域では町村組合による電気事業が計画され、大曲市、岐阜県下呂町、同豊岡村などでも町村営電気の計画が企てられたが、民営電気から地域供給権の譲渡を受けられなかったり、財源問題などから実現に至らなかった。なお、横手町と周辺地域による「まぼろしの町村組合電気事業計画」については、別稿で紹介する予定である。
3) 電気利用組合は「産業組合及び共同施設自家用」に分類されたが、本稿でも紹介する長野県竜丘電気利用組合だけは、村営電気事業とほぼ同じ役割を持っていたことから電気事業法を準用する唯一（1939年3月現在）のものであった。
4) 戦前の産業組合に関連した研究には岡田洋司（1999）、郡司美枝（2002）、高木正明（1989）、平賀明彦（2003）、森武磨（2005）などの研究がある。産業組合をめぐる研究成果のレビューについては別稿にゆずりたい。
5) 1932（昭和7）における総組合員に占める地主の割合は8.4%、自小作38.2%、自作23.8%、小作20.8%などとなっていた（千石・島田、1936）。
6) それぞれの電気利用組合の設立、経営状況に関する資料の収集は、かなり困難な状況となっている。筆者は、電気利用組合が多く存在した愛知県、福

井県、徳島県、福岡県、岐阜県、静岡県等で資料調査を行ったが、市町村史の記述も少なく、存在していても断片的な資料しか収集できず、全体像を明らかにすることは不可能に近い。

7) 電気利用組合には、発電装置を持った発電型の組合と、他の電灯会社等から電力を買う受電型の組合があった。
8) 転載に当たっては一部改編している。なお解読不可能な文字は□で示した。
9) 伊藤徳治がどのような人であるかは不明であるが、土地所有規模が大きく、74戸の土地所有状況を記した書類の筆頭に氏名があることから、集落の有力者であったことには違いがない。
10) 1938（昭和13）年度電気事業要覧によれば、蛭川産業共同利用組合の自家用電気工作物施設の原動力は電気、落成電力はわずか3 kW、最大電圧は3,300 Vとなっている。経営内容は未掲載。
11) 国立国会図書館蔵。筆者が知る限りでは、富山県公文書館にも同資料の一部分が保存されている。
12) 愛知県公文書館所蔵「精算結了登記完了報告書（1971）」。
13) たとえば、スリーマイル島原発事故をきっかけとして、住民投票によって原子力発電所をアメリカで最初に廃止したカリフォルニア州サクラメント市とその周辺に電力供給を行っているサクラメント公営電力局（Sacramento Municipal Utility District）が好例である。またドイツのバーデン・ヴェルテンベルグ州の山村・シェーナウでは、チェリノブイリ原発事故を契機として、住民が主体となって省エネルギー、脱原発について議論を高め、住民投票を経て、地域住民が資本金の約半分を出資（残りの半分は地域外の出資者）して有限会社シェーナウ電力（Elektritätswerke Schönau）を設立した。これらの設立史、経営、そして意義については別稿にて論じる予定である。

参考文献

天野卓郎（1984）『大正デモクラシーと民衆運動』雄山閣。
石川一三夫（1995）『日本的自治の探求』名古屋大学出版会。
岩本由輝（1989）『村と土地の社会史』刀水書房。
大石嘉一郎・室井 力・宮本憲一（2001）『日本における地方自治の探求』大月書店。
太田一郎（1991）『地方産業の振興と地域形成』法政大学出版会。
大島美津子（1994）『明治国家と地域社会』岩波書店。

岡田洋司（1999）『大正デモクラシー下の"地域振興"』不二出版。
橘川武郎（1995）『日本電力業の発展と松永安左ヱ門』名古屋大学出版会。
―――（2004）『日本電力業発展のダイナミズム』名古屋大学出版会。
金原左門（1967）『大正デモクラシーの社会的形成』青木書店。
―――（1987）『地域をなぜ問いつづけるか』中央大学出版部。
郡司美枝（2002）『理想の村を求めて』同成社。
産業組合中央会（1929）『電気利用組合に関する調査』。
―――（1930）「第26回全国産業組合大会」冊子。
産業組合中央会愛知支会（1937）『愛知県産業組合概観』。
産業組合中央会岐阜支会（1911）『産業組合要覧』。
新電気事業講座編集委員会（1977）『電気事業発達史』電力新報社。
関 一（1928）『市営事業の本質』東京市政調査会。
竜丘村誌刊行委員会（1968）『竜丘村誌』甲陽書房。
太刀川平治（1926）『農村と電化』丸善。
千石興太郎・島田日出夫（1936）『日本農村産業組合の展望』高陽書院。
高木正明（1989）『近代日本農村自治論』多賀出版。
高久嶺之介（1997）『近代日本の地域社会と名望家』柏書房。
大日本農政会（1924）農政研究3-5「農村電化問題号」。
中部電力（1995）『中部地方電気事業史 上巻』。
中部電力飯田支社（1981）『伊那谷電気の夜明け』。
通商産業省・水力課（1983）『水力発電のすすめ』民主生活社。
中瀬哲史（2005）『日本電気事業経営史』日本経済評論社。
中村政則（1979）『近代日本地主制研究』東大出版会。
西垣恒矩（1913）『独逸の産業組合』東京大正館。
西野寿章（1988）「国家管理以前における電気事業の性格と地域との対応――中部地方を事例として」、人文地理40-6、pp.24-48。
―――（1989・1990）「戦前における村営電気の成立過程とその条件――長野県上郷村の場合」、産業研究（高崎経済大学附属産業研究所紀要）25-1・26-1、pp.52-70、pp.61-85。
―――（1995）「戦前の岐阜県における町村営電気事業の地域的展開」、産業研究（高崎経済大学附属産業研究所紀要）31-1、pp.44-72。
―――（1996）「町村営電気事業の地域的展開」、高崎経済大学附属産業研究所編『開発の断面』日本経済評論社、pp.4-43.

―――（2006）「戦前における村営電気事業の成立過程と部落有林野――長野県上伊那郡中沢村を事例として」、地域政策研究（高崎経済大学）8-3、pp. 103-118。

野田兵一（1927）『産業組合の話』文明社。

農商務省農務局（1911）『独逸国産業組合の最近の状態』産業組合中央会。

芳賀信男（2001）『東三河地方電気事業沿革史』（自費出版）。

林　宥一（1981）「独占資本主義確立期」、暉峻衆三編『日本農業史』有斐閣。

平賀明彦（2003）『戦前日本農業政策史の研究1920-1945』日本経済評論社。

福武　直（1949）『日本農村の社会的性格』東京大学出版会。

藤田武夫（1943）『日本地方自治制度論』霞ヶ関書房。

美紀抱鍬（1924）「農村振興の対内方策としての農業電化」、農政研究（大日本農政会）3-5。

三宅晴輝（1937）『電力コンツェルン読本』春秋社。

―――（1951）『日本の電気事業』春秋社。

宮本憲一（1986）『地方自治の歴史と展望』自治体研究社。

森　武麿（2005）『戦間期の日本農村社会』日本経済評論社。

渡　哲郎（1996）『戦前期のわが国電力独占体』晃洋書房。

八木芳之助（1936）『農村産業組合の研究』有斐閣。

八木澤善次（1935）「選挙粛正と産業組合」、広島県農村産業組合協会叢書第壱輯。

第4章　持続可能性と連帯経済
　　　──プロジェクト・スモール・エックスへのまなざし

矢野修一

はじめに

　「サステイナブル・ディベロップメント (sustainable development)」、「サステイナビリティ (sustainability)」という用語が狭く学界にとどまらず、世に広まってからかなりの時間が経つ。だが同じ言葉を使っていても、思い描く事柄・プロセスは、論者の立場によって大きく異なるようだ。利益に専心する企業、農民、平等を求める社会運動家、自然保護主義者、官僚、票狙いの政治家など、思惑を異にする勢力を結びつける曖昧な概念にすぎないという手厳しい批判は以前からある (Lélé 1991: 613)。日本においても「サステイナブル・ディベロップメント」に対し「持続可能な開発」、「維持可能な発展」、「永続的発展」など、それぞれの経済観・社会観を反映し、いろいろな訳語があてられてきた。「サステイナブル・ディベロップメント」、「サステイナビリティ」に関する思惑の違いは今も払拭されてはいないが、本章では、とりあえず2つの用語に対し、「持続可能な発展」、「持続可能性」という言葉をあてて議論を進めていこう。

　周知のとおり、「持続可能な発展」という概念がかなりまとまった形で提起されたのは、1987年、「環境と開発に関する世界委員会」(通称ブルントラント委員会) の報告書『われら共有の未来』(*Our Common Future*) においてであった (WCED 1987)。それによれば、「持続可能な発展」とは「将来の世代が自らの

欲求を充足する能力を損なうことなく、今日の世代の欲求を満たすこと」であり、将来世代の選択肢を狭めないように、特に環境面に留意した開発を進めることを旨とする規範的概念である。

　しかしながら、国連開発計画の『人間開発報告書1994』にあるとおり、「現在、貧困に苦しむ人たちを無視して、まだ生まれていない、これからの世代の豊かさだけを深く気にかけるのは明らかにおかしい。」「生きるための機会がみじめで貧しいまま持続するならば、持続可能性など、ほとんど意味がない。」つまり、「持続可能な発展」というのであれば、「世代間公平」だけではなく、「世代内公平」が求められなければならない（UNDP 1994: 13）。実際、たとえば、2004年の発展途上国と高所得 OECD 諸国を比べた場合、1人あたり国内総生産は、それぞれ4,775ドル、3万2,003ドルとなっており、6.7倍の差がある。こうした経済格差を反映し、平均寿命は、それぞれ65.2歳、79.0歳であり、13.8年の開きがある（UNDP 2006: 286）[1]。後発発展途上国やサハラ以南のアフリカ諸国と高所得 OECD 諸国を比べれば、この差はさらに拡大するし、途上地域ほど所得再分配制度やセーフティネットが未整備であることを考慮すれば、先進国民と途上国貧困層との格差はさらに大きなものとなるだろう。

　このように、持続可能な発展、持続可能性を問題にしようとすれば、南北問題に端的に表われているように、同時代において蔓延する「格差」が避けて通れないテーマとなる。冷戦終結後、新自由主義イデオロギーが各国政府、国際機関、マスコミ、アカデミズムを席巻し、格差を拡大させてきたが、現在、世界各地で、新自由主義・市場原理主義に対抗する運動が大きなうねりとなっている。競争や対立、分断をあおる、こうしたイデオロギーに対し、「連帯経済」を模索する動きが高まっているのである[2]。

　本章では、持続可能な発展のためには、行き過ぎた格差を是正し、連帯経済の領域を現実世界のなかで拡大していく必要があるという問題意識のもと、議論を進めていくが、扱う内容はきわめて限定的である。まずは、連帯経済をめぐる議論を簡単に整理する。そして、参加型開発や社会開発、市民レベルでの国際協力、途上地域における協同組合運動などに関心を持つ実務家、研究者の

間で、今も熱心に読まれ、繰り返し引用されているアルバート・ハーシュマンの著作 *Getting Ahead Collectively*（邦訳仮題『連帯経済の可能性』）(Hirschman 1984)の内容を紹介し、その現代的意義を確認することが本章の主たるテーマである。

　連帯経済の必要性を訴えても、わけ知り顔の「現実」主義者は、「空理空論にすぎない」との批判を浴びせるだろう。ますます深化するグローバリゼーションのもと、企業も国も激しい競争のなか、世界的規模でしのぎを削っている。好むと好まざるとにかかわらず、これが現実だ。変えようのない現実だ。現実主義者は、いろいろな数字、統計を挙げ、こう言うだろう。抗しようのない現実として、現在進行中のグローバリゼーションを受け入れるべきだ、そうすれば、短期間の間、多少の痛みは伴っても、本人が努力しさえすれば、豊かな暮らしが待っていると、無責任な勇ましさを振りまくだろう。

　四半世紀近く前に出版された『連帯経済の可能性』の内容を今ここであらためて紹介するのは、新自由主義・市場原理主義に基づく現実主義者のご託宣にもかかわらず、連帯経済の構築に向けて世界各地で沸き起こっている運動や具体的施策を正当に評価し、それを後押しする「現実」的視点を見いだすためである。立ち位置を変えれば、新自由主義・市場原理主義とは違った「現実」が見えてくるだろう。正義を実現するために、生きる尊厳を獲得するために、自分たちを取り巻く環境をよりよくするために、名もなき無数の人たちが手を携えながら、世界のいたるところで、汗を流し、苦闘している。その「現実」を正しく評価し、育んでいけるような「知性」が求められている[3]。

I　格差の拡大と連帯経済の模索

1　新自由主義と格差の拡大

　D. ハーヴェイによれば、「新自由主義」とは、「強力な私的所有権、自由市場、自由貿易を特徴とする制度的枠組みの範囲内で個々人の企業活動の自由とその能力とが無制約に発揮されることによって人類の富と福利が最も増大する、

と主張する政治経済的実践の理論」である（ハーヴェイ 2007：10）。もう少し補足すれば、国家介入が排された市場において、合理的に私的利益を追求する各経済主体が、時々刻々変化していく状況に応じ、素早く動き、競争することによってこそ効率的資源配分が果たされることを主張するものであり、本章の議論では「市場原理主義」とほぼ同義である。債務途上国において構造調整を進める際、IMF・世界銀行の基本哲学となっている「ワシントン・コンセンサス」が、これらイデオロギーに基づく具体的政策を体現している[4]。

第二次世界大戦後の「埋め込まれた自由主義」の時代から、1970年代半ば以降、アメリカやイギリスをはじめ、各国が雪崩を打って「新自由主義」に転換していったことには様々な要因が絡んでいる。こうした複雑な転換プロセスそれ自体について、詳しく述べるのは省略し、ハーヴェイの議論に譲ろう（ハーヴェイ 2007：21-45）。ここでは、連帯経済について論じる前に、国際的な新自由主義化以降、世界的規模で格差が拡大したという点について触れておきたい。

若干古い数値になるが、世界の最貧7ヵ国と比べたG7諸国の1人あたり所得は、1965年には20倍であったが、1995年には39倍になった。また1980年代初め以来、ほとんどの国で最富裕層20%の所得は上昇しているのに対し、最貧困層20%の所得水準は、多くの国で最富裕層の十分の一未満で、生活水準は向上せず、中間層も減少している（Khor 2001：18）。

先進国の国内も例外ではない。貧困が蔓延し、格差の拡大、富の集中が続いている。アメリカでは、貧困率（中位所得の50%未満の所得しかない人の比率）は、2004年時点で17.1%にのぼる。「一億総中流」などと言われた日本の貧困率も高く、先進国ではアメリカに次いで15.3%となっている（橘木 2006：24）。また、アメリカの上位0.1%の所得者の収入が国民所得に占める割合は、1978年の2%から1999年には6%以上に上昇し、最高経営責任者（CEO）上位50位の給与と労働者の給与の平均値の比率は、1970年代の30対1強から、2000年には、ほぼ500対1となった（ハーヴェイ 2007：29）。日本においても、2001年から2004年の間、大企業では従業員給与をカットしながら、役員給与・賞与は59%

も上昇しているという状況にある（ドーア 2006：152)[5]。

　総じて、現在進行中のグローバリゼーションは、その便益と損失の配分という点からして、非常に不平等なプロセスである。世界の富は拡大しているはずなのに分配はきわめて不平等で、利益を得るごく一部の国・グループと、損失を被り周辺に追いやられる多くの国・グループの分極化をもたらし、国家間および国内において格差を拡大してきた（Annan 2005：4; Khor 2001：16)。

　新自由主義者は、自由化・規制緩和は経済効率を高め、それによって社会全体の利益も高まると主張する。問題があるとすれば、いまだ残る市場への国家介入や競争制限的制度・組織であって、市場における、そうした夾雑物がなくなれば価格メカニズムの機能は高まり、貧乏人にも利益は滴り落ちるという「トリックル・ダウン」理論を展開する。だが現実には、上でみたように、富める一部の人はますます富み、その他大勢は、富の分け前にあずかれないばかりか、明日の糧を得るための職すら失うという「一人勝ち社会」（Winner-Take-All Society）が広がりつつある[6]。

　昨今、ビジネスエリートの集まるダボス会議の向こうを張って「世界社会フォーラム」が開催されているが、これに象徴されるように、「一人勝ち社会」の蔓延に危機感をつのらせる人たちが結集し、連帯や共生を目指そうとしている。ワーカーズ・コレクティブ、生産者組合、消費生活組合など、古くからある協同組合のほか、難民救済・災害支援・フェアトレード・債務削減・環境保全などに取り組む非営利団体、社会的公正を促す投資のための連帯ファイナンスや金融 NPO、その他様々なコミュニティビジネス等々、「連帯経済」として括られるべき実践、およびその活動主体は多岐に及ぶ。市民社会の様々な担い手によって経済をコントロールし、貧困、失業、格差、コミュニティの疲弊、環境破壊といった、新自由主義・市場原理主義がもたらす諸々の「失敗」に対応しようとする動きが世界各地で沸き起こっている。

　こうした動きをどう概念化し、また具体的実践をどう後押しするか。すでに様々な論者が、様々な形で取り組んでいるが、新自由主義・市場原理主義に対するオルタナティブとして肯定的に評価しようという意図は共通しているよう

に思われる。ハーシュマンの『連帯経済の可能性』の検討に入る前に、その意義を明確にするためにも、以下で幾人かの議論を簡単にフォローしておこう。

2 連帯や共生に向けた動きをどうとらえるか

　世界経済論を専門とし、第三世界の立場から現行のグローバリゼーションを批判してきた吾郷健二は、経済・社会をとらえる際、「公」（パブリック）対「私」（プライベート）の伝統的二項対立軸ではなく、そこに「共」（コモンズ）を加えた三部門説をとり、三部門のなかでも、とりわけ「共」によって社会的・市民的・共同的な管理・統制を行なうことの今日的意義を強調する。「共」は、利潤動機に基づかないという点で「公」と通底し、権力動機に基づかないという点で「私」と通底するという意味で、理論的にも実践的にも袋小路に陥った「公」対「私」の二項対立を止揚するものとしている。つまり「共」なくして、現実の経済・社会は成り立たないという理解である。そして、社会科学のなかに、「公」、「私」とは別の部門として「共」を打ち立てることで、近年沸き起こっている「新たな社会運動」の意味・意義を正当に評価しうるというのが吾郷の主張である（吾郷 2003：8-10)[7]。

　経済評論家・内橋克人は、本当の意味で「経済」を支える人たちの営為を、その息づかいが聞こえるほどのタッチで描き出し、『匠の時代』や『共生の大地』等、数々の名著を世に送り出してきた。内橋によれば、上述のようなオルタナティブな活動は、同一のミッションを共有する人たちの、自発的かつ水平的な連帯・参加・協働を旨とする「共生経済」あるいは「共生セクター」としてとらえられる。彼は、利潤極大化を行動原理とする「カイシャ」だけが、経済における唯一絶対の主体ではない「多元的経済社会」を構想している。

　内橋が指摘しているように、今日、社会的に必要とされ、なくてはならぬ労働として人々が実感し認知する領域の多くが、利潤動機から大きくはずれた、市場経済の圏外に広がっている。利潤原理にそぐわず、公的サービスにもなじまない社会的有用財・サービスの新たな供給主体が台頭することによって、現実の経済社会はいっそう多様化し、また多元化の方向をたどらざるをえない

(内橋 1995：42-44)。市民ベンチャーやシェア・ビジネス、「決意したマーケット」、「倫理的マーケティング」などに言及しているように、市場経済の「仕組み」そのものを否定するわけではない。そして、フェアトレードのような「市民経済ブロック」を評価し、「共生経済」が国境を越えて拡大しうることを主張している。内橋は、国内外の様々な事例を紹介し「共生経済」の現実性を訴え、「多元的経済社会」がけっして夢物語ではないことを力強く論じている (内橋 1995；2003；2005)。

　メキシコの政治経済研究を専門とする山本純一は、オルタナティブな動きを「連帯経済」ととらえ、J. モローの「社会経済的ユートピア」、ヨーロッパの事情にも言及しつつ「メキシコ先住民社会経済発展市民連合 (DESMI)」の掲げる目標・原則を確認して、連帯経済の具体像を明らかにしようとしている。

　DESMI の目標とは、①生産者と消費者がともに利する交換を目指す、②生産は、市場での販売のみならず、自己消費、物々交換を目的としても行なわれる、③貨幣は交換手段のひとつにすぎず、貨幣自体の獲得を唯一かつ至高の目的としない、④労働は人間のニーズを満たす手段であると同時に、自己実現を図るための一形態である、⑤労働・教育・健康ならびに尊厳ある生活に対する権利を尊重し、民主主義を構築する、⑥市場は連帯の絆で結ばれた関係と公正な価格にもとづく交換空間であり、それ自体が目的ではなく、発展のための手段となる、⑦社会福祉の向上を意味する経済成長を模索し、連帯経済をそのための手段とする、というものである (山本 2005：298-300)。ここに挙げられている具体的項目は、内橋の言う「共生経済」にも通ずる[8]。

　飢餓問題の研究に始まり、長く世界経済の不均衡拡大に警鐘を鳴らしてきた西川潤は、いまだ体系立っていないと言われるなか、かなり整理された形でオルタナティブな動きをとらえ、「連帯経済」として総括しようとしている。まずは、新自由主義・市場原理主義への批判的言説のなかで、区別されることなく言及されることが多い「社会的経済」と「連帯経済」を区分することから始める。

　「社会的経済」とは、もともと19世紀前半の初期社会主義期にフランスで現

われた言葉である。破産、失業、格差、貧困などは、営利優先の資本蓄積衝動から生じるものであり、社会組織を非営利的に再編すべきであるという考えから用いられ、これが協同組合運動の思想的支柱になった。さらに、社会的余剰は資本蓄積に向けるのではなく、人間の発達やコミュニティの福利向上に向けるべきものとされ、平等主義が重視されていた。このように、「社会的経済」とは、語源的・歴史的・実践的に、協同組合、共済組合、非営利団体という具体的な社会的事業体、およびそれらが行う非営利社会事業を指している。

　これに対し「連帯経済」は、非営利・倫理的要因を重視しつつ、よりマクロなレベルで社会的な連帯を実際に実現する経済組織を表わすものととらえられてきた。つまり、ミクロレベルでの「社会的経済」の実践を通じて、よりマクロなレベルで「連帯経済」の実現を目指すという道筋で考えられてきたと西川は言う（西川 2007a：13-15)[9]。そして「連帯経済」を「社会的経済」も包含する、より広い概念としてとらえようとしている[10]。

　西川によれば、そうした連帯経済は、マクロ（グローバル、ナショナル）、メゾ（中間領域や文化の分野）、ミクロ（個人、家計、企業）の3レベルで存在する。マクロ・レベルでは、国際投資や貿易、資本移動などに関連し、市場経済ベースでの資本蓄積志向への対案を出す。メゾ・レベルでは、経済グローバル化、個人主義志向と異なった自治・自律意識に基づき、経済・社会の発展の道を地域の視点で、あるいは文化の面で模索する。ミクロ・レベルでは、個人、家計、企業等が、営利志向・消費志向とは別の、人間発展、非営利活動、近隣経済、社会的責任などに重きを置いた行動をとる。したがって連帯経済の担い手は、NGOやNPO、協同組合等の非営利を目的とする団体・個人にとどまらない。連帯経済の「実践」における営利・非営利・権力各セクターの相互依存関係を重視するがゆえに、地方自治体のほか、中央政府や営利企業も連帯経済の重要なアクターとしてとらえようとしている（西川 2007a：18-19）。もちろん重視しているのは、非営利セクターであって、これが存在すればこそ、権力セクターの権力志向、営利セクターの利益志向に歯止めがかけられ、連帯経済の実現に近づくという理解である。

以上、4人の議論を簡単に紹介してきたが、彼らの注目している動きが、資本主義経済の一セクターとして資本主義の新たな発展を準備しているのか、それとも資本主義に対するオルタナティブな経済を準備しているのかという難しい問題は、もちろんありうる（西川 2007b：239-240）。また概念規定としても、さらなる精緻化が望まれるのかもしれないが、これに決着をつけることは、本章の範囲を越える。だが少なくとも、ここで4人の議論をフォローすることによって、新自由主義・市場原理主義に対するオルタナティブな動きの輪郭は明らかになったであろう。

　まず第1に、彼らはみな、「利益を獲得すること、他人に勝ることを至上の目的とするのではなく、相互依存関係にあることを認識し、ともに助け合うべく結集して共通のミッションを果たそうとする人たちによる営み」を積極的に評価している。したがって、そうした意味での非営利セクター・共生セクターを重視する。

　しかしながら第2に、だからといって国家（権力セクター）や市場（営利セクター）を否定するのではなく、理念的にも、実践的にも、それらにふさわしい「場所」を用意し、ふさわしい「役割」を果たさせようとする。そのための「触媒」としても、両セクターに対する「歯止め」としても、非営利・共生セクターが重要となる。

　そして第3に、国境を越えた非営利・共生セクターも念頭に置いている。グローバル化、グローバル化と喧しいが、グローバル化するのは何も権力セクター、営利セクターに限らない。グローバルな市民社会ネットワークを形成できるし、また形成すべきである。そして、それは現に形成されつつあるというのが4人の議論に共通した見解である。

　イギリスの元首相マーガレット・サッチャーは、「社会などというものは存在しない。存在するのは個人だけだ」と言い放ったが（ハーヴェイ 2007：116）、彼らが確認したように、まさにその「社会」を通じて経済をコントロールする動き、「経済を社会に埋め戻す」動きが高まっているのである。これを「連帯経済」と総称しても、大きな違和感は生じないであろう。

本章のここまでの議論を踏まえたうえ、次節では、『連帯経済の可能性』の内容を紹介していこう。純粋な学術書ではないという留保がつけられているが、上で述べたような意味での「連帯経済」を評価し、それを推進するうえで重要な視点・論点に満ち溢れている。

II　連帯経済の可能性──ハーシュマンの見たラテンアメリカ草の根の経験

ハーシュマンは、「累積債務問題」が深刻化する1983年、ドミニカ、コロンビア、ペルー、チリ、アルゼンチン、ウルグアイのラテンアメリカ6ヵ国を歴訪し、米州財団（Inter-American Foundation）の資金援助による「草の根の発展」プロジェクトの現場を見て回った[11]。『連帯経済の可能性』は、その調査旅行直後に書かれたものである。

ここで彼が注目したのは、自らの置かれた状況を改善するために、一個人として努力するというよりも、協同組合を結成したり、空き地をみんなで占拠し住宅を建設するといったように、集団で行動する低所得者や小農の様々な取組みである。さらには、草の根における彼らの相互扶助や組合作りを助け、時に彼らと国際援助団体とを仲介する現地の「社会活動家組織」の役割に着目している。

貧民や小農の果敢な挑戦がどのようにして沸き起こったのか、どのような問題が発生したか、社会活動家組織の力も借りながら、それをどう克服してきたのか、そこにどのような意味が見いだせるのかを、現場の目線で解き明かそうとしている。「学術的な論文というよりも、理論的考察の含まれた旅行記として読んでもらいたい」という留保があるものの、そこで取り上げられた事例、展開された議論は、社会の変化プロセス、発展プロセスに関して彼が提起してきた概念や考え方を具体的に描写するものである。さらには、草の根の現場で触発され、新たな論点も提供している。ここに盛り込まれた数々の視点は、世界各地の「連帯経済」の胎動をとらえ、それを評価し、育むうえで、非常に示唆に富むものである。大部の書ではないが、紙幅の都合上、議論のすべてを紹

介するわけにはいかないので、論点を絞り、以下で内容を検討していきたい。

1 「前提条件の物神化」の克服──「シークエンス」を重視するということ

　1958年に出版された『経済発展の戦略』以来、ハーシュマンが自らの課題としてきたことのひとつに、「前提条件の物神化」の克服がある。たとえば、援助機関のエコノミストに典型的だが、進歩への「唯一の道」と自認する自らの処方箋の中身とその帰結には無邪気なほどに楽観的な一方で、対象となっている社会の現状、能力には悲観的である専門家は非常に多い。彼らの目には、何もかもが悪く見え、天然資源、資本、貯蓄、技術、企業者精神、熟練労働者、マネジメント能力、その他ありとあらゆる発展要因・前提条件が欠けて見える。「前提条件の物神化」とは、コンベンショナルな思考方法・概念に囚われ、人々の真摯な営みを、不可能だとか非合理的だとか即断し、変化の芽を摘んでしまったり、見落としたりする専門家たちへの警鐘を込めた言葉である。

　専門家によって前提条件とされるものは、現実には、発展プロセスの途中で、あとから生み出されるものも多い。また自らを取り巻く様々な条件のうち、何が発展の促進要因で、何が阻害要因であるかなど、発展のプロセスが起動し、あとになって初めて分かる場合もある。したがって重要なのは、継起的(sequential) な問題解決の戦略を模索すること、さらには「何をしたか、あるいは、何をした結果、何がどうなったか」を見きわめることであり、ハーシュマンは「実践的行為を通じた学習プロセス」を重視した。経済学者が見放した社会でも、「立ち位置を変える」ことによって、様々な発展の方向性が見いだせる[12]。

　『連帯経済の可能性』でも最初に取り上げられるのは、こうした事例である。たとえば、教育こそが発展の前提条件であるというのは、人口に膾炙する考え方であるが、これにしても絶対の真理とは言えない。ハーシュマンは興味深い事例を取り上げている。

　フレイレ流の成人識字教育を通じ、コロンビア・カルタヘナ近く、バユンカ村の「社会振興」(*promoción social*) を進めようとした社会活動家グループが直面

したのは、インディオ農民（カンペシーノ）が自らの読み書き能力を高めることそのものにさほど関心を示さないという現実であった[13]。やがてグループはインディオ農民たちと話し合ったうえ、農業生産や土地の取得、協同組合の結成といった、農民にとっての最優先課題に取り組んだ。すると、共同所有で土地が増えるにつれ、農民たちは、わが子のための学校教育に強い関心を抱くようになった。そして、「読み・書き・算数」とともに、実践的農業教育が行なわれることを強く望んだ。社会活動家グループは、米州財団の融資も受けながら、これを実現したわけだが、さらに、農民たちの協同組合が軌道に乗り始めると、経営管理に目覚めた人たちが、今度は自身の読み書き能力の向上に関心を示すようになった。

　教育が発展に貢献するという考え方は誤りではない。しかしそれは、いつでもどこでも不可欠の「前提条件」になるというわけではない。バユンカ村の経験は、教育が発展の前提条件というよりも、教育が発展によって誘発されるという、逆のシークエンス（sequence）がありえることを示している（Hirschman 1984：6-11）。

　あまりにも凝り固まった枠組み、固定観念で、変化の芽を見落としたり、摘み取ったりしてはならないというのは、『連帯経済の可能性』全編にわたる、さらには、ハーシュマンの研究全体を貫く基本的スタンスである。名もなき小さな人々の営為を評価し、後押しするために、まずは最低限必要となる視点であろう。

2　社会的学習のプロセス

　低開発や貧困の「根本的原因」を発展に向けた前提条件が欠如していることとらえ、欠如しているものを、技術にせよ、資本にせよ、ただ外部から注入する。ハーシュマンはこうしたやり方を否定してきた。発展のための要素・前提条件の欠如を、相互利益の可能性と将来への見通しが確立し得ないほど「純粋な」私的利潤追求が蔓延していること（あるいは、日々の私的利益を個々バラバラに追いかけるしかない状況に置かれていること）の反映ととらえ、「現時点

では隠された、散在している、もしくは利用の拙劣な資源や能力を、発展目的に即応して喚起し協力させること」が彼にとっての課題となってきた。どうすれば様々な経済主体が「自己中心的変動観念」を越え出て、相互利益の可能性と全体的成長の可能性を認知できるようになるかといったことが『経済発展の戦略』以来のテーマだった（矢野 2004）。

貧しい人々が、共通の経験・実践的活動を通じて、当初抱いていた互いの孤立感と不信感を払拭し、みんなで苦境を乗り越えていく様子を描く『連帯経済の可能性』でも、こうした問題意識は踏襲されている。ここで、そうした社会的学習プロセスの一例を紹介しておこう。

ドミニカ共和国の首都サント・ドミンゴでは、様々な物流・配送を数多くの「三輪（自転）車運転手」たち（tricicleros）が担っている。ところが、三輪車運転手たちは貧しすぎて自分の三輪車を保有できず、1日の平均売上額の20%ほどを賃料として支払い、三輪車を借りなくてはならない。地元の社会活動家組織「ドミニカ開発基金」は、ラテンアメリカの「零細企業」（microempresas）を支援する国際組織と協力しながら、貸付基金計画を練り上げて運転手たちに資金援助を行ない、分割払いで自分の三輪車を買えるようにした。しかしながら1人1人の運転手では受け入れられない高いリスクとなるので、基金では、5人ないし7人からなる「連帯責任グループ」を作らせ、各自の返済について共同責任を負わせることにした。1980年代の初め、サント・ドミンゴには運転手が約5,000人いたが、この計画は順調に推移した。

これだけだと、外部資金による基金の成功例という話で終わるのだが、事はそのレベルにとどまらなかった。借金をした運転手たちによる数多くの連帯責任グループが作られたが、その後、個々のグループが連携するようになり、「三輪車運転手組合」が結成された。運転手たちの組合は、代表、会計、書記等のガバナンス体制を整え、活発に会合を重ね、情報を交換し共有した。まずは、プリミティブな形にとどまるものの健康保険計画に着手した。メンバーや家族の葬儀費用を分担する制度も作った。メンバーが容易に修理道具や部品を手に入れられる三輪車修理店も計画した。さらには、様々な税金や罰則、罰金

によって生活を圧迫してくる役所の交通課・警察課の施策に対し、時に集団で抗議行動を起こすようになった（Hirschman 1984：13-16）。

「見かけてはいても知り合いではなく」、場合によっては商売敵でさえあった運転手同士が、債務不履行を防ぐため、借金の共同責任グループを作らざるをえなかった。そして、もともとは貸出機関を保護する目的で、他律的に結成されたにすぎなかった、このグループが、連帯感を高めるとともに組合を立ち上げ、集団的抗議行動に乗り出すまでになった。こうしたことを、事前に運転手たちは意図していなかっただろうし、支援した組織も予想していなかったであろう。だが事態は往々にして、このように展開する。

3　社会的エネルギーの保存と変異の原理

ハーシュマンの『連帯経済の可能性』について、いろいろな論者が今でもたびたび言及するのが、「社会的エネルギーの保存と変異の原理」である。物理学的な原理・法則ではなく、ハーシュマン自身、普遍的に妥当するものとは考えていないが、ここには、苦境を脱するために、人々が集団で取り組んでいる様々な運動やプロジェクトの本質を理解し、正当に評価するうえで重要な視点が含まれている。これについて説明しておこう。

自然の猛威にさらされたり、国家をはじめ、「外敵」から攻撃を受けるようなとき、地域住民が共同で何らかの行動に出たり、連帯感を育みつつ協調行動を続けたりするのは理解しやすい。しかし、それに先立つ差し迫った攻撃がないにもかかわらず、ラテンアメリカ草の根のコミュニティにおいては、たびたびこうした集団的行動が生れていた。ハーシュマンはこの点に注目した。

都市や農村で集団的活動をリードし、協同組合運動の先頭に立っているような人たちの多くは、過去に他の活動経験があった。一般にその集団行動は、より「ラジカル」だった。しかも政府に弾圧されて、運動の目的は達成できず、失敗に終わることが多かった。しかしだからといって、社会変革を切望し集団行動に打ち込んだ思いは、消え去らなかった。時を経て、「社会的エネルギー」が再び活性化していた。エネルギーの現われ方は、土地の占拠や大規模なデモ、

反政府運動とは非常に異なり、より小規模な運動、協同組合活動であったりすることが多く、社会的エネルギーの「復活」とは見なしにくいかもしれない。だがそれでも、新たにエネルギーが噴出しているというよりは、以前のエネルギーが維持され、姿を変えて復活しているようだ。これをもってハーシュマンは「社会的エネルギーの保存と変異の原理」と名づけたのである。

　ハーシュマン自身、これを普遍的に妥当すると主張するわけではない。普通は、盛り上がった集団行動が挫折すれば、人は落胆し、絶望し、せいぜい私的生活の充実を図ろうとするだろう。それでも彼がこうした事象に「原理」と名づけるのは、ラテンアメリカの草の根において、このような事例に数多く出くわしたからであり、また、物理学的法則とまではいかなくても、社会の発展プロセスに関し、かなり一般化できる見方ではないかという思いがあるからである。ここではひとつだけ、コロンビア・カリブ海沿岸クリスト・レイ村の漁業協同組合の事例を挙げておこう。

　クリスト・レイ漁業協同組合の人々は、先祖代々の漁民ではなく、元は零細農家であった。コロンビア大西洋岸一帯で、土地なし農民の実力行使による遊休地占拠が広がっていた際、クリスト・レイの小農たちもこれに乗じて土地の占拠を行ない、共同で耕そうとした。カルロス・ジェラス・レストレーポ大統領時代は、土地改革の気運は高まっていたが、1975年までに政治情勢は一変した。土地占拠運動は官憲によって制圧され、クリスト・レイでも農民たちは、耕そうとしていた土地から追い出されてしまった。集団行動において、大きな挫折を経験したわけである。

　ところが、ともに土地占拠に関わった人たちは、その後も交流を続け、次なる手を定期的に話し合っていた。「土地が手に入らないなら、海に出ればいいんじゃないのか。」彼らは共同で漁船を建造し、漁業の道を歩むことにした。その間、福音主義の社会活動グループや農業向け信用供与機関、国立職業訓練センターなどの支援を受けた。そうした支援のもと、協同組合論や会計学を学ぶとともに融資も受け、さらに米州財団からは漁船の船外機資金を提供された。そうして漁獲量を増やすとともに売上を伸ばし、組合は冷蔵庫を備えた小売店

舗を建設し、活動分野をさらに拡大した。集会所、事務所、小売店舗、その他様々な活動を集約する建物の建設、シーフード・レストランやホテルの経営まで射程に入るようになった。漁船を増やす計画も立て、組合は法人格も取得した。さらには、近隣の地主から土地を借りて、農業も続けている。こうして、彼らが1975年に見ようとした「夢」は、長い回り道を経て、しかも以前とは異なった手段を使って、実現したと言えるのかもしれない。

　漁業協同組合の人たちは、土地を獲得しようとした第1段階と、その後、組合が成功を収めた第2段階の間に、ある種のつながりがあることを認識していたが、その「つながり」はどう解釈されるべきだろうか。

　北部コロンビアで土地改革が実現する歴史的瞬間が過ぎ去ったとき、人々が夢をあきらめ、既存の秩序を受け入れて、土地の占拠ほどには破壊的ではないと思われる別の方向に目を向け、解決策を見いだしたという現実的（敗北的？）見方もできる。事態の説明として否定はしきれない。しかしながら、実力行使によって土地を占拠することなど、革命的に見えて、実は一度かぎりの単純な行動である。それに比べれば、毎日海に出て生活の糧を得ることは、それ自体危険であり、漁業協同組合をつくるにも、ルールや手続を決めたり、新たな知識、協同組合的習慣を身につけるなど、複雑なプロセスを要する。こういう解釈もできる。事実の説明としては、どちらも正しいのだろう。

　いずれにせよ、ハーシュマンは、土地の占拠に共同で挑んだことによって、クリスト・レイの人々が「協力」の経験を積み、相互不信を払拭し、ひとつのコミュニティを築き上げたうえ、「変化のビジョン」を生み出したことが重要なのだと指摘している（Hirschman 1984: 42-49）。クリスト・レイ漁業協同組合はほんの一例にすぎないが、事態の展開を「社会的エネルギーの保存と変異の原理」と定式化することは、連帯経済の様々な取組みを評価するうえで、さらには、社会の発展プロセスをとらえるうえで、なぜ重要なのだろうか。

　運動の過程で沸き起こった社会的エネルギーは、たとえ運動そのものが目の前から消えようと、それ自体は消失しない。時を経て、以前とは異なる運動を突き動かすエネルギーになりえる。そして、のちの運動が何らかの成功を達成

したとすれば、元々の運動の貢献を認めなくてはならない。つまり、当初の目的が達成できなかったからといって、その社会運動は無条件で失敗だとは言いきれなくなる。

「社会的エネルギーの保存と変異の原理」とは、過去を全否定し、すべてを変えなければ何も変わらないという考え方では、現実の社会において、本当に意味のある変化をもたらすことはできないというハーシュマンの基本的立場をまた別の言い方で表現したものである。たとえ失敗に終わったように見える集団行動でも全面的には否定できない。協調行動の経験は、議論の仕方、協調の仕方を訓練する機会となり、その後の取組み方しだいで、いろいろな進化の道をたどりうる。人々の小さなプロジェクトを評価し、後押しするには、「原理」と呼ぼうが、何と名称をつけようが、継起的意思決定、継起的問題解決の可能性を模索するというスタンスが不可欠である。こうしたスタンスこそ、『連帯経済の可能性』に言及する多くの論者が注目するところなのである（Ellerman 2005 : 213-219, 234-239 ; Uphoff 1992 : 16-17, 368-369）。

4 協同組合の「無形の便益」と「無形の費用」

次に紹介しておきたいのは、ハーシュマンの指摘する、協同組合の「無形の便益」、「無形の費用」という視点である。もともとメンバーの暮らし向きをよくするという目的があるわけだから、協同組合を評価する際には、財務的な数字が重要なのは言うまでもないが、短期的・金銭的には表わしにくい無形の便益（ならびに費用）も同じく重要だとハーシュマンは言う。

たとえば、虐げられ排除されてきた人たちにとって、力を合わせて協同組合を結成し、協同組合ストアを立ち上げること自体、非常に大きな象徴的価値がある。それは自己主張の行動であり、人々に誇りを与える。ペルー・チチカカ湖近郊、アイマラの村ピルクヨが典型的だが、組合ストアは村の中心部にあり、集会所も隣接していて、それは、自分たちを長く騙してきたメスティーソの商売人たちからの解放を象徴するものである。もちろん、こうした無形の便益は、有形の金銭的便益を増幅することはあっても、金銭的損失を埋め合わせるもの

ではない。財務面でつまずけば、メンバーの希望は幻滅に転化し、組合に対する不信感が芽生えはじめる。それが無形の損失となり、今度は金銭的損失に拍車をかける。無形の便益・費用がこうして累積的に機能しがちな協同組合は、プラス面でもマイナス面でも、民間企業以上に評価が増幅するものだということは、認識しておかねばならない。

だが消費財や農業用原材料を扱う組合ストアは、人々がまさに着手しやすいということによって、別の無形便益を生み出す。組合ストアの運営がきっかけとなってメンバーの相互交流が深まり、コミュニティのより困難な、根本的問題に立ち向かう共同行動のきっかけになる場合があるとハーシュマンは言う。

組合ストアや集会所を設立したあと、ピルクヨ村は、大干魃に襲われてジャガイモの収穫が台無しになり、一時期、飢餓に近い状態に陥った。だが相互交流の実践を深めてきたコミュニティは、これを機に不安定なジャガイモ生産に過度に依存する生活を脱却し、現金収入を増やすべく、牛の肥育計画を案出した。資金調達を様々な組織と交渉し、また資金配分を慎重に進める必要はあったが、いずれにせよ、たとえちっぽけで財務面の不安も拭いきれないとはいえ、組合ストア運営の経験があればこそ、単なる共同小売業で成し遂げられるよりも、大きく野心的なプロジェクトを立ち上げることができた。こうしてハーシュマンは、ここでも「シークエンス」を重視しているのである（Hirschman 1984 : 59-66）。

そのうえでハーシュマンは、協同組合の目標そのもの、本来便益であることそのものが、まさに組合の無形の損失となっている場合があるとして注意を促している。たとえば、ウルグアイの全国的な羊毛生産者組合である中央羊毛組合の例である。生産者が羊毛価格の乱高下によって危機に陥らないように、また仲買商人の搾取から守り、代金支払いの遅延・大幅値引きの憂き目を見ないようにするため、ウルグアイ中央羊毛組合は生れた。だがこれは、ある意味、両刃の剣であった。組合の価格設定は公平であり、代金支払いのやり方には信用供与の要素も含まれていて、生産者にとってメリットも大きいが、組合を通して販売することに慣れてしまうと、資金計画や仲買人との交渉能力を含め、

生産者が本来保持し伸ばしていくべき企業者能力が損なわれる危険性もある。

　ここでハーシュマンが言いたいのは、協同組合にはこの種の無形の損失・費用を伴うことがあるので、何でもかんでも協同組合方式でやればよいというわけではないということである。協同組合の行なっている事業のうち、無形の費用が便益を上回っている周辺的事業があれば、それらに関しては商業ベースに再編するほうが、かえって組合が本来行なうべき中心事業を強化できる（Hirschman 1984 : 75-77）。こうした指摘も、連帯経済を実際に構想し運営する際には、必要不可欠な視点であろう。

5　草の根の小さなプロジェクトの意義

　『連帯経済の可能性』においては、ここで取り上げた以上に数多くの事例が盛り込まれ、より多くの論点が提示されているが、ハーシュマン自身はどのように総括しているのだろうか。

　彼は、ラテンアメリカの草の根における小さな営みに対して、冷ややかな評価がありえることは重々承知している。

　スラムの住人やら貧農やらが、何だか騒いで集まった。それを現地の宗教家だか、活動家だかが後押しし、関心のある国際援助組織も支援した。だが、その結果、国民総生産はどれだけ伸びたのか。民主主義はどれだけ広がったというのか。結局のところ、「以前と何も変わっていない」のではないか。社会を変えたければ、まずは国家権力を奪取し、中央政府を掌握しなければならないのではないか。

　ハーシュマンはこうした評価を退ける。こういった見方では、社会の変化を認識したり、実際に変化を導いたりすることはできないと考えるからである。

　社会が変化するには、それに先だって大規模な政治的変革がなければならないという考え方は、右派にも左派にも蔓延っている。しかしながら、歴史を振り返ってみても、現実は必ずしもこうではない。これが一般的であるとさえ言えない。むしろ、政治的状況がより根本的に変わるためには、社会や文化、個人的な面まで含め、数多くの関係が変わらなければならない。「大文字の政治」

の動きは世の耳目を集めやすいが、一回こっきりの「政治革命」で社会を変えるのは不可能という見方すらできる。ラテンアメリカで起きていることを評価するにも、こうした見方が必要だとハーシュマンは言う。

　都市のスラムで、地方の貧しい農村で、名もなき人々が自らの苦境を脱するために、手を携え立ち上がった。それを支援する様々な社会活動家グループも、ラテンアメリカ各地で結成された。今や中産階級に属する多くの専門的職業人（法律家、エコノミスト、社会学者、ソーシャル・ワーカー、建築家、農学者、司祭等）が、こうした社会活動に従事している。以前なら大卒の若者が既存秩序のなかで成功を収めようとすれば、政治家や中央官僚、決まりきった会社勤め、専門的「士業・師業」ぐらいしかなく、社会意識に目覚めた若者が足を踏み入れるのは、体制と闘うゲリラの道だった。ところが今や、社会振興を担う様々な組織があちこちにできあがり、ネットワークも形成されている。中産階級出身の数多くの若者が、自助を柱とする草の根のコミュニティにおいて、政治的変革に比べれば華々しくはないものの、おそらくはより重要なやり方で、人々の暮らしの向上と社会変革を達成する仕事に携わっている。ハーシュマンはこれこそが、以前とは異なる重要な「変化」だと言うのである（Hirschman 1984：95-97）。

　こうした組織・ネットワークは、権威主義体制下でも生き延びた。たしかに、労働組合や、過去の政権が推し進めた土地収容政策から直接派生した協同組合的農業組織は抑圧された。だが、その他の小規模協同組合活動は、組合ストアであれ、都市スラムで職業訓練・教育事業を行なうものであれ、権力の警戒対象からは抜け落ちることが多かった。こうした事業は、左翼からも「路線の逸脱」と見なされることも多いぐらいだから、権力にとって危険なものではなく、ガス抜きのために権威主義体制にも容認されたのだという見方もできる。しかし、人々の暮らし向きを改善することを愚直に目指す、こうした組織・活動が、やがて権威主義体制にとっての「トロイの木馬」になる可能性もある。

　人々を公的世界から排除し、市民生活を徹底的に「私化」する権威主義体制の構造要件と、他者へのまなざしを深め、私生活中心主義を脱却しようとする

社会活動家組織や草の根のネットワークとは、そもそも両立しない。はっきりとした因果関係を証明するのは難しいが、ラテンアメリカにおける権威主義体制の弱体化・民政移管に、各地で広がる、こうしたネットワークが寄与したのではないかというのがハーシュマンの見方である（Hirschman 1984: 97-100）。「大文字の政治」を変えるのは、何も大革命ばかりではない。それよりはむしろ、革命ほどには華々しくはない、小さなレベルでの静かなる変化の積み重ねが、徐々に大きなうねりを生み出す。彼は、フランス革命研究の大家フランソワ・フュレにも言及しながら、こうした視点の必要性を訴えたのである。

　以上、本節では、『連帯経済の可能性』で展開されたハーシュマンの議論のうち、いくつかの事例を紹介することによって、連帯経済に向けて世界各地で取り組まれているプロジェクトを評価し、その具体的戦略を練るための視点を模索してきた。限られた事例のなかにも興味深い視点はいろいろと見いだせるが、これらは、連帯経済の実践に向け、どのような意義をもつのだろうか。残された紙幅は少ないが、次節でまとめておこう。

III　連帯経済の実践に向けての示唆

1　オルタナティブな開発の実践上の課題

　ハーシュマンのラテンアメリカ歴訪を仲介・支援した「米州財団」は、アメリカ連邦政府の独立機関であり、1969年に設立された。その役割は、ラテンアメリカ、カリブ海地域において草の根の発展プロジェクトを進める非政府組織・コミュニティベースの組織に資金援助を行なうことであり、財団は、機関誌 *Grassroots Development* を発行している[14]。貧困を「社会的な力の剥奪」（反＝エンパワーメント）と捉える立場からオルタナティブな開発を研究してきた J. フリードマンは、この *Grassroots Development* で紹介される地域プロジェクトについて、最貧困層の参加による優れたものが多いと評価する一方、次のように指摘した。

　「心温まるものがあるが、こうしたプロジェクトの全国的インパクトとなる

と無に等しい。医者が個人の命を救いながら、全体の死亡率を引き下げることに何の影響力もないのと同様である。つまり、個人の命を救うことは大事だが、それだけでは不十分なのだ。」(フリードマン 1995：272)

　オルタナティブな開発は連帯経済の重要な実践領域だが、ここで指摘されているとおり、それに向けたプロジェクトは、ただ小さければよいというわけではない。いくら意義深いプロジェクトでも、小さなまま、孤立したままでは、やれること、影響を及ぼす範囲は限られる。したがってプロジェクトの地理的範囲の拡大（スケール・アップ）や国家との連携が説かれることになる。たとえば、S. アニスは、小規模開発の長所を生かしつつ、より多くの人々に開発の成果をもたらし、貧困層の真の政治的力量を高めながら、永続的で十分な財政基盤をもった機関が高品質の社会サービスを提供するような開発、すなわち「大規模＝小規模開発」(large scale, small scale development) を主張した (Annis 1988：209)[15]。

　こうした主張は十分に理解できる。ただし容易に予想されることだが、小規模プロジェクトをただ大規模化するだけなら、小さな時にはうまくいっていたものがまったく機能しなくなることがあるし[16]、組織がスケール・アップされれば、官僚的な様相を帯び、権力の集中、人々の主体性を奪う専門職化が進行し、果ては、「強い国家」による大衆組織の乗っ取りさえ生じる可能性がある (フリードマン 1995：210-212)。こうした点に実践上のジレンマ、課題が見いだせるであろう。もちろん、本章においてその課題に応える余裕はないが、今後の考察のためにも、オルタナティブな開発に至る実際的な道を模索する道標として、フリードマンが掲げた諸点をここで箇条書きにしておくことも無駄ではあるまい[17]。

①小規模で地域に根ざすだけでは十分ではない。
②国家はオルタナティブな開発の主要な行動主体の１つでありつづける。
③自然発生的な地域活動には限界がある。地域社会に理念や資源を持ち込んだり、外界との仲介者になるような、変化をもたらす触媒としての役割を果たす外部のエージェント（代理機関）が必要である[18]。

④NGO は事業の「スケール・アップ」を始めており、国家と市民社会との仲介者としての役割を果たしつつある。

⑤仲介者としての役割を果たすようになると、NGO はオルタナティブな開発の効果的な提唱者としては、以前ほど頼りにならなくなる。そこで力を剥奪された貧しい人々は、自分たち自身の政治的な代弁者を他にもつ必要がでてくる。

⑥政治的に進歩的な国家が NGO に代わって直接、プロジェクトを実施しようとすると、惨めな結果を招くだろう[19]。

⑦オルタナティブな開発方式は、民衆自身の主導性のもとに実施されるべきものであって、行政は本質的に、民衆の手によってものごとがなされ、それを促進させ、支援する役割にとどまるべきである。

⑧地域に中心をおくオルタナティブな開発に、社会学習アプローチを適用すると、成功する可能性が高い[20]。

⑨市民社会の大衆セクターは、国家、NGO に対して是が非でも自律性を守り、それを高める必要がある[21]。

⑩市民社会の結束力は、その多様性に求められる[22]。

　第1節で触れたように、連帯経済の実践においては、営利・非営利・権力各セクターの相互依存関係のあり方が問われる。ここでフリードマンが挙げた諸点も、これに関わっているだろう。ハーシュマンの『連帯経済の可能性』は、すべての答えを用意しているわけではないが、第2節で内容を検討し、本項の注でも補足したように、ここでの論点のいくつかに示唆を与えている。だからこそ、出版後、四半世紀近く経った今でも、オルタナティブな開発、連帯経済に関心を持つ研究者、社会活動家が注目することになるのである。小さなプロジェクトの意味や意義、様々な社会活動家組織や国際的援助団体の支援を受けつつそれがより大きな組織、ネットワークに育ちゆく具体的プロセスを、様々な障害を含め鮮やかに描き出しており、今やこの分野における「古典」のひとつと言っていいかもしれない。

2 「プロジェクト・スモール・エックス」へのまなざし——「現実」主義克服のスタンス

　以前、「プロジェクトX 〜挑戦者たち」というテレビ番組があった。現代日本の経済・社会を支える様々な技術や物理的・制度的インフラの開発・設計に関わった人たちを呼び、インタビューや再現ビデオを織り交ぜながら、プロジェクトが実現するまでの苦労を描くという番組であった。美談の仕立て方に若干の胡散臭さは残ったものの、未然の可能性に挑戦した人々がどのような思いで、どのような犠牲を払って、プロジェクトを完遂に導いたかという内容は、日本経済の最前線で苦労を重ねるサラリーマンの心に響いたらしく、概ね好評だったようだ。

　ただし、あの番組で扱ったのは、結果的に成功を収め、世の中を大きく変えることになった技術や制度、言うなれば「プロジェクト・ラージ・エックス」である。世の中では、ほかにも数知れぬ無名の人たちが、日本のみならず、地球のあちこちで、現状を変えるべく、夢を実現させるべく、いろいろな人たちと協力しながら、日々苦闘している。たとえ大技術や大革命でなくても、そして、たとえ結果的に失敗に終わったとしても、名もなき人々による無数の小さな試み、すなわち「プロジェクト・スモール・エックス」こそが、世界を支えていることもある。格差や貧困に立ち向かおうと連帯経済を担っている多くの人々の営為も、プロジェクト・スモール・エックスの積み重ねであろう。ハーシュマンがまずは目を向けたのも、人々のこうした挑戦である。

　先にも触れたとおり、このようなプロジェクト・スモール・エックスを正しく評価する視点は、「経済人」と「自己調整的市場」を前提とする主流派経済学には見いだせない。こうしたなか、今後、実際に連帯経済を広げていくためには、理論面での整理も必要であり、社会科学のなかに、プロジェクト・スモール・エックスを認知し、評価し、後押しするような枠組みを正当に位置づけていかねばならないだろう。本章で言及した「前提条件の物神化」の克服、社会的学習、「社会的エネルギーの保存と変異の原理」、さらに、かつてハーシュマンがプロジェクト評価論の最初に取り上げた「目隠しの手の原理」などは、まさにその第一歩となる概念装置である[23]。「持続可能性と連帯経済」と題し、

『連帯経済の可能性』の内容紹介を中心に本章を書き進めてきたのも、こうした問題意識からである。

前項でも触れたように、連帯経済の実現に向け、具体的次元で克服せねばならない課題は多いかもしれない。しかしながら、一番大きな壁は、人々の主体的な意思と行動を阻む、日常的ないし専門的言説である[24]。連帯経済など「非現実的である」「理想論にすぎない」という「現実」主義者の言説である。本章では、『連帯経済の可能性』の諸論点を検討することを通じ、それらの克服を試みてきたわけだが、最後に、今なお注目すべき政治学者・丸山眞男が半世紀以上も前の論文で行なった「現実」主義批判を簡単に紹介し、締め括りとしたい。もともとは、日本の再軍備をめぐって、議論が沸騰しているなか、「ある編輯者へ」の手紙という形で『世界』の1952年5月号に掲載されたものであるが、新自由主義・市場原理主義に基づき、グローバル化と構造改革が叫ばれる現在の時代状況への批判にもなっている。丸山は、「現実」主義者のどのような論法を批判したのか。

第1に、現実主義者は、現実の「所与性」を重視し、現実と既成事実を混同している。現実がすでにできあがったものとして捉えられれば、「現実だから仕方がない」という諦めにもつながるが、現実とはまた、日々つくられるものという側面を見落としてはならない。第2に、現実主義者は、現実の「一次元性」にとらわれ、現実がきわめて錯雑し矛盾した様々な動向によって立体的に構成されているにもかかわらず、現実のひとつの側面だけを強調している。現実主義者は、多様で矛盾に満ちた現実の一面のみを、自らの価値判断にしたがい「選択」しているにすぎない。そして第3に、第2の点とも絡むが、その時々の支配権力の選択する方向がすぐれて「現実」的であると喧伝されるのに対し、反対派の選択には簡単に「観念的」「非現実的」というレッテルが貼られがちである。権力側の既成事実の積み重ねに屈服しないためには、観念論という非難にたじろがず、現実主義者の特殊な「現実」観に挑戦していかねばならない（丸山 1964：172-177）。

いかに人々が苦闘しようとも、プロジェクト・スモール・エックスは、日常

的・専門的言説のあり方しだいでは、現実には、なかったことになってしまう。それがたしかな「現実」であることを認知し、評価し、育むことが、社会の変化を導く第一歩である[25]。

おわりに

　本章では、構造改革や規制緩和、グローバリゼーションが叫ばれるなか、「持続可能な発展」を現実のものとするために、日々模索されている「連帯経済」に着目し、議論を進めてきた。誤解なきよう、最後に再び確認しておくが、持続可能な発展に向けて連帯経済を模索するとは、市場経済を否定することではない。社会の持続を可能とするため、非営利・共生セクターの役割を重視しながら、「市場を飼い慣らす」「経済を社会に埋め戻す」試みと言っていいだろう。いろいろな論者がその実例・取組みを紹介しているように、世界でも、日本においても、連帯経済はけっして夢物語ではない（藤井 2007；粕谷 2006；西川他 2007；内橋 1995；2003；2005；内橋他 2005）。

　これもまた再確認となるが、連帯経済は、反(アンチ)グローバリズムではない。企業主導のグローバリゼーション、金融に引きずられたグローバリゼーションとは異なる、市民社会が「もうひとつ(オルタ)のグローバリゼーション」を目指す試みである（ジョージ 2004）。

　連帯経済を育んでいくには、その胎動を察知し、様々な取組みを正当に評価し、後押しできる概念装置を備えた「もうひとつの経済学」が必要となる。眼鏡が不具合だと、見えるはずの「現実」も見えない。本章では、ハーシュマンの『連帯経済の可能性』の内容を一部紹介し、検討することで、現実のとらえ方、起こりつつある現実の育み方の一例を見てきた。本章での議論が示唆するように、「連帯経済」の実現なしに、「持続可能な発展」などありえないだろう。

　　注
　1）　ここで高所得 OECD 諸国とは、オーストラリア、オーストリア、ベルギー、

カナダ、デンマーク、フィンランド、フランス、ドイツ、ギリシャ、アイスランド、アイルランド、イタリア、日本、韓国、ルクセンブルグ、オランダ、ニュージーランド、ノルウェイ、ポルトガル、スペイン、スウェーデン、スイス、イギリス、アメリカの24ヵ国・地域を指す（UNDP 2006 : 415）。2007年末現在、国際連合の加盟国は192ヵ国を数えるが、高所得 OECD 諸国はそのうちの一握りにすぎない。人口比で言えば、先進国に住むのは2割に満たないというのが世界の現状である。

2）「連帯経済」の具体的内容については後述するが、本章では、「連帯経済」そのものの体系的叙述は目指されていないということは、ここで断っておかねばならない。

3）主流派経済学がこうした意味での「知性」になりえていないという点については、本章での議論のほか、（矢野 2004；2006；2008）を参照していただきたい。

4）「ワシントン・コンセンサス」の名づけ親とされる J. ウィリアムソンが挙げた具体的政策は、①財政規律の確立、②公共支出の優先順位の変更、③税制改革、④金融自由化、⑤輸出競争力を維持するレベルでの単一為替レートの設定、⑥貿易自由化、⑦直接投資の受入、⑧国営企業の民営化、⑨規制緩和、⑩私的所有権の確立である（Williamson 1996 : 13-15）。これらの項目は、世銀による2001年の『世界開発報告』でもあらためて確認されているが（World Bank 2001）、各国に対し、小さな政府、貿易・金融・資本の自由化を求める政策群であることは間違いない。

5）アメリカや日本における格差・貧困の問題について、詳しくは（アイスランド 2005；マーモット 2007；橘木 2006）などを参照していただきたいが、そこから、いくつか印象的な事例を引いておこう。

　アメリカの高度貧困地域（人口の40%以上が貧困ラインの二分の一以下しか所得がない地域）に住む人は1970年から1990年にかけて400万人強から800万人に増大した（アイスランド 2005 : 91）。ワシントンのダウンタウン東南部からスタートし、メリーランド州モンゴメリー郡まで地下鉄に乗車すると、1マイル（約1.6km）進むごとに、地区の平均寿命が1.5年ずつ長くなる（マーモット 2007 : 3）。

　日本では、生活保護世帯が1996年の61万世帯から2005年には105万世帯になり、貯蓄のない世帯も全体の22.8%に急増した。自己破産も1995年には4万件だったものが、ピークの2003年には24万件に増加した（橘木 2006 : 18-20）。

6）「頑張った人が報われる社会」というのは、新自由主義者・市場原理主義者がよく使うレトリックのひとつである。文字面だけとらえれば反論しようのない「真理」に見えるが、「頑張った人」の「基準」などつくりようがない。したがって、「頑張った」から「高い報酬を得ている」というのではなく、市場が「勝ち組」と判断し、金を儲けている人たちを「頑張った人」と認定するという、「逆の論理」を展開するのが新自由主義者の常套手段となっている。昨今の構造改革論に潜む、この手の論理ぐらいは見抜こうというのが、上田紀行の至極まっとうな主張である（上田 2005：73-74）。

7）ここで吾郷が「新たな社会運動」として挙げているのは、「NGO、NPO、住民運動、市民運動、協同組合運動、先住民族運動、女性運動、障害者運動、少数者運動、環境保護運動、消費者運動、株主運動、中小企業者運動、宗教者運動、地域通貨運動、反開発運動」など、ありとあらゆる分野に及び、その担い手、動機・きっかけも多様である（吾郷 2003：9-10）。こうして盛り上がる運動のすべてが、新自由主義・市場原理主義の「副産物」というわけではないが、新古典派経済学の依拠する「経済人」（ホモ・エコノミカス）の前提からは、これらの運動は説明しきれないし、その意義も評価し得ないであろう。この点については、(Hirschman 1970；1982；矢野 2008) を参照のこと。

8）山本は「連帯経済」について、公的セクター（国家）と私的セクター（市場）のそれぞれに政治的民主化と経済的民主化を要求しながら「協働」の力で「共的セクター」（市民社会）を形成・発展させるというイメージを持っており、この意味でも内橋の議論に相通ずる。フリーライダーの存在や組織運営における倫理の欠如が日常的に発生しうることにも言及しており、連帯経済の実践には、インセンティブや規律について具体的な「戦略」が必要であることも示唆している（山本 2005：304-312）。ハーシュマンの様々な議論には、こうした「戦略」形成のヒントも散りばめられている。

9）西川は、「連帯経済は、19世紀の資本主義システム生成期においては、市場の失敗の犠牲者を中心として、非営利経済（社会的経済）の発展に市場の失敗の救済を求めたのだが、今日では、巨大な国家権力、多国籍企業の経済権力の発達がグローバリゼーションを推進している事態に際して、市民社会を中心として、資本主義システムそれ自体を変容させ、新しく社会的連帯、世代的連帯という水平的・歴史的な倫理的要因をシステムに導入することによって、資本主義システムの行き詰まりの出口を見出そうとする動きが強まっ

ている」と述べている（西川 2007a：23）。
10) 本文では言及しなかったが、粕谷信次は、「連帯経済」のほうをもう少し限定してとらえている。すなわち、新自由主義的グローバリゼーションの荒波をヨーロッパ以上に受けたラテンアメリカにおいて、貧しい農民、漁民、山岳民、先住民、女性、都市スラム住人らによって組織された生産者・消費者組合、彼ら・彼女らによる参加型コミュニティや近隣組織づくり、貯蓄・融資プロジェクト、共同食堂運動、失業者・土地なし農民の相互扶助組織、地域通貨づくりなどを指すものとしている。

　そして粕谷は、協同組合の要素と「非営利組織」(Non-Profit-Organization というよりは、それをも包含する Not-For-Profit-Organization) の要素を結合させるとともに、社会的・非営利的活動性と企業家的活動性を併せもった「社会的企業」の役割に注目している。フランスをはじめ、ヨーロッパでは、この「社会的企業」を含め、協同組合、共済、非営利組織、財団などを合わせて「社会的経済企業」と総称するが、それらの担う「社会的経済」が、運動としても、経済活動としても、EU 規模の政策・制度としても拡大し、定着してきたことに、粕谷は大きな意義を見いだしている（粕谷 2006：19-37；2008）。彼の言う「社会的経済」は、西川が整理してとらえた「連帯経済」と重なる部分が多い。

11) 累積債務問題を国際金融界の立場からではなく、「市民社会」や「持続可能な発展」など、より幅広いステークホルダー、より長期的な視点から分析したものとしては、たとえば（矢野 1994a；1994b）を参照せよ。
12) このあたりの議論に関し、詳しくは（矢野 2004：265-272）を参照していただきたい。
13) 「銀行型教育」を否定し「課題提起教育」を目指すパウロ・フレイレ本人の意図とは別に、フレイレ思想に基づくとされる相互教育が、啓蒙という名の押しつけになりかねない危険性は、先に引用した山本純一も指摘しているところである（山本 2005：309）。発展の前提条件としての教育という考え方にとらわれすぎると、意図するところとはまったく別の結果を導きかねない。
14) 米州財団の沿革や組織について、詳しくは、その URL を参照していただきたい（http://www.iaf.gov/index）。

　財団は政府出資の組織とはいえ、CIA や国務省などによる政治的介入から比較的自由であったと言われる。だが、1981年に共和党のロナルド・レーガンが大統領に就任すると、ラテンアメリカ反共政権への援助拡大を企図する

レーガン政権は、米州財団を利用すべく、様々な理由をつけて財団理事会人事その他に露骨に介入するようになった。一連の過程は、レーガン政権による米州財団の「乗っ取り」と表現されることもある。詳しくは、「ソース・ウォッチ」による"Inter-American Foundation during the Reagan era"を参照せよ（http://www.sourcewatch.org/index）。

15) ラテンアメリカでは、いずれの国でも草の根組織のネットワークが広がり、それらの組織は相互に結束を強め、さらには国家とのつながりも深めている。その結果、以前なら、うぶで気まぐれとも思われたかもしれない「大規模＝小規模開発」の考えに基づく政策が真剣に検討すべき選択肢となっており、その政策遂行においては、国家と草の根組織、それぞれの対象領域が重なってきて、両者は相互浸透せざるをえないとアニスは主張した（Annis 1985：210, 214-215）。

なおアニスが編者の1人となった論文集 *Direct to the Poor* は、草の根の貧困層に直接資金提供をすることによって、彼らの当面の経済力を高め、組織化された集団行動を可能にして、貧困の長期的・構造的問題に立ち向かえるように彼らを支援するという方法を重視する観点から編まれている。ハーシュマンも「社会的エネルギーの保存と変異の原理」について、（Hirschman 1984）の該当部分をかなり縮小した形で寄稿している。

16) 「スケール・アップ」とは、単なる「足し算」ではすまないものである。たとえば、小規模プロジェクトは、それぞれ違ったイデオロギー的・技術的指向を持った外国援助機関によって推進されていることもあり、そうなると相互調整は難しく、足しようがなくなる（フリードマン 1995：210）。プロジェクト同士で相反する利害構造を持つこともありうるだろう。

17) 補足すべき個所は、必要に応じ各項目に注をつけるが、全体として詳しくは、（フリードマン 1995：231-243）を参照のこと。

18) 『連帯経済の可能性』では、こうしたエージェントの働きが、いくつかの具体例を挙げつつ論じられている。これらエージェントについては全編にわたり言及されているが、特に（Hirschman 1984）の第6章を参照していただきたい。

19) 今やラテンアメリカでは、「反米大陸」と言われるほどに、反米左派政権が次々に成立している。1999年、ベネズエラでウゴ・チャベスが大統領に就任して以来、今世紀に入り、ルーラ（ブラジル）、キルチネル（アルゼンチン）、バスケス（ウルグアイ）、バチェレ（チリ）、モラレス（ボリビア）、ガルシア

（ペルー）、コレア（エクアドル）、オルテガ（ニカラグア）といった、左派ないし中道左派の政権が続々と誕生し、南米で明確な親米政権と言えるのはコロンビアのみとなった（伊藤 2007）。

　こうしたなか、フリードマンがここで掲げている論点は非常に重要である。各国における新自由主義政策の弊害は明白であり、もちろんその反動もあって上記のような政権が誕生しているわけだが、各国中央政府が直接乗り出し、草の根の非政府組織を押しのける形でポピュリズム的政策を実行するようだと混乱が生じるかもしれない。ここでも非営利・共生セクターが重要なのである。

20) この論点は、ハーシュマンの議論とも密接に関連している。フリードマンは次のように説明している。「プロジェクトの中心を地域や地方に定めるためには、相互学習、忍耐強い意見聴取、異なった意見の受容を必要とする。プロジェクト自体に社会的学習のプロセスが含まれているものと考え、何が完遂され、何が失敗したかをたびたび評価すること、また実施過程において適切な軌道修正を行なう用意のあることも、プロジェクトにとっては必要なことである。これらすべてにおいて、中心的役割を演ずるのは地域である。『外部のエージェント』は触媒や仲介者となり、国家は本質的にゲームの基本的ルールを決める補完的、支援的な役割に留まる。」（フリードマン 1995：235）（強調引用者）

21) この点も『連帯経済の可能性』では、全編にわたり、いろいろな個所で言及されている。

22) もちろん、ここで意識されているのは、革命の主体として「前衛党」や「労働者階級」ばかりを念頭に置く古風なマルクス主義である。この論点もハーシュマンの議論に連なる。ハーシュマンは、社会変革が、常に目的意識的な人々によって、それ一点に向けてなされるものであるとも、なされるべきであるとも考えていない。この点について詳しくは、（矢野 2004：67-68）を参照せよ。

23) 「目隠しの手の原理」は、（Hirschman 1967）の第1章で展開された。ハーシュマンは、開発プロジェクト論を扱ったこの著作において、個別プロジェクトの履歴を辿ると、いずれも当初予期しなかったような難しい事態に直面し、よろめきながらも何とかやりくりされてきたものが多いということをまず確認した。彼は、現実世界でありがちなこうした事態、すなわち、まるで「神の手」が私たちの目を覆い隠し、行く手を遮っている障害を見えなくさせ

ているからこそ、危険で困難なプロジェクトも実行に移されることに着目し「目隠しの手の原理」と名づけた。

　眼前の困難を過小評価してしまうのは、たしかに人間の「想像力」の限界ゆえであるが、逆に、だからこそ自らの「創造力」に対する過小評価が補正され、とにもかくにもプロジェクトに着手する。最初から困難が見えていては、自信も揺らぎ、おじけづいて、誰も果敢にチャレンジしないかもしれない。いったん着手してしまえば、何とか対応せざるをえない状況に置かれるだろう。

　ハーシュマンは無謀な冒険主義を主張したのではない。主流派経済学から導かれる、発展のための「前提条件」よりも、現実に直面するであろう「障害」や「制約条件」に目を配りながら、プロジェクトに取り組むことに伴う「学習効果」を重視しようとしたのである（矢野 2004：205-234）。「目隠しの手の原理」の実例は、「プロジェクト X」の番組中でもたびたび見いだすことができた。

24) 日本においては「構造改革」も、真の「構造改革」を阻む日常的・専門的言説として蔓延っている。新自由主義者・市場原理主義者の専売特許のようになっている「構造改革」であるが、もともとは左派の用語である。左派は、日本の構造問題を具体的に、土地無策、含み益経営、不公平税制、緩い労働規制、低福祉、大企業と中小企業の二重構造、政官財癒着・利益誘導型の政治体制と認識してきた。日本において、現在声高に叫ばれる構造改革なるものは、こうした「本来の構造問題」の存在それ自体のゆえに、強者に有利な自由化・規制緩和・供給側重視政策となっている。新自由主義政策と本来の構造問題が不幸にも共鳴してしまっている（佐野 2005：63-64）。現行の構造改革では、本来の構造問題は深刻化し、格差は拡大を続け、「持続可能な発展」など望める状況にはない。本章冒頭で言及したように、世界に目を移すと、この構図はより明確となる。

25) 社会の変化をどう捉えればいいのか、変化はどのように導かれるのか。これに関しては、ハーシュマンの様々な著作に溢れる議論を「ポシビリズム」としてまとめ、（矢野 2004）において論じたので、そちらを参照願いたい。

参考文献

アイスランド（Iceland）、J.（2005）『アメリカの貧困問題』（上野正安訳）シュプリンガー・フェアラーク東京。

吾郷健二（2003）『グローバリゼーションと発展途上国』コモンズ。
吾郷健二・佐野誠・柴田徳太郎編著（2008）『現代経済学——制度・組織・市場』岩波書店。
伊藤千尋（2007）『反米大陸——中南米がアメリカにつきつけるＮＯ！』集英社新書。
上田紀行（2005）『生きる意味』岩波新書。
内橋克人（1995）『共生の大地——新しい経済がはじまる』岩波書店。
――――（2003）『もうひとつの日本は可能だ』光文社。
――――（2005）『「共生経済」が始まる——競争原理を超えて』日本放送出版協会。
――――・佐野誠編著（2005）『ラテン・アメリカは警告する——「構造改革」日本の未来』新評論。
粕谷信次（2006）『社会的企業が拓く市民的公共性の新次元——持続可能な経済・社会システムへの「もう一つの構造改革」』時潮社。
――――（2008）「非営利組織あるいは『社会的経済』」吾郷他（2008）所収。
佐野誠（2005）「『失われた10年』を超えて——ラテン・アメリカの教訓」内橋他（2005）所収。
ジョージ（George）、S.（2004）『オルター・グローバリゼーション宣言』（杉村昌昭・真田満訳）作品社。
橘木俊詔（2006）『格差社会——何が問題なのか』岩波新書。
ドーア（Dore）、R.（2006）『誰のための会社にするか』岩波新書。
西川潤（2007a）「連帯経済——概念と政策」西川他（2007）所収。
――――（2007b）「連帯経済の国際的側面」西川他（2007）所収。
――――・生活経済政策研究所編著（2007）『連帯経済——グローバリゼーションへの対案』明石書店。
ハーヴェイ（Harvey）、D.（2007）『新自由主義——その歴史的展開と現在』（渡辺治監訳）作品社。
藤井良広（2007）『金融NPO——新しいお金の流れをつくる』岩波新書。
フリードマン（Friedmann）、J.（1995）『市民・政府・NGO——「力の剝奪」からエンパワーメントへ』（斉藤千宏・雨森孝悦監訳）新評論。
マーモット（Marmot）、M.（2007）『ステータス症候群——社会格差という病』（鏡森定信・橋本英樹監訳）日本評論社。
丸山眞男（1964）「『現実』主義の陥穽」『現代政治の思想と行動（増補版）』未來

社、所収。

矢野修一（1994a）「スーザン・ジョージの債務危機分析（Ⅰ）」『高崎経済大学論集』第36巻第4号。

―――（1994b）「スーザン・ジョージの債務危機分析（Ⅱ）」『高崎経済大学論集』第37巻第1号。

―――（2004）『可能性の政治経済学――ハーシュマン研究序説』法政大学出版局。

―――（2006）「開発経済学の基本理念――その『来し方』と『行く末』に関する考察」本山美彦編著『世界経済論――グローバル化を超えて』ミネルヴァ書房、所収。

―――（2008）「現代経済学に求められる『経済観』と『人間像』」吾郷他（2008）所収。

山本純一（2005）「連帯経済の構築と共同体の構造転換――メキシコ最貧困州チアパスの経験から」内橋他（2005）所収。

Annan, K.A. (2005) *In Larger Freedom : Towards Development, Security and Human Rights for All*, New York : United Nations.

Annis, S. (1988) "Can Small-Scale Development Be Large-Scale Policy？", in Sheldon Annis and Peter Hakim, eds., *Direct to the Poor : Grassroots Development in Latin America*, Boulder & London : Lynne Rienner Publishers.

Ellerman, D. (2005) *Helping People Help Themselves : From the World Bank to an Alternative Philosophy of Development Assistance*, Ann Arbour, Michigan : University of Michigan Press.

Hirschman, A. O. (1967) *Development Projects Observed*, Washington, D.C. : Brookings Institution.（麻田四郎・所哲也訳『開発計画の診断』巌松堂、1973年）。

―――（1970）*Exit, Voice, and Loyalty : Responses to Decline in Firms, Organizations, and States*, Cambridge, Mass. : Harvard University Press.（矢野修一訳『離脱・発言・忠誠――企業・組織・国家における衰退への反応』ミネルヴァ書房、2005年）。

―――（1982）*Shifting Involvements : Private Interest and Public Action*, Princeton, NJ. : Princeton University Press.（佐々木毅・杉田敦訳『失望と参画の現象学――私的利益と公的行為』法政大学出版局、1988年）。

―――（1984）*Getting Ahead Collectively : Grassroots Experiences in Latin America*, New York : Pergamon Press.（矢野修一・宮田剛志・武井泉訳『連帯経済の可能性

───ラテンアメリカにおける草の根の経験』(仮題) 法政大学出版局、2008年)。
Khor, M. (2001) *Rethinking Globalization : Critical Issues and Policy Choices*, London and New York : Zed Books.
Lélé, S. (1991) " Sustainable Development : A Critical Review ", *World Development*, Vol. 19, No.6.
UNDP (United Nations Development Programme) (1994) *Human Development Report 1994*, New York : Oxford University Press.
─── (2006) *Human Development Report 2006*, New York : Palgrave Macmillan.
Uphoff, N. (1992) *Learning from Gal Oya : Possibilities for Participatory Development and Post-Newtonian Social Science*, Ithaca and London : Cornell University Press.
WCED (World Commission on Environment and Development) (1987) *Our Common Future*, New York : Oxford University Press. (大来佐武郎監修・環境庁国際環境問題研究会訳『地球の未来を守るために』福武書店、1987年)。
Williamson, J. (1996) " Lowest Common Denominator or Neoliberal Manifesto ? The Polemics of the Washington Consensus ", in Auty, R., et al., eds., *Challenging the Orthodoxies*, London : Macmillan Press.
World Bank (2001) *World Development Report 2000 / 2001*, New York : Oxford University Press.

第II部　環境・アメニティの経済分析

第5章　コモンズの悲劇と非線形経済動学

柳瀬明彦

はじめに

　誰でも自由に利用可能な共有資源が、その性質から過剰に利用され、枯渇の危機に直面するという「コモンズの悲劇 (tragedy of commons)」は、Hardin (1968) の論文を契機に広く一般に知られるようになった。多くの資源・環境問題は、このようなコモンズの悲劇の問題として解釈が可能である。資源の利用に関するルールなしに誰もが自由に利用可能ならば、皆が資源の利用から得られる自らの利益を追求し、資源は乱獲されることになるだろう。大気や水、土壌といった自然環境も共有資源の性質を有しており、同様の問題、すなわち汚染の問題に直面する。資源の利用にかかわる財産権を適切に設定し、資源を管理する必要性が指摘されるのは、上記のような非協力的行動の結果が社会的に望ましくない状態をもたらすと考えられるからである。近年では特に、「グローバル・コモンズ」である地球環境の保全について、国際的な枠組みでその適切な管理が求められている。

　資源の枯渇にかかわる問題はまた、ストックの問題でもある。現在の資源のストックは、将来において利用可能となる資源のフローおよびそこから得られる経済的便益の大きさを規定し、またアメニティや生態系の維持という形で直接的な便益を人々にもたらす。そして、採取・利用された資源のフローと資源自体の再生能力に依存して、資源のストックは時間を通じて変動する。グロー

バル・コモンズにかかわる地球環境問題も、同様の性質を持つといえる。例えば、地球温暖化問題は、経済活動に伴う温室効果ガスの排出により、大気中のこれらのガスの濃度が年々高まり続けたことが原因とされるが、まさにフローの経済活動水準とストックとしての地球環境とに関連する問題である。本章では、このような共有資源の利用と資源ストックの時間を通じての変化を考慮に入れ、資源の利用者が非協力的に行動した結果として生ずるナッシュ均衡がどのような問題を引き起こすのかを、協力的な行動によって達成されるパレート最適な状態との比較において議論する。

次節において、共有資源の利用に関する動学ゲームの基本モデルを提示する。続く3節では共有資源の非協力的な利用が資源ストックの動学経路に複雑性をもたらす可能性を、4節では非協力的な行動が動学ゲームのナッシュ均衡の不決定性をもたらす可能性を、それぞれ示す[1]。そして5節において、このような複雑性や不決定性の持つ政策的含意について述べる。

I 共有資源ゲームの基本設定

N 個人から成る社会 ($N>1$) において、各個人が自然に存在する資源を利用する状況を想定しよう。この資源は再生可能であり、S を資源ストックの水準として、その再生プロセスが成長関数 $G(S)$ で表されるものとする。関数 $G(S)$ は、以下の性質を持つものとする（図1も参照）：（ⅰ）$G(\bar{S})=0$ を満たす $\bar{S}>0$ が一意に存在する[2]、（ⅱ）すべての $S\in[0,\bar{S}]$ において $G''(S)\leq 0$ が成立する。また、資源ストックがある最低水準 $\underline{S}\geq 0$ を下回ると、生態系が破壊されてしまうと仮定する。

各個人（以下では資源採取ゲームの「プレイヤー」と呼ぶ）は、自分自身の資源の利用水準と、資源ストックの水準の両方から効用を得るものとする。分析の単純化のため、すべてのプレイヤーは同質的であると仮定し、プレイヤー $i\in N$ の各期あるいは各時点における効用関数を $U(S,R_i)=U_1(S)+U_2(R_i)$ で表すことにする。ここで R_i はプレイヤー i の資源利用水準である。各プレイ

図1 資源ストックの成長関数

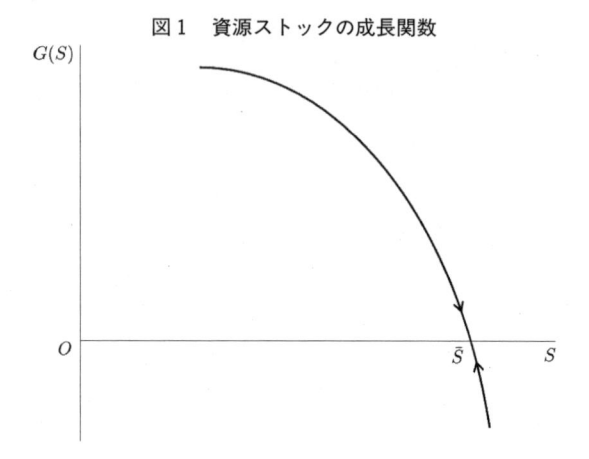

ヤーは無限の視野を有すると仮定すると、その利得は無限の将来にわたる効用の割引現在価値で定義される。離散時間モデルにおいては、それは

$$J_i = \sum_{t=0}^{\infty} \rho^t [U_1(S(t)) + U_2(R_i(t))], \ i \in N \tag{1}$$

で定義され（$\rho \in (0, 1)$ は主観的割引因子）、連続時間モデルにおいては

$$J_i = \int_{t=0}^{\infty} e^{-rt} [U_1(S(t)) + U_2(R_i(t))] dt, \ i \in N \tag{2}$$

で定義される（$r > 0$ は主観的割引率）。また、資源ストックの時間変化は、離散時間モデルでは

$$S(t+1) - S(t) = G(S(t)) - \sum_{i \in N} R_i(t), \ S(0) = S_0 > 0 \tag{3}$$

で、連続時間モデルでは

第 5 章　コモンズの悲劇と非線形経済動学　129

$$\dot{S}(t) \equiv \frac{dS(t)}{dt} = G(S(t)) - \sum_{i \in N} R_i(t), \ S(0) = S_0 > 0 \tag{4}$$

で、それぞれ表される。

以下の分析では、$S \geq \underline{S}$ において資源ストックの成長関数が

$$G(S) = A - \gamma S, \ A, \gamma > 0 \tag{5}$$

という線形関数で与えられるものとする。この関数は、上述の（ⅰ）および（ⅱ）の性質をともに満たす。また、この場合の $\bar{S}$ は $\bar{S} = A/\gamma$ と求められる。

Ⅱ　ナッシュ均衡と複雑性

本節では、パレート最適な協力解が単調な動学経路で特徴付けられる一方、非協力的なナッシュ均衡解の経路が複雑な動学的挙動を示す可能性を提示する。以下の分析では、離散時間モデルを想定する。また、資源ストックからの効用関数 $U_1(S)$ は 2 回連続微分可能な凹関数である一方、資源フローからの効用関数は

$$U_2(R_i) = R_i \tag{6}$$

という線形関数で与えられると仮定する[3]。

1　パレート最適解

パレート最適解は、すべてのプレイヤーの利得の合計

$$J \equiv \sum_{i \in N} J_i = \sum_{t=0}^{\infty} \rho^t \left[N \cdot U_1(S(t)) + \sum_{i \in N} R_i(t) \right] \tag{7}$$

を資源ストックの動学方程式

$$S(t+1)-S(t)=A-\gamma S(t)-\sum_{i\in N}R_i(t) \tag{8}$$

の制約の下で最大化するような、資源採取量の経路 $\{R_1(t),\cdots\cdots,R_N(t)\}_{t=0}^{\infty}$ によって特徴付けられる。この動学的最適化問題を解くために、まず(8)式を $\sum_{i\in N}R_i(t)=A+(1-\gamma)S(t)-S(t+1)$ と変形し、(7)式に代入して整理する：

$$\begin{aligned}J&=\sum_{t=0}^{\infty}\rho^t[NU_1(S(t))+A+(1-\gamma)S(t)-S(t+1)]\\&=\frac{A}{\rho}+NU_1(S_0)+(1-\gamma)S_0+\sum_{t=1}^{\infty}\rho^t\left[NU_1(S(t))+\left(1-\frac{1}{\rho}-\gamma\right)S(t)\right].\end{aligned} \tag{9}$$

(9)式の右辺第 1 項から第 3 項まではすべて定数であり、また最後の項は

$$W(S)\equiv NU_1(S)+\left(1-\frac{1}{\rho}-\gamma\right)S \tag{10}$$

と定義すれば、$\sum_{t=1}\rho^t W(S(t))$ と書き換えられる。

協力解における目的関数 J は、$S(t+1)\in[\underline{S},A+(1-\gamma)S(t)]$ の制約の下で [4) $\{S(t)\}_{t=1}^{\infty}$ に関して最大化されなければならないが、(9)式より J は $\{S(t)\}_{t=1}^{\infty}$ に関して加法分離的であり、また $W(S)$ は凹関数であるので、$S(t+1)$ は $S(t+1)\in[\underline{S},A+(1-\gamma)S(t)]$ の制約の下で $W(S(t+1))$ を最大にするように、すなわち

$$S(t+1)=\min\{S^*,A+(1-\gamma)S(t)\} \tag{11}$$

を満たすように決定されなければならない。ここで S^* は

第5章 コモンズの悲劇と非線形経済動学　131

$$W'(S) = NU_1'(S) - \left(1 - \frac{1}{\rho} - \gamma\right) = 0 \tag{12}$$

の解である。そして、(8)式および(11)式より、最適な共有資源利用水準が

$$\sum_{i \in N} R_i(t) = \max\{0, A + (1-\gamma)S(t) - S^*\} \tag{13}$$

と求められる。

(11)式は、資源ストックの水準がS^*に向けて単調に収束していくことを意味する。すなわち、S^*はパレート最適解の定常状態における資源ストックであり、そこに至る動学経路は単調なものとなる[5]。しかも、このような動学経路がパレート最適な協力解においては唯一可能な経路となる。

2　ナッシュ均衡解

次に、各プレイヤーが自らの利得を最大にするように行動する状況を考え、そのような非協力ゲームのナッシュ均衡の動学的性質を検討しよう。プレイヤー $i \in N$ は、他のプレイヤーの戦略を所与として、

$$R_i(t) = A + (1-\gamma)S(t) - S(t+1) - \sum_{j \neq i} R_j(t) \tag{14}$$

の制約の下で

$$J_i = \sum_{t=0}^{\infty} \rho^t [U_1(S(t)) + R_i(t)] \tag{15}$$

を最大にするように資源採取量の経路 $\{R_i(t)\}_{t=0}^{\infty}$ を決定する。

以下では、各プレイヤーは定常マルコフ戦略 (stationary Markovian strategies) を採用すると仮定する。これは、各プレイヤーにとっての最適戦略が時間 t に直接依存せず、各期の資源ストック水準 $S(t)$ に依存するような戦略である。

形式的には、プレイヤー i の定常マルコフ戦略は $[\underline{S},\infty)$ を定義域とする実数値関数 $R^i(S)$ として定義される。マルコフ戦略の組 $\{R^1(S), \cdots, R^N(S)\}$ は、すべての $i \in N$ について $R^i(S) \geq 0$ が成立し、かつ $\sum_{i \in N} R^i(S) \leq A + (1-\gamma)S - \underline{S}$ ならば、実現可能である。実現可能な戦略の組で、かつ各プレイヤーのマルコフ戦略 $R^i(S)$ が他のプレイヤーの戦略の組に対する最適反応戦略となるような戦略の組を、マルコフ完全ナッシュ均衡 (Markov perfect Nash equilibrium) という。

(14)式および $R_j(t) = R^j(S(t))$ を(15)式に代入して整理すると、

$$J_i = \frac{A}{\rho} + U_1(S_0) + (1-\gamma)S_0 - \sum_{j \neq i} R^j(S_0)$$
$$+ \sum_{t=1}^{\infty} \rho^t \left[U_1(S(t)) + \left(1 - \frac{1}{\rho} - \gamma\right) S(t) - \sum_{j \neq i} R^j(S(t)) \right] \quad (16)$$

を得る。戦略の組 $\{R^1(S), \cdots, R^N(S)\}$ が単に最適反応戦略になっているだけでなく、他の戦略よりも厳密に大きな利得を各プレイヤーに与える場合を、狭義のナッシュ均衡 (strict Nash equilibrium) という。このゲームにおいて、狭義のナッシュ均衡は存在し、それはパレート最適解と同様、定常解に単調に収束するような動学経路として特徴付けられる。このゲームにはまた、狭義のナッシュ均衡ではないナッシュ均衡 (nonstrict Nash equilibrium) も存在する。それは、以下の式で与えられる:

$$R_M(S) = \frac{1}{N-1} \left[U_1(S) + \left(1 - \frac{1}{\rho} - \gamma\right) S \right]. \quad (17)$$

すべてのプレイヤーが同質的であるとの仮定から、均衡において彼らは同一の戦略を採用する。プレイヤー i 以外のすべてのプレイヤーが(17)式で与えられるマルコフ戦略を採用する場合、(16)式は $J_i = (A+S_0)/\rho$ と求められる。この場合、プレイヤー i はいかなる戦略をとろうとも $J_i = (A+S_0)/\rho$ という利得を得る。したがって、(17)式で与えられるマルコフ戦略は、狭義のナッシュ均衡ではない

ナッシュ均衡をもたらす[6]。

　マルコフ戦略(17)で特徴付けられるマルコフ完全ナッシュ均衡の動学的性質を検討しよう。(17)式を(8)式に代入すると、マルコフ完全ナッシュ均衡における資源ストックの動学方程式が

$$S(t+1) = A - \frac{N}{N-1}U_1(S(t)) + \frac{-(1-\gamma)+N/\rho}{N-1}S(t) \tag{18}$$

と求められる。(18)式において $S(t+1)=S(t)=S^{**}$ となる資源ストックが、マルコフ完全ナッシュ均衡の定常状態において達成される。以下の分析では、$U_1(S)$ が次のように2次関数で与えられると仮定する：

$$U_1(S) = \alpha_1 S - \frac{\alpha_2}{2}S^2, \quad \alpha_1, \alpha_2 > 0. \tag{19}$$

この場合、(18)式の右辺は S に関して2次関数となるため、資源ストックの動学経路は複雑な挙動を示す可能性がある。図2は、数値例を用いてその可能性を示したものである。この図には3つのケースが示されているが、いずれもプレイヤー数 N と割引因子 ρ 以外は同じ値を設定している[7]。ケース(i)は $N=10$, $\rho=0.79$ のときの均衡経路を示したものであるが、この場合は動学経路は循環しながら定常状態に収束する[8]。ケース(ii)においては、プレイヤー数は $N=10$ でケース(i)と同じだが、割引因子が $\rho=0.85$ という異なる値を設定している。この場合、定常状態への収束は起こらず、均衡経路は周期的な変動を示す[9]。周期解の可能性は、割引因子を変えずにプレイヤー数を変えた場合にも生ずる。ケース(iii)は $N=8$, $\rho=0.79$ のときの均衡経路を示したものであり、やはりこの場合においても動学経路は定常状態の周りを循環的に変動し続ける[10]。

図2 マルコフ完全ナッシュ均衡の動学経路（数値例）

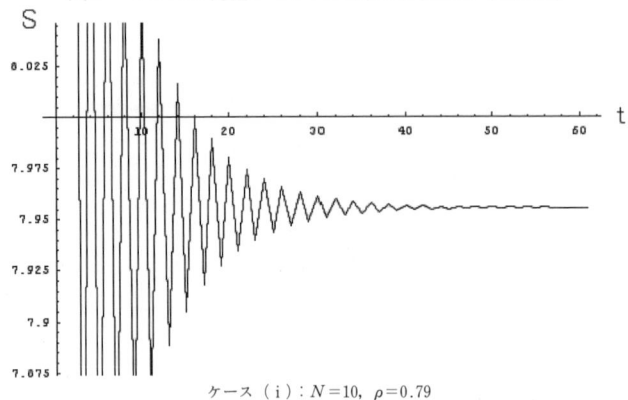

ケース（i）：$N=10$, $\rho=0.79$

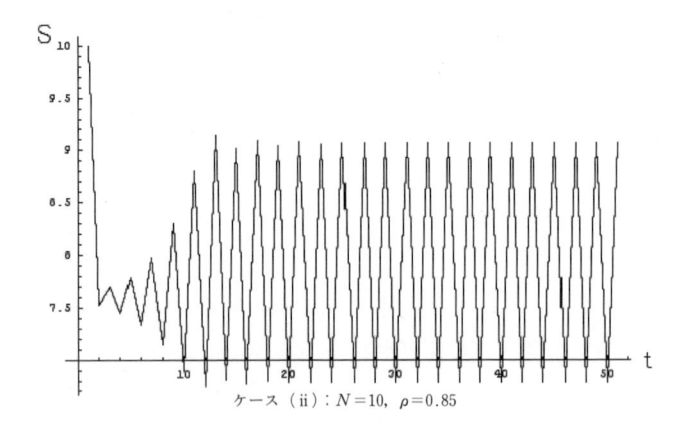

ケース（ii）：$N=10$, $\rho=0.85$

III ナッシュ均衡と不決定性

　本節では、パレート最適な協力解が一意に存在する定常状態とそこに収束する決定的な均衡経路で特徴付けられる一方、非協力的なナッシュ均衡解が複数均衡となり不決定性が生ずる可能性を提示する。以下の分析では、連続時間モデルを想定し、資源ストックからの効用関数 $U_1(S)$ および資源フローからの

第5章　コモンズの悲劇と非線形経済動学　135

ケース (iii)：$N=8$，$\rho=0.79$

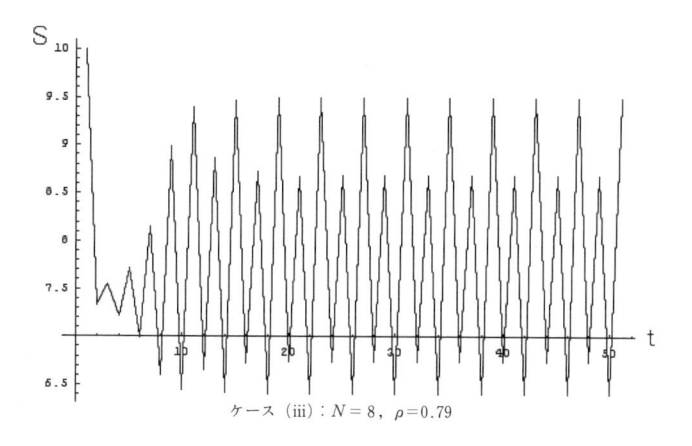

効用関数 $U_2(R_i)$ がともに2回連続微分可能な凹関数であると仮定する。

1　パレート最適解

パレート最適解は、すべてのプレイヤーの利得の合計

$$J \equiv \sum_{i \in N} J_i = \int_{t=0}^{\infty} e^{-rt} \left[N \cdot U_1(S(t)) + \sum_{i \in N} U_2(R_i(t)) \right] dt \qquad (20)$$

を資源ストックの動学方程式

$$\dot{S}(t) = A - \gamma S(t) - \sum_{i \in N} R_i(t) \qquad (21)$$

の制約の下で最大化するような、資源採取量の経路 $\{R_1(t), \cdots, R_N(t)\}_{t=0}^{\infty}$ によって特徴付けられる。この動学的最適化問題を解くために、経常価値ハミルトニアンを以下のように定義する：

$$H = NU_1(S) + \sum_{i \in N} U_2(R_i) + \lambda \left(A - \gamma S - \sum_{i \in N} R_i \right). \qquad (22)$$

最適化のための必要条件は、以下の条件から成る：

$$\frac{\partial H}{\partial R_i} = U'_2(R_i) - \lambda = 0, \quad i \in N, \tag{22}$$

$$\dot{\lambda} = r\lambda - \frac{\partial H}{\partial S} = (r+\gamma)\lambda - NU'_1(S), \tag{23}$$

$$\lim_{t \to \infty} e^{-rt} \lambda(t) S(t) = 0. \tag{24}$$

(22)式より，すべての $i \in N$ について R_i は同じ値をとることが分かる。この点を考慮に入れると，(21)式と(23)式は次のように書き換えられる：

$$\dot{S} = A - \gamma S - NR, \tag{25}$$

$$\dot{R} = \frac{(r+\gamma) U'_2(R) - NU'_1(S)}{U''_2(R)}. \tag{26}$$

パレート最適解の定常状態は，$\dot{S} = \dot{R} = 0$ を満たす (S^*, R^*) である。(25)式および(26)式より，図3に示されるように定常状態は一意に存在する[11]。また，動学システム(25)および(26)を定常状態の近傍で線形近似すると，

$$\begin{bmatrix} \dot{S} \\ \dot{R} \end{bmatrix} = \begin{bmatrix} -\gamma & -N \\ -(r+\gamma) NU''_1/U''_2 & r+\gamma \end{bmatrix} \begin{bmatrix} S-S^* \\ R-R^* \end{bmatrix} \tag{27}$$

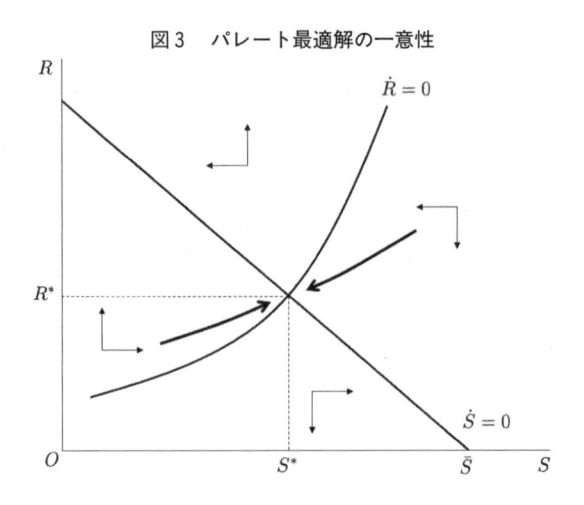

図3 パレート最適解の一意性

を得る。線形システム(27)のヤコビ行列のトレースは $r>0$ であり、行列式は $-(r+\gamma)(N^2U_1''+\gamma U_2'')/U_2''<0$ であることから、ヤコビ行列の2つの固有値の実部は互いに異なる符号を持つので、定常状態は局所的に鞍点となることが分かる。すなわち、パレート最適解の定常状態は一意に存在し、かつ定常状態に収束する最適経路が一意に存在する。すなわち、パレート最適な協力解のケースでは、不決定性が生ずることはない。

2 ナッシュ均衡解

次に、非協力ゲームのナッシュ均衡の性質について検討しよう。前節のモデルと同様、各プレイヤーは定常マルコフ戦略を採用すると仮定する。このゲームにおいて、プレイヤー i の定常マルコフ戦略は、Hamilton-Jacobi-Bellman (HJB) 方程式と呼ばれる次の方程式

$$rV_i(S) = \max_{R_i}\left\{U_1(S) + U_2(R_i) + V_i'(S)\left[A - \gamma S - R_i - \sum_{j\neq i}R^j(S)\right]\right\} \quad (28)$$

を満たす (Dockner et al., 2000)。ここで $V_i(S)$ はプレイヤー i の価値関数 (value function)、すなわち(2)式で定義される J_i の最大値であり、$R^j(S)$ はプレイヤー j のマルコフ戦略である。すべてのプレイヤーが同質的であるとの仮定から、その価値関数も同じものとなるため、以下では価値関数を $V(S)$ で表すことにする。(28)式より、

$$U_2'(R_i) = V'(S) \quad (29)$$

が成立する。(29)式は、プレイヤー i の最適な資源利用水準が資源ストック S の関数として表現されることを意味している。これを $R_i = R(S)$ で表すことにしよう。対称的ナッシュ均衡においては、すべての $j\neq i$ について $R^j(S) = R(S)$ も成立する。したがって、HJB方程式(28)は以下のように書き換えられる:

$$rV(S) = U_1(S) + U_2(R(S)) + V'(S)[A - \gamma S - NR(S)].$$

この式を S に関して微分し、(29)式を用いて整理すると、包絡線条件

$$[r + \gamma + (N-1)R'(S)]U_2'(R(S)) = U_1'(S) + U_2''(R(S))R'(S)[A - \gamma S - NR(S)] \quad (30)$$

を得る。対称的マルコフ完全ナッシュ均衡は、(30)式の解である関数 $R_M(S)$ によって特徴付けられる。

 以下では、$U_1(S)$ および $U_2(R_i)$ がともに2次関数であると仮定する[12]。$U_1(S)$ は(19)式で与えられ、また $U_2(R_i)$ は次の式で与えられるものとする:

$$U_2(R_i) = \beta_1 R_i - \frac{\beta_2}{2} R_i^2, \beta_1, \beta_2 > 0. \quad (31)$$

(19)式および(31)式を用いて包絡線条件(30)を書き換え、整理すると次の式を得る:

$$R'(S) = \frac{\alpha_1 - (r+\gamma)\beta_1 - \alpha_2 S + (r+\gamma)\beta_2 R(S)}{(N-1)\beta_1 + \beta_2 A - \beta_2 \gamma S - (2N-1)\beta_2 R(S)}. \quad (32)$$

(32)式は $R(S)$ に関する非線形微分方程式である。この微分方程式の解を $R-S$ 平面上に示すことにすると、その解曲線は以下の性質を満たす:

$$R'(S) = 0 \quad \Leftrightarrow \quad R = \frac{\alpha_2 S - \alpha_1 + (r+\gamma)\beta_1}{(r+\gamma)\beta_2}, \quad (33)$$

$$R'(S) = \infty \quad \Leftrightarrow \quad R = \frac{(N-1)\beta_1 + \beta_2 A - \beta_2 \gamma S}{(2N-1)\beta_2}. \quad (34)$$

また、微分方程式(32)の解には、以下の式で表される線形解 $R_L(S)$ も含まれる:

$$R_L(S) = \sigma_1 S + \sigma_2, \tag{35}$$

$$\sigma_1 \equiv \frac{-(r+2\gamma) \pm \sqrt{(r+2\gamma)^2 + 4(2N-1)\alpha_2/\beta_2}}{2(2N-1)}, \quad \sigma_2 \equiv \frac{\left[(N-1)\beta_1 + \beta_2 A\right]\sigma_1 - \alpha_1 + (r+\gamma)\beta_1}{\left[r+\gamma+(2N-1)\sigma_1\right]\beta_2}.$$

(33)式、(34)式、(35)式より、(32)式の解曲線 $R_M(S)$ の群が示す形状が明らかとなり、それらは図4に示されるようなものとなる。

図4の無数の解曲線で示された均衡資源採取量のうち、長期的に定常状態に収束するような均衡を示したのが、図5である。定常均衡 $\dot{S}=0$ において達成される R と S の関係は、(21)式より、$R=(A-\gamma S)/N$ という直線で表される。この直線と、$R_M(S)$ の解曲線との交点において、定常状態における資源ストックの水準 S^{**} が決定される。しかし、この政策ゲームにおいて長期的に達成可能な定常均衡資源ストックは、$S^{**} \in [\underline{S}, S_{\max})$ を満たすものでなければならない。ここで $S_{\max}$ は

$$S_{\max} \equiv \frac{N^2\alpha_1 + (\gamma+Nr)(\beta_2 A - N\beta_1)}{N^2\alpha_2 + (\gamma+Nr)\beta_2\gamma} \tag{36}$$

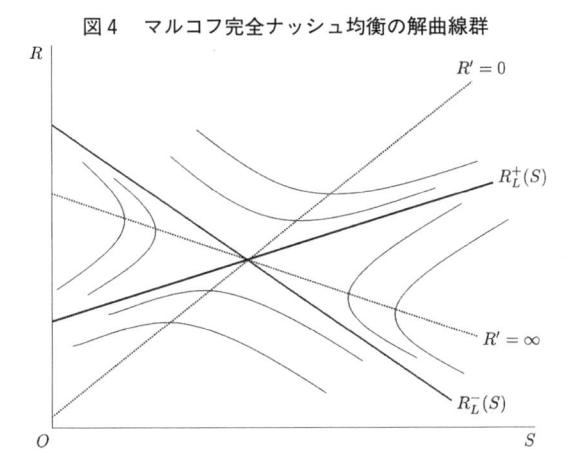

図4 マルコフ完全ナッシュ均衡の解曲線群

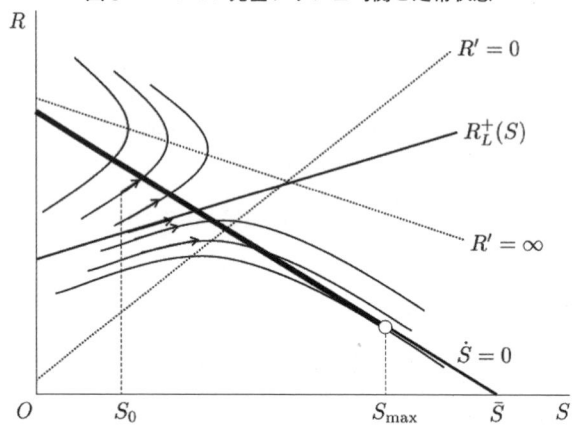

図5 マルコフ完全ナッシュ均衡と定常状態

で定義される。S_{max} はマルコフ完全均衡によって達成可能な定常状態における資源ストックの上限であるが、これは次のようにして求められる。対称的マルコフ完全均衡における資源ストックの動学経路 $\dot{S}=A-\gamma S-NR_M(S)$ が定常状態に収束するための条件は、

$$\left.\frac{d\dot{S}}{dS}\right|_{S=S^{**}} = -\gamma - NR'_M(S^{**})$$
$$= -\gamma - \frac{N[\alpha_1-(r+\gamma)\beta_1-\alpha_2 S^{**}+(r+\gamma)\beta_2 R_M(S^{**})]}{(N-1)\beta_1+\beta_2 A-\beta_2\gamma S^{**}-(2N-1)\beta_2 R_M(S^{**})} < 0 \quad (37)$$

で与えられる。また定常状態では $R_M(S^{**})=(A-\gamma S^{**})/N$ が成立するので、これを安定性条件(37)に代入して整理すれば、$S^{**}<S_{max}$ が導かれる。

　パレート最適な協力解においては定常状態が一意に定まったのとは対照的に、非協力ゲームのナッシュ均衡解においては定常状態が（連続的に）複数存在する。これは、同じ初期時点から出発しても、長期的には様々な水準の定常均衡資源ストックが達成されうることを意味する。例えば、図5において、初期時点における資源ストック S_0 から出発した場合に可能な均衡経路として5つの経路が示されているが、それぞれ異なる定常均衡資源ストックをもたらす[13]。

これらの均衡経路は各プレイヤーのとるマルコフ戦略に依存するため、どの均衡経路が実際に選ばれ、どの定常状態が長期的に実現するかは確定しない。すなわち、非協力解においては均衡の不決定性が生ずる。

IV　むすびに代えて——複雑性や不決定性の持つ政策的含意

本章は、共有資源の利用に関する動学ゲーム理論分析を行い、非協力的な資源の利用によって資源ストックの動学経路においての複雑性や不安定性が生じたり、均衡の不決定性が生じる可能性を示した。共有資源の利用に関しては、通常、非協力的な行動が資源の過剰な利用をもたらすという面がよく知られており、その意味において協力的な資源利用の重要性がしばしば強調される[14]。しかし、本章のモデル分析が明らかにしたように、非協力的な行動は、各経済主体が協力的に資源を利用した場合には起こりえなかった、複雑性や不決定性という新たな問題の原因ともなりうる。

このような、非協力解のもたらす複雑性や不決定性は、協力的行動の必要性をさらに強調するものになるかもしれない。しかしながら、協力的行動が実現されるためには、事前にプレイヤー間で拘束力のある合意が形成されなければならず、そのような制度的取り決めやプレイヤー間のコミュニケーションの存在しない社会においては、協力解を達成するのは現実的に難しい[15]。

ただ、パレート最適な「最善」の結果を達成するのが困難であっても、「次善」の意味で最適な状態を達成するのは必ずしも不可能ではないかも知れない。その意味で、公的な部門による政策の意義は大きいといえる。例えば、3節で示したケースのように定常状態の周りを循環的に変動するような均衡経路が実現されている場合、資源ストックの変動を安定化するのが望ましいという社会的要請があり、変動幅を小さくすることが政策的に可能ならば、そのような政策は実行されてしかるべきである。また、4節のように不決定性の生じるような状況においては、より多くの資源ストックが達成されるような均衡に経済主体を誘導するような政策が実行可能ならば、それによって社会的な厚生は高ま

るだろう。

注
1) 動学的な経済モデルにおける均衡経路の複雑性や均衡経路および定常状態の不決定性は、近年、精力的な研究が行われている。最近の研究成果をまとめた邦語文献として、西村・福田（2004）が挙げられる。
2) $\bar{S}$ は、自然資源が採取されない場合に長期的に達成可能な、いわば「生態学的に持続可能（ecologically sustainable）」な資源ストック水準であると解釈される。
3) したがって、モデルの数学的構造は Dockner et al. (1996) や Dockner and Nishimura (1999) と同様のものとなる。
4) $\underline{S}$ は既に述べたように生態系を維持可能な資源ストックの下限であり、また $S(t+1) \leq A + (1-\gamma)S(t)$ という条件は各プレイヤーの資源採取量が非負であることから導かれる。
5) さらに言えば、パレート最適な定常均衡資源ストック S^* は最短の時間で達成される。このような性質を持つ動学経路を " most rapid approach path (MRAP) " という。
6) Dockner et al. (1996) は、" make-the-opponent-indifferent (MTOI) " 均衡と呼んでいる。
7) 具体的には、$A=50$, $\gamma=1$, $\alpha_1=10$, $\alpha_2=1$ である。
8) この場合の資源ストックの定常均衡値は、$S^{**} \approx 7.95567$ と求められる。
9) この場合の資源ストックの定常均衡値は、$S^{**} \approx 7.59115$ となる。
10) 資源ストックの定常均衡値は、$S^{**} \approx 7.41002$ と求められる。
11) 図3では、図が複雑になるのを避けるため、$\underline{S}=0$ としている。
12) したがって、モデルの数学的構造は Dockner and Long (1993) や Rubio and Casino (2002) と同様のものとなる。
13) 既に述べたように、微分方程式(32)の解には(35)式で表される線形解も含まれるが、2つの解のうち $\sigma_1<0$ となる解は定常状態の安定性条件(37)を満たさない。したがって、定常状態に収束しうる線形マルコフ完全ナッシュ均衡戦略は $\sigma_1>0$ となる線形マルコフ戦略のみであり、それは図4および図5において直線 $R_L^+(S)$ で示されている。
14) 分析は省略したが、本章のモデルにおいても、非協力ゲームのナッシュ均

衡における定常均衡資源ストックの水準がパレート最適な協力解の定常状態における資源ストックに比べて過小になる、すなわち非協力的な行動が資源の過剰な利用をもたらす、という結果が証明される。
15) もっとも、非協力的な行動を前提としても、懲罰戦略の導入や社会的規範・慣習あるいは社会的な連帯意識などを考慮に入れることにより、協力解が達成される可能性はありうる。

参考文献

Dockner, E.J. and Long, N.V. (1993), International pollution control : cooperative versus noncooperative strategies, *Journal of Environmental Economics and Management* 25, 13-29.

Dockner, E.J., Jorgensen, S., Long, N.V., and Sorger, G. (2000), *Differential Games in Economics and Management Science*, Cambridge University Press, Cambridge.

Dockner, E.J., Long, N.V., and Sorger, G. (1996), Analysis of Nash equilibria in a class of capital accumulation games, *Journal of Economic Dynamics and Control* 20, 1209-1235.

Dockner, E.J. and Nishimura, K. (1999), Transboundary pollution in a dynamic game model, *Japanese Economic Review* 50, 443-456.

Hardin, G. (1968), The tragedy of the commons, *Science* 162, 1243-1248.

Rubio, S.J. and Casino, B. (2002), A note on cooperative versus non-cooperative strategies in international pollution control, *Resource and Energy Economics* 24, 251-261.

西村和雄・福田慎一編 (2004)『非線形均衡動学不決定性と複雑性』東京大学出版会。

第6章　地域環境政策における経済的手段の導入と公衆の参加

浜本光紹

はじめに

　民主主義は諸個人の自己利益を集計する過程である。代表制民主主義に基づく政治システムはそのための仕組みの一つであるが、これについては政治的意思決定における一般市民の参加が充分でないため、政治的平等という点で不完全であるといった批判がなされてきた。直接民主主義は、こうした問題を抱える代表制に対抗する原理として位置づけられる。国民投票や住民投票といった直接民主主義の制度化は米国の各州やスイスなどにおいて実践されている。日本の地方自治体でも、産業廃棄物処理施設の設置などをめぐり、条例の制定を通じて住民投票が実施された事例がある（浜本 2003）。ただし、日本における住民投票の実践は限定的でしかない。実際、住民の意思を政策に反映させるための試みとして自治体で進められつつあるのは、意思決定過程や計画策定過程における住民参加の実施・拡充である。近年では、住民参加による環境基本計画の策定が行われるなど、地域環境政策の形成過程において公衆の参加（public participation）を推進する動きが活発になっている。公衆の参加のメカニズムには、一般参加の集会や公聴会（public meetings and hearings）、諮問委員会（advisory committees）、利害関係者による交渉や調停（negotiations and mediations）といった形態がある。こうした仕組みを通じて政策形成過程に一般市民が参加することは、行政の意思決定に影響を及ぼすという点だけでなく、住民

の能力向上や社会関係資本（social capital）の蓄積といった点においても意義が大きい（Beierle and Cayford 2002）。

　環境政策形成過程では、特に国家レベルでみた場合、環境保全という公共利益の実現が規制対象となる企業などの利害関係者の自己利益の追求と相反することから、政策の導入が政治的に困難であるという状況に至ることがしばしばある。しかし、自治体や地域のレベルでみると、上記のような参加の仕組みを通じて行政や利害関係者、地域住民の間での情報共有や意思疎通を図ることにより、排出権取引や環境税を軸とした革新的な環境政策の策定・実施に成功している例が少なくない。近年発展している共有資源管理論は、このような自治体・地域レベルでの環境管理システムの構築とそのパフォーマンスを説明するための理論的枠組みを提供するものとして注目されている。本稿は、米国の州・自治体で導入が進められてきた水質汚濁物質排出権取引を分析対象として取り上げ、共有資源管理論を手懸りとしながら、いかなる要因が制度設計のあり方や成果に影響を及ぼすのかを考察する。また、近年日本では環境税導入の試みが地方自治体レベルで拡大しつつあるが、その事例の一つである神奈川県の水源環境税を取り上げ、その制度的特徴や公衆の参加のあり方について検討する。そして最後に、公衆の参加が今後どのように発展していくべきかについて若干の議論を行う。

I　共有資源管理の制度論と米国水質汚濁物質排出権取引[1]

1　オストロムの共有資源管理論

　G. ハーディンによる「共有地の悲劇」は、共有資源の管理問題を描写したモデルとしてよく知られる。合理的個人による自己利益の最大化を追求する行動が共有資源の過剰利用を招いてしまうという論理的帰結を導き出したこのモデルは、「囚人のジレンマ」としてゲーム理論の枠組みで定式化されることもある。共有資源管理における「囚人のジレンマ」的状況を回避するための解決策としてしばしば論じられるのが、共有資源を国家統制の下に置くという中央

集権的方策、および私有化するという分権的方策である。こうした「国家か、市場か」という二分法的な議論に対する批判意識から、共有資源管理のための制度に関する理論・実証分析に新たな地平を切り拓くことを試みたのが E. オストロムである (Ostrom 1990)。「共有地の悲劇」や「囚人のジレンマ」は、共有資源の規模が大きいために利用者 (appropriators) が相互に意思疎通を行うことが困難で、皆独立に行動し、他人の行動がもたらす影響に対して注意を払うことがなく、状況を変えようとする際の費用が大きいような事例を説明する場合には適用可能なモデルであるかもしれない。しかし、オストロムは、比較的小規模の共有資源にかかわる管理問題に直面している場合、利用者は出来る限り効果的にこれを解決しようと試み、互いに意思疎通を図ろうとする、という行動原理に基づいて分析を行う必要があると主張する。そして彼女は、こうした利用者間の意思疎通が、過剰利用を回避して共有資源を効率的に維持管理していくための「自己組織的で自己統治的な (self-organizing and self-governing)」制度の創出につながっていく、という議論を展開したのである。

共有資源をめぐる集合行為問題を解決する有効な管理システムを構築しようとする際、議論の場(フォーラム)として利用者が形成する自発的組織は極めて重要な役割を担うことになる (Ostrom 1990:137-139)。ただし、このフォーラムにおいて行われる意思疎通によって、利用者は利他的な主体へと変化するのではない。ここでは、利用者相互の討論とその中でなされる共有資源管理制度の提案を通じて、「自己利益の再評価」が行われているのである (Rothstein 1996:149)。

Ostrom (1990) では、「自己組織的で自己統治的な」共有資源管理制度がどのような場合に成功し、どのような場合に失敗するのかを決定づける諸要因を抽出することを目的として、スイスの山村における放牧地の共同管理や日本の農山村の入会地、トルコやスリランカにおける漁場管理といった具体的事例に対して検討が加えられている。こうした事例の考察を踏まえて、オストロムは、方法論的個人主義の立場を維持しながら、共有資源管理のための多様な制度の成否を説明しうるような制度論の展開を企図したのである。

オストロムによれば、「自己組織的で自己統治的な」制度構築のための条件として共有資源の利用にかかわる社会集団が備えていなければならない特徴は以下の諸点にまとめられる（Ostrom 1990：211）。

①大抵の利用者が、代替的ルールを採用しない場合には損害を被ることになるであろうという判断を共有している。
②提案されたルール変更によって大抵の利用者が同様の影響を受けると予想される。
③大抵の利用者が、当該共有資源にかかわって継続的に活動を行っていくことを高く評価している。すなわち、利用者が有する割引率は低い。
④利用者が直面する情報費用・変換費用（ルール変更過程において発生する費用）・強制費用が比較的小さい（すなわち取引費用が小さい）[2]。
⑤大抵の利用者が、互酬性や信頼といった、初期の社会関係資本として利用可能な一般化された規範を共有している。
⑥共有資源を利用する集団が比較的小規模で安定的である。

以上の点は、「協調的な行動を促進することによって社会の効率性を改善しうるような、信頼、規範、ネットワークといった社会組織の特徴」（Putnam et al. 1993：167）という社会関係資本に関するパットナムらによる定義を考慮すると、次のように要約されるであろう。すなわち、共有資源およびその利用にかかわる集団が比較的小規模であり、利用者は当該共有資源の長期的維持管理を実現するという点で共通の利害を有していること、そして、意思決定過程における利用者の参加や相互の意思疎通を促進し、取引費用を低減させ、有効に機能しうる共有資源管理システムの構築にむけて協調行動を促すような基盤としての社会関係資本が存在していることが、「自己組織的で自己統治的な」共有資源管理システムの構築において不可欠なのである。

2　米国における水質汚濁物質排出権取引

　米国の水質保全政策は、1972年水質浄化法（Clean Water Act）の下で、水域ごとに指定用途（designated use）を考慮して定められる水質基準、および技術に基礎を置く排水基準によって、主として点汚染源[3]を対象として実施されてきた。点汚染源に対しては、全米汚濁物質排出除去制度（National Pollutant Discharge Elimination System：NPDES）を通じて遵守の具体的な手続や内容が指示される。この NPDES の下で、個々の点汚染源は技術に基礎を置く排水基準などの遵守すべき諸条件を定めた排水許可（permit）を獲得しなければならない。NPDES を適用されない非点汚染源における排出抑制は、主として州・地域レベルで策定される全域的排水処理管理計画（areawide waste treatment management plan）の中で実施される。その具体的手段としては、最善管理手法（best management practices：BMP）と呼ばれる対応策がなされる。BMP とは、都市部での定期的な道路清掃や農村部における単位面積当たりの牛の数や野積み堆肥の管理など、汚濁物質の発生過程の様々な段階において排出を抑える方法である。しかし、上記の計画は規制対象に遵守を強制する仕組みを持たないため、非点汚染源での排出抑制の実効性に乏しいといわれる（北村 1992：96）。

　以上のような水質保全政策の成果については、費用に見合うだけの便益をもたらしたとはいいがたいという指摘がある（Freeman 2000）。また、2000年において河川の39%、湖沼の45%、河口域の51%が指定用途に適する水質に達していない[4]。水質改善を実現するには、水域に流入する窒素やリンの 8 割以上を占めている非点汚染源における汚濁負荷抑制が不可欠である（Carpenter et al. 1998）。以上のことから、水質保全政策の効率性向上と非点汚染源における汚濁負荷抑制を実現しうる政策手段として、点・非点汚染源を対象とした排出権取引プログラムに EPA や州・自治体の規制当局の関心が集まるようになった。

　点・非点汚染源間の水質汚濁物質排出権取引については、いくつかの水域において1980年代からその導入が試みられていた。EPA は、多くのパイロットプロジェクトを支援して事例を積み重ねていき、1993年に水質汚濁物質排出権取引プログラム策定のためのガイドライン（Final Water Quality Trading Policy）

第6章 地域環境政策における経済的手段の導入と公衆の参加　149

表1　米国における水質汚濁物質排出権取引プログラム

プログラム	州	取引可能な汚染源	汚染のタイプ
Grassland Area Farmers Tradable Loads Program	カリフォルニア	非点汚染源間	セレン
San Francisco Bay Mercury Offset Program	カリフォルニア	点・非点汚染源間	水銀
Bear Creek Trading Program	コロラド	点・非点汚染源間	リン
Boulder Creek Trading Program	コロラド	点・非点汚染源間	アンモニア、pH、水温
Chatfield Reservoir Study and Trading Program	コロラド	点・非点汚染源間	リン
Cherry Creek Basin Trading Program	コロラド	点汚染源間および点・非点汚染源間	リン
Dillon Reservoir Trading Program	コロラド	点・非点汚染源間および非点汚染源間	リン
Long Island Sound Trading Program	コネティカット、ニューヨーク	点汚染源間（および点・非点汚染源間）	窒素
Blue Plains WWTP Credit Creation	コロンビア特別区、ヴァージニア	点汚染源間	窒素
Tampa Bay Cooperative Nitrogen Management	フロリダ	各汚染源間の協調（明示的な取引はなし）	窒素、およびその他の汚染物質
Cargill and Ajinomoto Plants Permit Flexibility	アイオワ	点汚染源間	アンモニア、CBOD
Lower Boise River Effluent Trading Demonstration Project	インディアナ	点汚染源間および点・非点汚染源間	リン
Specialty Minerals Inc. Plant in Town of Adams	マサチューセッツ	点・非点汚染源間	水温
Town of Acton Municipal Treatment Plant	マサチューセッツ	点・非点汚染源間	リン
Wayland Business Center Treatment Plant Permit	マサチューセッツ	点・非点汚染源間	リン
Maryland Nutrient Trading Policy	メリーランド	点汚染源間および点・非点汚染源間	窒素、リン
Kalamazoo River Water Quality Trading Demonstration Project	ミシガン	点・非点汚染源間	リン
Michigan Water Quality Trading Rule Development	ミシガン	点汚染源間および点・非点汚染源間	窒素、およびその他の汚染物質
Minnesota River Nutrient Trading Study	ミネソタ	点汚染源間および点・非点汚染源間	リン
Rahr Malting Permit	ミネソタ	点・非点汚染源間	リン、CBOD
Southern Minnesota Beet Sugar Cooperative Trading Program	ミネソタ	点・非点汚染源間	リン
Chesapeake Bay Watershed Nutrient Trading Program	ヴァージニア、メリーランド、ペンシルベニア、コロンビア特別区	点・非点汚染源間	窒素、リン
Neuse River Nutrient Sensitive Water Management Strategy	ノースカロライナ	点汚染源間および点・非点汚染源間	窒素、リン
Tar-Pamlico Nutrient Reduction Trading Program	ノースカロライナ	点・非点汚染源間	窒素、リン
Passaic Valley Sewerage Commission Effluent Trading Project	ニュージャージー	点汚染源間	重金属
Truckee River Water Rights and Pollution Offset Program	ネバダ	点・非点汚染源間	窒素、リン、水温、TDS、溶存酸素
New York City Watershed Phosphorus Offset Pilot Programs	ニューヨーク	点・非点汚染源間	リン

Clermont County Project	オハイオ	点・非点汚染源間	リン
Delaware River Basin Trading Simulation	ペンシルベニア	点汚染源間および点・非点汚染源間	CBOD、TSS、アンモニア、リン、窒素
Henry County Public Service Authority and City of Martinsville Agreement	ヴァージニア	点汚染源間	TDS
Virginia Water Quality Improvement Act and Tributary Strategy	ヴァージニア	点汚染源間（および点・非点汚染源間）	窒素、リン
Wisconsin Effluent Trading Rule Development	ウィスコンシン	点汚染源間、非点汚染源間、点・非点汚染源間	リン、およびその他の汚濁物質
Fox-Wolf Basin Watershed Pilot Trading Program	ウィスコンシン	点・非点汚染源間	リン
Red Cedar River Pilot Trading Program	ウィスコンシン	点・非点汚染源間	リン
Rock River Basin Pilot Trading Program	ウィスコンシン	点・非点汚染源間	リン

出典：U.S. EPA (2001)、pp.104-105、Horan, R.D. (2001)"Differences in Social and Public Risk Perceptions and Conflicting Impacts on Point/Nonpoint Trading Ratios", American Journal of Agricultural Economics, 83 (4)、p.935、およびEnvironomics, A Summary of U.S. Effluent Trading and Offset Projects (prepared for Dr. Mahesh Podar, U.S. Environmental Protection Agency, Office of Water, November, 1999) を基に作成。

を策定・公表した[5]。表1に示すように、EPAがこれまでに関与してきた水質汚濁物質排出権取引プログラムは2001年までの段階で35を数える（U.S. EPA 2001）。

　河川・湖沼および河口域の水質が悪化するメカニズムには、気候や地形、土地利用の形態や人口、産業構造などといったそれぞれの地域における地理的および社会経済的諸条件が大きく影響している。点汚染源への直接規制を軸とした米国の水質保全政策は、こうした特徴を持つ水質汚濁問題に対してその限界を露呈した。これは、水質悪化に直面する水域ごとに、それを取り巻く地理的・社会経済的諸条件に応じた水質保全政策の制度設計がなされなければならないことを示唆している。この点を考えるうえで、先に述べた共有資源の管理形態のあり方をめぐる議論は有用な分析視角を提供している。

　点汚染源を対象とした直接規制が採用されている状況で、点・非点汚染源間の水質汚濁物質排出権取引が認められた場合、直接規制の対象とされず汚濁物質排出削減のインセンティブを欠いていた非点汚染源は、限界費用が排出権価格を下回る限り削減を実施して排出権を売却することにより、その収入と削減に要した費用の差額を利益として獲得することができる。直接規制遵守のため

の費用を負担する点汚染源は、限界費用が排出権価格を上回る部分の削減を非点汚染源からの排出権購入によって回避することにより、水質悪化をもたらさずに規制水準を超えて汚濁物質を排出することが可能となり、費用負担を緩和することができる。このように、水質汚濁物質排出権取引制度の構築は、点・非点汚染源双方に「自己利益の再評価」をもたらすことを通じて、水質改善という公共利益を費用効率的に実現することにつながっていくのである。

　この点について、図1を用いて説明しておこう。図中に描かれている MAC_p および MAC_n は、ある水域において水質悪化をもたらしている点汚染源および非点汚染源に関する集計された限界削減費用曲線をそれぞれ表している。点汚染源での削減量は E_0 から O の方向に測った距離で示され、非点汚染源での削減量は O から E_0 の方向に測った距離で示される。ここで、この水域の水質を改善するためには OE_0 に相当する排出削減が必要であるとしよう。この削減を点汚染源に対する直接規制によって実施する場合、OAE_0 の領域で示される削減費用を要することになる。次に、点・非点汚染源間の排出権取引が認められる場合を考えよう。点汚染源は直接規制によって OE_0 の削減を要請されているが、直接規制の対象とされない非点汚染源で排出削減が行われた場合、その削減量に相当する排出権（排出削減クレジット）が発行され、点汚染源はこれを購入すれば直接規制で定められる基準を超えて排出することが認められるというプログラムが導入されたとする。非点汚染源は、排出権価格が限界削減費用を上回る限り、自ら削減を行って排出権を点汚染源に売却することで利益を得ることができる。つまり、非点汚染源は排出権取引市場において排出権の供給者となる。取引市場が競争的であるならば、排出権価格は図中の P^* の水準に決定されるであろう。このとき、非点汚染源は、直接規制によって排出削減を要請されていないにもかかわらず、OE^* に相当する削減を行うことになる。排出権の需要者である点汚染源は、排出権価格よりも高くつく削減を回避しようとするので、E_0E^* で示される量の削減を行って OE^* に相当する排出権を非点汚染源から購入するであろう。したがって、上記のような排出権取引が認められる場合、OE_0 の削減に要する費用は、非点汚染源での削減費用 OQE^* と点汚

図1　点・非点汚染源間の排出権取引

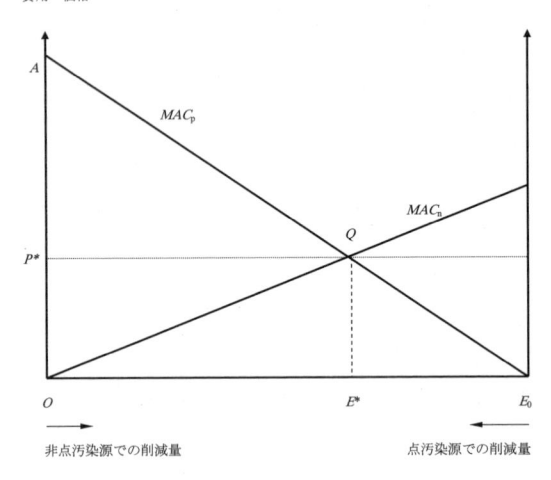

（費用・価格の図。縦軸：費用・価格、横軸：非点汚染源での削減量（左向き）／点汚染源での削減量（右向き）。左上端Aから右下へ下がる曲線MAC_p、右上へ上がる曲線MAC_n、交点Qで価格P^*、削減量E^*。端点O、E_0。）

染源での削減費用 E_0QE^* を合わせた OQE_0 になる。つまり、点・非点汚染源間の排出権取引の導入により、点汚染源において OE_0 の削減を実施する場合の費用 OAE_0 と比較して、OAQ に相当する費用が節約されるのである。

　水質汚濁物質排出権取引プログラムの場合、河川流域や湖沼周辺がその実施領域として設定されるので、取引への潜在的参加者の数は限定的である。また、NPDES の適用外であり、排出量のモニタリングが困難な非点汚染源から点汚染源が排出削減クレジットを購入する際、非点汚染源における遵守強制のための対応措置のあり方に関する取り決めが取引契約の際に必要となる。このようなことから、水質汚濁物質排出権取引の形態としては、排出削減クレジットの売り手・買い手双方の交渉による相対取引が一般的である（Woodward and Kaiser 2002）。例えば、コロラド州のディロン貯水池（Dillon Reservoir）やカリフォルニア州のグラスランド集水域（Grassland Drainage Area）の事例はこれに相当する（ただし後者は非点汚染源同士の排出権取引である）。相対取引の場合、取引相手の探索や情報収集および交渉に要する費用、すなわち取引費用が大きくなってしまう傾向がある。しかし、グラスランド集水域では、取引主体となる

各灌漑地区の管理者同士が定期的に接触しており、また汚濁負荷のモニタリングが容易であるといった、社会的あるいは技術的条件が取引費用の低減をもたらしている（Young and Karkoski 2000）。ディロン貯水池の場合、非点汚染源での排出抑制がもたらす汚濁負荷低減の不確実性に対応するため、主要な非点汚染源である腐敗槽から公共下水処理に転換することによる汚濁負荷削減効果について標準化が行われている（Woodward 2003）。このように、これら2つの事例では取引費用を低減させるような仕組みが用意されているのである。

また、相対取引以外にも、その地域の地理的・社会経済的条件に応じて多様な取引形態が存在している。コロラド州のボールダー・クリーク（Boulder Creek）で実施されたプロジェクトは、NPDESの適用対象である公共下水処理場の維持・管理を担うボールダー市当局が流域の非点汚染源での排出抑制を行うことで、暗黙裡に排出削減クレジットを獲得して将来の下水処理施設の能力向上に伴う費用負担の回避を図りつつ水質基準を達成しようとするものであった。ボールダー・クリーク流域においては、公共下水処理場が唯一の点汚染源であったことが、このような排出権取引の構造に至った主な要因であると考えられるが、これは共同実施に類似した仕組みであるといえるだろう。また、ノースカロライナ州のタール＝パムリコ流域（Tar-Pamlico Basin）で導入された排出権取引プログラムは、既存の農業補助金プログラムを活用した仕組みになっている。点汚染源は汚濁物質の排出制限値を設定され、排出量がこれを超える場合、超過分に応じた資金を拠出して排出削減クレジットを獲得する。その資金は農業補助金プログラムを通じて非点汚染源での排出削減活動（BMP）に投じられる。この仕組みは投資ファンド方式によるクレジット移転メカニズムと類似のものであり、これによって取引費用を低減させることが可能である[6]。ただし、上記の農業補助金プログラムは、農業経営者が自発的に行うBMPに対して技術支援や資金援助を実施するものであるという点に注意する必要がある。

以上の排出権取引プログラムの制度設計に関しては、政策形成過程への利害関係者の参加状況が無視しえない影響を及ぼしている。ディロン貯水池の事例

では、州政府、EPA、デンバー水道委員会（Denver Water Board）からの代表に加え、地元の各自治体や産業界の代表が排出権取引を活用した水質管理制度の策定過程に参加していた（Zander 1991）。グラスランド集水域では、農業経営者等地元の参加者によって排出権取引の制度設計の詳細が形作られていった（Austin 2001 : 353）。これらの事例では、利害関係者が政策形成にかかわることを通じて、点汚染源や非点汚染源を統合した水域全体での水質管理の仕組みが排出権取引を軸として構築されたのである。一方、タール＝パムリコ流域の事例では、点・非点汚染源間クレジット取引の当事者となる農業経営者の参加がプログラム策定過程において完全に欠落していた。そのため、点汚染源は非点汚染源においてBMPが実施されるか否かにかかわらず排出超過の際に資金提供を行ってクレジットを受け取り、BMPの実施は農業経営者の自発性に委ねるという仕組みが採用されたのである。こうした制度設計の下では、発行されたクレジット分に相当する非点汚染源での排出削減の実施が必ずしも保証されない。つまり、タール＝パムリコ流域における排出削減クレジット取引では、水質管理の取り組みにおいて点・非点汚染源間を分断した状態が維持されるような制度設計が行われたのである。

　以上より、米国での水質汚濁物質排出権取引プログラム導入の試みは、連邦レベルで実施される直接規制が抱える問題点や限界が明らかになっていく中で、地域特性に適した「自己組織的で自己統治的な」水質保全政策を求めて各州・自治体が試行錯誤を行っていることを示す動向として捉えることができる。政策形成過程への利害関係者の参加のあり方は、そうした取り組みの成否を左右する重要な要素となっているのである。

II　神奈川県における水源環境保全・再生への取り組み[7]

　近年、日本では都道府県や市町村のレベルで環境税の導入が進んでいる。その背景には、2000年の地方分権一括法の施行による法定外目的税の創設がある。これにより、地方税法で定められていない税を各地方自治体が条例によって設

けることができるようになった[8]。地方環境税の代表的なものとして、三重県や北東北、九州各県などで導入されている産業廃棄物税や、高知県などで導入されている森林環境税がある。本節では、住民参加という点で独自の仕組みを設けている神奈川県の水源環境保全・再生のための税制措置(以下、水源環境税)を取り上げる。

　神奈川県は、森林の荒廃の進行によりその水源涵養機能が失われつつあること、また河川やダム湖が富栄養化状態にあることなど、水源の環境や水質にかかわる問題に直面している状況にある。これまでにも県、市町村、水道事業者は個別に水源環境の保全・再生に取り組んできたが、決して充分とはいえないものであった。水源環境を良好な状態に維持して将来にわたって県民に良質な水を供給するためには、森林の持つ水源涵養機能・水質浄化機能を向上させたり、生活排水の流入抑制によって水源に対する汚濁負荷を軽減する必要がある。そこで、これを実現するために各主体が連携して総合的な施策を進めるべく、実行計画が策定されることとなった。そして、この計画における事業を実施す

表2　5か年計画で実施される事業と費用

事業名	事業費 (単位：100万円)	新規必要額 (単位：100万円)
水源の森林づくり事業の推進	15,225	8,393
丹沢大山の保全・再生対策	796	796
渓畔林整備事業	200	200
間伐材の搬出促進	409	409
地域水源林整備の支援	1,154	949
河川・水路における自然浄化対策の推進	1,122	1,122
地下水保全対策の推進	1,165	1,165
県内ダム集水域における公共下水道の整備促進	7,664	4,270
県内ダム集水域における合併処理浄化槽の整備促進	858	646
相模川水系流域環境共同調査の実施	98	98
水環境モニタリング調査の実施	848	848
県民参加による水源環境保全・再生のための新たな仕組みづくり	192	192
合計	29,731 (年度平均：5,946)	19,088 (年度平均：3,818)

注釈：新規必要額は、事業費のうち国庫補助金等の特定財源を除いた額である。ただし、「水源の森林づくり事業の推進」については、既存財源(平成17年度当初予算額のうち県営水道事業負担金を除いたもの)で対応してきた部分を除いた金額を新規必要額としている。
出典：神奈川県企画部土地水資源対策課(2005)「かながわ水源環境保全・再生実行5か年計画――豊かな水を育む森と清らかな水源の保全・再生のために」、p.32。

るために必要な財源を安定的に確保することを目的として、水源環境税の導入が検討されたのである。つまり、水源環境税は、汚濁負荷削減のインセンティブを原因者に与えるための税としてではなく、財源調達のための税として構想されたのである。

　神奈川県の水源環境税の創設に際しては、その意思決定過程の初期段階から行政と県民との意見交換が実施されてきた。2003年10月から翌年1月にかけて、神奈川県地方税制等研究会から知事に提出された報告書を素材として「水源環境保全施策と税制措置を考える県民集会」が22ヵ所で開催され、その後個人県民税に対する超過課税という形での水源環境税導入の構想が提示された。また2004年8～9月には10ヵ所で「水を育む施策と税を考える県民集会」が、同年10～11月には8ヵ所で知事と県民が直接対話するための集会が開催されている。こうした県民との意見交換や県議会での議論を通じて、水源環境税の構想を含む「かながわ水源環境保全・再生実行5か年計画」(以下、5か年計画）が策定された。水源環境税は、均等割300円と所得割（一律）0.025％という個人県民税に対する超過課税として導入されることとなった。

　この税率は、5か年計画の実施に必要な額（年間約38億円）が調達できるように設定されている。個人県民税に対する超過課税とされたのは、良質な水の供給の受益者はこれを生活用水として利用する県民世帯であることによる。税率構造については、均等割の部分は負担分任という観点から、所得割の部分は応益負担の観点からそれぞれ設定されている。なお、税収の使途を明確にするために新たに特別会計（神奈川県水源環境保全・再生事業会計）が創設され、その中に基金が設けられることになる。

　5か年計画は2007年度から開始され、12の事業が実施される。表2は、それぞれの事業名と費用および新規必要額を示している。この中で、事業費が最も大きいのが「水源の森林づくり事業の推進」であり、次いで「県内ダム集水域における公共下水道の整備促進」となっている。また、12事業の中で特徴的なのが、「県民参加による水源環境保全・再生のための新たな仕組みづくり」である。この事業は、水源環境保全・再生にかかわる施策について、計画・実

施・評価・見直しの各段階に県民の意見を反映させること、および県民が主体的に事業に参加する新たな仕組みを創設し、県民の意志を基盤とした施策展開を図ることを目的としている。前者の目的にかかわる具体的な事業として、「水源環境保全・再生かながわ県民会議」（以下、県民会議）の設置が行われた。県民会議は、学識経験者（10名）、関係団体の代表（10名）、および公募により選任されたNPO等のメンバーや県民（10名）の合計30名の委員で構成されている。第1回の会議は2007年5月16日に開催された[9]。

　県民会議は、あくまでも県民の意見を水源環境保全・再生の取り組みに反映させることを目的としており、何らかの政策を形成する場として位置づけられているわけではない。また、創設されて間もない現段階では、公募により選ばれた10名の委員がどのような役割を果たしうるのかが未知数である。ただ、水源環境保全・再生施策の評価や見直しにかかわる議論を行う場合、県民からの公募による委員も専門的な知識を学習する必要があるだろう。実際、そのような学習の機会を設けることも検討されているという。水源環境税のような財源調達型の税の場合、税収を用いて実施される各事業が目的の実現に充分寄与しているのかという観点から施策を監視することが極めて重要である。このような税収の使途に対する監視機能という役割を県民会議が果たしうるようになるためには、専門的知見の習得などを通じて委員の評価能力の向上を図ることが不可欠である。

III　参加から討議へ——むすびに代えて

　日本では、地域環境政策の意思決定における公衆の参加の実践は緒に就いたばかりであり、今後多くの事例が蓄積されていくことが期待される。また同時に公衆の参加が質的にも発展していくことが望まれるが、この点に関連して次のような指摘をしておきたい。1990年前後より、市民社会における討議が民主主義の安定と発展にとって重要であるとの認識から、討議民主主義（deliberative democracy）に関する議論が盛んに行われている（篠原 2004）。討議民主主

義は、すべての市民が政治論議に参加し発言する資格を持つこと（inclusiveness）、および互いに制約されず自由な立場で意見表明を行い、それを互いに聞きあうこと（unconstrained dialogue）を基礎的な条件とする。討議民主主義については、合意を形成することよりも相互理解（mutual understanding）を深めることをめざすという性格を持っているため、集合的選択や意思決定のルールに関する理論を欠いているといった批判もある。しかし最近では、環境政策の意思決定に関して、討議民主主義に基づく制度モデルも提示されている（Smith 2003）。こうした研究動向の背景には、政策形成過程への公衆の参加を保障するだけでは充分ではなく、そこにおいて質の高い議論が行われなければならないという問題意識がある。正確かつ充分な情報を提供されたうえで有意義な討議が行われるならば、参加者の能力向上につながるような学習効果も期待できるだろう。神奈川県における県民会議設置の成果についても、長期的にはこうした観点から評価がなされなければならない。また、政策形成過程への参加者の能力向上は、効率・衡平・環境効果といった多様な視点から制度設計のあり方を議論することを可能にし、結果として創意工夫が凝らされた独自の環境政策を創出することにもつながっていくと期待される。その意味で、地方自治は、参加や討議の試みという点で民主主義の実験室であると同時に、環境政策の実験室としての機能も有しているのである。

　米国の州・自治体では、既存の直接規制体系を初期条件とした状態で排出権取引を導入することにより、自己利益の追求と水質改善という公共利益の達成とが矛盾しないような水質管理制度の構築が可能となった。この場合、利害関係者の「選好」に変化が生じたのではなく、水質汚濁物質排出権取引の導入に伴い水質管理をめぐるゲームが変更され、これにより利害関係者の「利得」が変化したものと解釈できる。一方、上で述べた討議民主主義は、選好の変化がもたらされることを予定している。すなわち、討議民主主義は、政治制度を単なる自己利益の集計装置とみなすのではなく、公共的な事柄に関する理性的な議論を通じて選好が変容され合意形成に至るというプロセスを強調するのである（山崎 2007）。このような視点は、選好を所与のものとして分析を行う近代

経済学の理論的枠組みと鋭く対立する。しかし、環境資源の価値に関する評価額をアンケートにより住民から直接聞き出す手法（表明選好法）である仮想市場法（Contingent Valuation Method）やコンジョイント分析にかかわる研究領域では、環境に対する選好が討議を通じてどのように形成され、また変容していくのかという点に注目が集まっている[10]。ミクロ経済学の消費者行動理論に基礎を持つ環境評価手法においてこうした研究課題が提示されているという事実は、討議が経済理論の拠って立つ基盤にとって無視しえない課題を突きつけていることを示唆している。これは今後取り組まれるべき極めて挑戦的な論点であるといえよう。

注

1) 本節の内容は、拙著『排出権取引制度の政治経済学』（有斐閣、近刊予定）第7章および第8章に基づいている。
2) 括弧内の記述は著者が補足したものである。
3) 点汚染源（point sources）とは、民間工場や公共下水処理場からの排水など、汚濁物質排出の場所を特定・識別することが可能な排出源である。なお、後に言及する非点汚染源（nonpoint sources）とは、農業や鉱業、建設などの活動に伴う汚濁物質排出のように、面的な広がりを持った発生源を意味する。
4) U.S. EPA, *Water Quality Conditions in the United States : A Profile from the 2000 National Water Quality Inventory*（http://www.epa.gov/305b/2000report/factsheet.pdf ［accessed February 14, 2005］）を参照。
5) このガイドラインについては EPA ウェブサイト（http://www.epa.gov/owow/watershed/trading/tradingpolicy.html ［accessed August 30, 2007］）を参照。
6) 投資ファンド方式は、世界銀行による炭素基金や、日本政策投資銀行と国際協力銀行により設立された日本温暖化ガス削減基金など、京都議定書第6条および第12条の規定を活用した温室効果ガス排出削減クレジットの国際的移転メカニズムにおいて採用されている。この仕組みは、投資ファンドがクレジット獲得を望む先進国の企業などから集めた資金を発展途上国や移行期経済諸国などにおける排出削減プロジェクトに投資し、このプロジェクトの実施によって得られたクレジットを出資者に分配するというものである。
7) 本節の内容は、神奈川県庁へのヒアリング調査によって得られた情報や資

料を基にしている。なお、この調査は科学研究費補助金（特定領域研究：課題番号18078005）による助成を受けて行われた。

8）ただし、地方環境税がすべて法定外目的税という形で導入されているわけではない。高知県の森林環境税や、以下で述べる神奈川県の水源環境税は、県民税に対する超過課税という方式を採っている。

9）県民会議の設置要綱や議事録は、神奈川県庁のウェブサイト（http://www.pref.kanagawa.jp/osirase/mizusigen/suigenkankyo/kenminkaigi/gaiyou.html［accessed August 30, 2007］）で公開されている。

10）例えば、MacMillan and Hanley（2003）、笹尾・柘植（2005）を参照。また、Sen（1995）は、所与の選好の下で経済主体が自己利益を最大化するという、伝統的な社会的選択論や公共選択論で採用される理論的前提から脱却し、公衆の討論を通じて価値形成が行われるという側面を重視すべきであると論じている。

参考文献

北村喜宣（1992）『環境管理の制度と実態――アメリカ水環境法の実証分析』弘文堂。

笹尾俊明・柘植隆宏（2005）「廃棄物広域処理施設の設置計画における住民の選好形成に関する研究」『廃棄物学会論文誌』Vol.16, No.4, pp.256-265。

篠原一（2004）『市民の政治学――討議デモクラシーとは何か』岩波書店。

浜本光紹（2003）「直接民主主義による公共的意思決定――住民投票の意義と課題」環境経済・政策学会編『公共事業と環境保全』東洋経済新報社、pp.109-120。

山崎望（2007）「民主主義対民主主義？――ＥＵにおける熟議デモクラシーの限界と可能性」小川有美編『ポスト代表制の比較政治――熟議と参加のデモクラシー』早稲田大学出版部、pp.179-200。

Austin, S.A. (2001) "Designing a Nonpoint Source Selenium Load Trading Program", *Harvard Environmental Law Review*, 25 (2), pp.337-403.

Beierle, C.T., and J. Cayford (2002) *Democracy in Practice : Public Participation in Environmental Decisions*, Washington, D.C. : RFF Press.

Carpenter, S.R., N.F. Caraco, D.L. Correll, R.W. Howarth, A.N. Sharpley, and V.H. Smith (1998) "Nonpoint Pollution of Surface Waters with Phosphorus and Nitrogen", *Ecological Applications*, 8 (3), pp.559-568.

MacMillan, D., and N. Hanley (2003) "New Approaches to Data Collection in Contingent Valuation", *AERE Newsletter*, 23 (12), pp.23-26.

Ostrom, E. (1990) *Governing the Commons : The Evolution of Institutions for Collective Action*, New York : Cambridge University Press.

Putnam, R.D., R. Leonardi, and R.Y. Nanetti (1993) *Making Democracy Work : Civic Traditions in Modern Italy*, Princeton : Princeton University Press. (河田潤一訳 (2001)『哲学する民主主義——伝統と改革の市民的構造』ＮＴＴ出版)

Rothstein, B. (1996) "Political Institutions : An Overview", in : R.E. Goodin and H.-D. Klingemann, eds., *A New Handbook of Political Science*, New York : Oxford University Press, pp.133-166.

Sen, A. (1995) "Rationality and Social Choice", *American Economic Review*, 85 (1), pp. 1-24.

Smith, G. (2003) *Deliberative Democracy and the Environment*, London : Routledge.

U.S. Environmental Protection Agency (U.S. EPA) (2001) *The United States Experience with Economic Incentives for Protecting the Environment*, EPA-240-R-01-001.

Woodward, R.T. (2003) "Lessons about Effluent Trading from a Single Trade", *Review of Agricultural Economics*, 25 (1), pp.235-245.

Woodward, R.T., and R.A. Kaiser (2002) "Market Structures for U.S. Water Quality Trading", *Review of Agricultural Economics*, 24 (2), pp.366-383.

Young, T.F., and J. Karkoski (2000) "Green Evolution : Are Economic Incentives the Next Step in Nonpoint Source Pollution Control ? ", *Water Policy*, 2, pp.151-173.

Zander, B. (1991) "Nutrient Trading—in the Wings : The Phosphorus Club Recommended the Dillon Bubble ", *EPA Journal*, November/December, pp.47-49.

第 7 章　エコツーリズムの経済分析
―― コモンプールアプローチ

伊佐良次・薮田雅弘

はじめに

　1992年の地球サミットを契機に観光と環境保全の両立の重要性が認識され、さらに2002年の国連「国際エコツーリズム年」以降、エコツーリズム (Ecotourism) が世界的に展開されつつある。特に、経済発展を政策の中心に置く開発途上国は、豊かな自然資源を活かしエコツーリズムに積極的に取り組んでいる[1]。

　しかし、ブームともいえる活発なエコツーリズム展開の実態をみると、環境保全、あるいは地域経済・社会の発展に必ずしも十分寄与していない事例がみられる。要因として、地域と政府との連携不足や、地域産業及び地域住民のエコツーリズム展開への参画が不十分な点などがあげられる。こうした問題の背後には、そもそも観光がエコツーリズムとして存立するための諸原則のいくつかを欠いている可能性が考えられる。観光がエコツーリズムとして地域の環境保全と地域経済・社会の発展に積極的な貢献を果たしていくためには、現在展開中のエコツーリズムを、諸原則に照らして検証し、原則に適合していない点については有効な対策を講じていく必要がある。しかし、個別事例の成否には個別事情が色濃く反映しているため、ともすれば個別の問題提起にとどまる懸念があった。今後世界で更に推進されるであろうエコツーリズムを成功に導くためには、問題を一般化し、問題解決への知見を共有していく必要がある。

エコツーリズムの定義をめぐっては、これまでさまざまな議論が展開されているが、いまなお統一されたものは存在しない。薮田・伊佐 (2007) は、地域環境資源を排除不能で競合性の高いコモンプール財としてとらえ、WWF 等の基準をベースに、エコツーリズムを 8 つの原則によって定義した。本章では、コモンプールアプローチによるエコツーリズムのモデル分析を行った上で、事例相互の比較に必要なエコツーリズムの 8 原則を論じる。

I　エコツーリズムをめぐる議論と定義

1　エコツーリズムをめぐる議論

Page and Dowling (2002) によると、「エコツーリズム」という用語が一般化したのは1980年代のことである[2]。今日では、エコツーリズムのほかにもさまざまな用語が登場し、使用されている。例えば、「ネイチャーツーリズム」、「アドベンチャーツーリズム」、「オルタナティブツーリズム」「サステイナブルツーリズム」、「レスポンシブルツーリズム」、「グリーン・ツーリズム」などである。その多くは、自然環境とツーリズムを地域の均衡ある発展と持続可能性に留意して論じられてはいるが、中心となるポイントなどが少しずつ異なる。例えば、「ネイチャーツーリズム」は、自然、生態系の持続可能性および環境教育等を含むツーリズムの一形態であり、いわゆるエコツーリズムを包含する（たとえば、Page and Dowling (2002) を参照）。また、農林水産省が推進する「グリーン・ツーリズム」は、都市住民が農山漁村に滞在して行う余暇活動を意味し、環境保全の側面はやや薄い[3]。

2　エコツーリズムの定義

エコツーリズムについての統一された定義はないが、以下エコツーリズムに関する代表的な定義をみておこう。

(1)オーストラリアの自然およびエコツーリズム認定プログラム (NEAP) による定義

エコツーリズムを「自然環境や文化の理解、評価およびそれらの保全を促進するために、自然地域での経験に主たる力点を置く持続可能なツーリズム」と定義している。

この定義に従えば、エコツーリズムは、自然や文化遺産の保全への積極的な関わり、あるいは持続可能性のために個人あるいは少人数で行う観光といったイメージが想起される。しかし、こうした教育的側面を伴う観光が、直ちにエコツーリズムになるわけではない。エコツーリズムは、特定地域の自然環境や文化財を素材にしながらも、同時に地域の厚生水準の拡大に寄与すべきである。その意味では、地域の人々の積極的な参加と管理などが要請される。つまり、「持続可能なツーリズム」は「エコツーリズム」のための必要条件ではあるが十分条件ではないのである。

(2) WWF（世界自然保護基金）の持続可能なツーリズムに関する基本原則

WWFの基本原則を列挙すれば、①持続可能な資源利用、②過剰消費傾向や浪費の抑制、③自然的、社会的および文化的多様性の維持、④ツーリズムの地域計画への内包化、⑤地域経済の維持、⑥開発や環境保全面での地域共同体との連携、⑦旅行業や地方自治体、地域の様々な組織間の協働、⑧関係者、スタッフの教育、⑨観光客への十分な情報開示にもとづくマーケティング、⑩適切かつ十分なデータにもとづくモニタリングと研究の実行、となる。基本原則によれば、エコツーリズムが、なによりもまず地域の自然環境や文化などの利用可能な資源によって制約を受けていること、またツーリズムの展開が地域での管理・運営システムの下に行われるべきであるとする点は、きわめて重要な示唆を与える。その意味で、WWFの持続可能なツーリズムに関する定義は、エコツーリズムにとって必要な概念をほぼ網羅しているように思われる。

(3) 国際エコツーリズム・ソサエティ（TIES）による定義

エコツーリズムを「環境を保全し地域の人々の福祉水準を向上させる自然地域への責任ある旅行」と定義している。この定義には、環境保全と地域経済の発展に関して明確なメッセージが含まれている。ただし、定義の中で観光産業としてのエコツーリズムの位置づけが明確ではない。

(4)日本の「エコツーリズム推進法」(平成19年6月制定、平成20年4月施行) による定義（同法第2条）

　エコツーリズム推進法は、エコツーリズムを通じて自然環境の保全、観光振興、地域社会・経済の発展および環境教育を推進しようとするものである。同法では、「エコツーリズム」を「観光旅行者が、自然観光資源について知識を有する者から案内又は助言を受け、当該自然観光資源の保護に配慮しつつ当該自然観光資源と触れ合い、これに関する知識及び理解を深める活動」と定義している。この定義はエコツーリズムにとって必要な概念をかなり含んでいるといえるが、無形の観光資源が法律の保護の対象（「特定自然観光資源」）外であることや、環境保全についての踏み込んだ施策形成手順が示されていないなどの面が見られる。

II　エコツーリズムの定義——コモンプールアプローチ

1　コモンプール財としての地域環境資源

　エコツーリズムは、地域開発を環境保全や地域厚生の維持といった側面との両立を図りながら実現させる産業政策の一つであると考えられる。ところで、藪田（2004）で展開されたように、エコツーリズムの利用する地域資源については、さまざまな「幸」（使用価値や景観などの存在価値）を生み出す価値も生み出すと考えられる。しかし、これらの価値の過剰利用は、実は、通常のフローとストックの関係にあるように、地域資源のストックの減少、ならびにフローである「幸」の減少ももたらすと考えられる。このように、エコツーリズムは、地域環境資源の影響を受けると同時に地域環境資源へも影響を及ぼす。

　これまで、過度の開発がもたらす環境破壊や地域への影響が問題視されてきたが、なぜ、このような問題が生じるのであろうか。われわれは、このような地域資源の問題を考える場合に、以下に述べるコモンプールアプローチをとることが基本的に重要であると考える。つまり、地域資源をコモンプール財として理解し、その性質とそれをコントロールする必要があると考える。この点を

簡単に見ておこう。まず、地域資源は、誰でも使用できる（非排除的）と同時に、誰かの利用が他者の利用を妨げる（競合的）性質を有するという意味で、コモンプール財（Common Pool Resources；CPRs）とみなしうる。こうしたコモンプール財としての地域資源については、社会的に効率的な水準（パレート均衡）に比べて過剰に使用される水準（コモンプール均衡）となる可能性（コモンプールの外部性）がある。すなわち、観光事業者の限界純便益がゼロ（限界収入＝限界費用）のところで観光サービスの供給量、すなわち地域環境資源の使用量が決定されるのではなく、平均純便益がゼロのところで使用量が決定される可能性がある。また、地域環境資源の再生水準を上回るような使用が行われるならば、地域環境資源は減少し、観光の魅力が低下するために、結果として地域観光需要は減少を余儀なくされるであろう。観光の持続可能性が損なわれるのである。コモンプール財としての地域資源からの使用価値や存在価値を利用するエコツーリズムには、こうしたコモンプールの外部性から発する問題等を回避するための、集団的管理や運営行為が要請されることになる。以下では、コモンプール財としての地域環境財の利用を基礎に、地域における観光開発と環境保全の両立可能性に関して検討しよう。なお、以下の議論は基本的に、藪田（2004）、藪田・伊佐（2007）に沿っている。

まず、地域が提供する観光サービスを S、地域環境財（地域環境資源の「幸」）の利用（投入）水準を R とすると、地域の生産関数は、

$$S = S(R, u) \quad \partial S/\partial R > 0, \ \partial^2 S/\partial R^2 < 0, \ \partial S/\partial u > 0 \qquad (1)$$

となる。ただし、ここで、観光サービス生産に及ぼすその他の要因を u で代表させている（u には、交通インフラの整備状況、アクセスの容易さなどの基礎的な観光基盤が含まれるであろう）。他方、観光サービス生産にかかる費用 C^S は、

$$C^S = wR + C(u) \tag{2}$$

で表されると考える。w は地域環境財の利用価格であり、(2)の第 2 項は一種の固定費用を表していると考えている。観光サービス部門での純便益 π は、

$$\pi = pS - C^S = pS(R, u) - [wR + C(u)] \tag{3}$$

となる。ここで、観光サービスの平均価格を p としている。言うまでもなく、社会的には π を最大化するような R が決定される必要がある。(3)より、社会的に最適な地域環境財の利用水準 R^* は、

$$p \times \partial S / \partial R = w \tag{4}$$

を満たす。(4)は、観光サービスの限界収入価値が限界費用に等しいことを表している。ここでの問題は、地域環境財の利用に関して(4)が成り立つとは限らない点である。つまり、最適な地域環境財の利用水準 R^* を越えた過剰利用が進む可能性がある。これを図 1 で説明しよう。図 1 では、収穫逓減する観光サービス収入 pS と費用関数 C^S が描かれており、$R = R^*$ は、費用関数の傾き ((4)の右辺) が収入関数の傾き ((4)の左辺) に等しい点 A で実現されている。すでに述べたように、地域環境財がコモンプール財であれば追加的な利用者を排除できない。このとき、新たな利用 ΔR によって、地域全体の平均純便益は直線 C-A から直線 C-B の勾配へと低下するものの依然として正の値をとるために、新規の利用を促してしまう。この傾向は平均純便益が正である限り継続し、それがゼロになるとなる点 D ($R = R^c$) まで続く。言うまでもなく点 D では、

$$pS(R, u) = [wR + C(u)] \tag{5}$$

図1　コモンプールの外部性

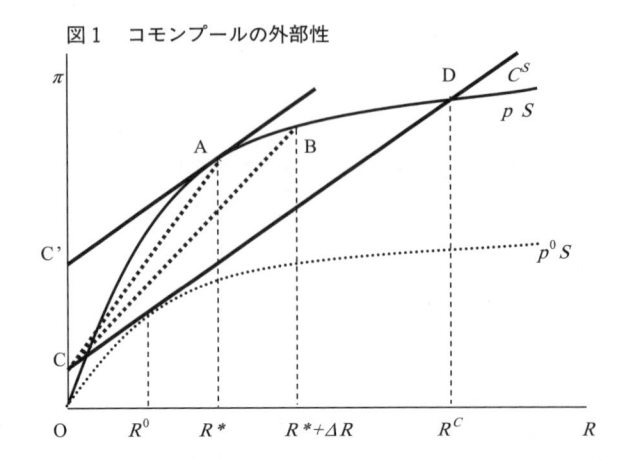

が成り立っている。

　このように、コモンプール財としての地域資源は、社会的に効率的な水準に比して常に過剰に利用される傾向がある。これは、一般に「コモンプールの外部性」と呼ばれる現象であり、この問題を解決するためには、地域資源を利用する活動について、何らかのコントロールが必要であり、そのための一つの施策が、地域の主体による参加型の適切な管理・運営であるとする考え方が、コモンプールアプローチに他ならない。

2　コモンプールの外部性とその回避

　ところで、「エコツーリズム」が、その様々な定義にもとづく概念の相違はともかく、適切なコモンプール財の管理・運営に基づいて遂行されるべきであるとすれば、コモンプールの外部性はどのようにして回避されるべきであろうか。

　コモンプールの外部性を回避するためには、二つの方法があることが容易にわかる。一つは、地域環境資源の利用に関して、経済的インセンティブを与えることである。もう一つは、地域環境資源の利用を制限するための管理・運営ルールを構築することである。この場合、最初のものは次のような経済的手段

で実現できる。形式的には、(5)において

$$pS\ (R^*, u) = [w^*R^* + C(u^*)] \tag{6}$$

が成り立つように、適切な税制度の導入によって、(6)を満たすように、w^* ないし u^* を適切に設定できればよい。これらの施策を通じて、図1で示されているように、直線 C-D の勾配を C-A の勾配に上昇させるか、あるいは直線 C-D を直線 C'-A に上方シフトさせることで、(6)の実現が可能になる。現実的には、固定資産税や開発利益に対するキャピタルゲイン課税、あるいはレンタカーやホテルの利用、観光地へのエントリーなどの観光サービスに対する課税が考えられる。

これに対して、地域で利用される地域資源を直接的に管理・運営しようとする考え方が、Ostrom 他 (1994) や Wade (1987) によって提唱されている、地域における協働的な管理・運営システムである。これは、地域環境財の利用について利用の範囲や程度を制限・規制するルールを設定し、それを遵守させるためのモニタリングやペナルティのルールをあらかじめ設定することによって、(6)を実現しようとするものである。

3 持続可能な観光の論理

前項でみたように、コモンプールの外部性を回避するためには、税を中心とした経済的インセンティブを活用するか、地域の共同的管理・運営システムを構築するかのいずれかが必要であるが、(6)で示されているように、実現される地域環境財の最適な利用水準は、あくまでもフローとしての「幸」である。過度の地域資源の利用がもたらす弊害は、実は、むしろ地域資源のストックへの影響である。過度のフロー量の利用は、実は地域資源のストック量の減少をもたらし、それが利用可能な「幸」の量を減少させることで、地域開発が反って開発自身の失敗と地域経済、社会の疲弊をもたらしうるのである。したがって、ストックとしての地域資源の保全と両立可能な地域開発とはどのようなもので

あるかを考える必要がある。

すでにフローとしての地域環境財の利用水準については検討した。本項では、地域資源の利用水準とストックの関連性を検討しておこう。

ここでは、単純化のために、地域環境財 R と地域資源ストック N について、

$$\varDelta N = H(N, v) - R, \tag{7}$$

を仮定する。つまり、N はその「幸」の利用によって減じられる（(7)の右辺第2項）が、反面それ自身は再生能力 H を持っていると考える。その形状は、個々の地域資源によって異なるものになると考えられるが、ここでは、

$$H(N, v) = vN(N - N_0) \tag{8}$$

を想定しよう。ただし、v は地域資源の再生能力に関するパラメータである。

図2は、地域環境財の利用水準と地域環境資源の関係を描いている（ただし、図2の第2象限は図1の軸を転換したものであり、第1象限は(7)と(8)を示している点に注意)。再生関数の頂点は、地域資源を減ずることなく最大の地域環境財の「幸」の利用を可能とする水準であり、これが地域のコモンプール財の最大利用水準である。図2を用いれば、地域資源の持続可能な利用水準を考えることができる。

言うまでもなく、持続可能な観光は、地域資源やその利用を適切に管理・運営することによって、持続的な観光サービスの展開を行ない、かつ地域厚生の発展に寄与するものであると考えられる。したがって、地域資源の再生能力が十分に保たれていること、また、地域環境財の利用水準がコモンプールの外部性を回避できるほどに相対的に過少になっていること、などの条件が満たされなければならない。図2でいえば、再生能力が不十分で破線（第1象限）が示すような低位なものである一方で、地域環境財の利用が過剰（点 b）であれば、観光サービスの供給水準は高い（$S = S^c$）ものの、地域資源は継続的に減少し

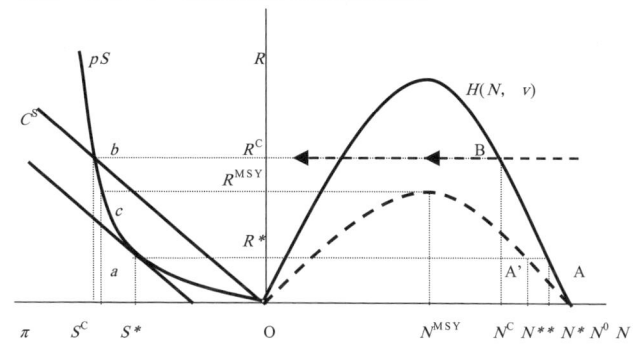

図2　コモンプール財の利用と地域環境資源

疲弊し続ける（第1象限の左矢印）。この場合、地域の持続的な観光開発は $R \leqq R^{MSY}$ という制約を受けている。地域は、まず、その地域資源の再生能力を把握し、その再生能力の範囲内でコモンプールの利用に関して適切な管理・運営ルールの設定を行う必要があると考えられる。

以上のように、持続可能な観光については、地域資源の再生能力という制約の下で、その利用水準ならびに観光サービス生産を最大化するという意味で、制約つき最適化問題を解く形で展開されるべきであると言える。

観光に関しては、理論モデルによって精緻な議論が展開されているわけではないが、以上のような考え方に沿って地域におけるコモンプール資源の適切な管理・運営に関する議論が行われている。Steins & Edwards（1999）は、すでに、エコツーリズムをコモンプールの管理・運営問題に帰着させている[5]。他方、Bosselman、Peterson & McCarthy（1999）も、地域における観光政策遂行に関してコモンプールアプローチの重要性を論じている。とくに、Briassoulis（2002）は、持続可能な観光開発について、コモンプール資源の管理形態としてのコモンズに着目した分析を行っており、観光コモンズ（Tourism Commons）という用語を提案した。観光の背後にあるコモンプール財を、自然や文化に限らず、広く交通や様々な団体などを含む概念として把握し、これらの退化がもたらす経済や環境、さらに地域社会や顧客満足の衰退状況を「観光コモンズの悲劇」と呼んでいる。また、その発生要因としては、観光コモンズの規模、属性、利

用の多様性、フリーライドの状況、悲劇の累積性、即時的なインパクト、観光需要の変動性、資源所有の状況などがあるとしている。その理論的な枠組みは別にしても、コモンプールアプローチに基づく観光の分析が進んでいると考えられる。

ところで、以上の持続可能な観光については、なお残された課題がある。それは、観光関連の地域資源の利用に関してもたらされるコモンプール均衡やパレート均衡などが、必ずしも地域全体の厚生水準を最大化する保証がないという点である。すなわち、持続可能な観光であるからといって、これが直ちにエコツーリズムを保証することにはならないと考えられる。ここに「エコツーリズム均衡」という新たな概念の構築とその実現を求める根拠がある。その準備として、観光サービスに関する需要を定式化し、次項でその市場均衡を明らかにする。

現実の観光サービス生産はサービス消費の同時性から観光サービス需要によって決まり、需要弾力的な生産調整が行われることになる。一般に、観光支出を行う動機は、自然環境や文化資源について非日常性を観想させる豊富な地域資源があるからであろう。とりわけエコツーリズムの場合には、当該観光地が観光客に対して十分な環境、文化資源を提供できるかが最も重要な要素となることは言うまでもない。もちろん、消費者がどれほどの観光サービス需要を行うかについては、顧客の支出能力（所得）が最も強い制約条件になっている。こうした点を考慮して、まず観光サービスに対する需要行動を定式化しよう。

議論の単純化のために、2つの地域（$i=1$ を分析対象とする観光地、$i=2$ をその他の地域）を考える。また、当該観光地の観光客に関しては域外（県外）の観光客のみを分析の対象としよう。その他地域に居住する消費者の総所得を M、そのうち観光支出の割合を α とし、この第 i 地域への観光サービス需要を D_i、p_i を地域 i で供給される観光サービスの価格としよう。その他地域の消費者の観光サービスに関する効用関数についてコブ・ダグラス型を想定すれば、観光サービスに対する最適な消費計画は、

$$U = U(D_1, D_2) = D_1^{\theta} D_2^{1-\theta} \to \max \quad \alpha M = p_1 D_1 + p_2 D_2 \tag{9}$$

の解として与えられる。(9)の問題を解けば、当該観光地の域外からの観光需要 D_1 は、

$$D_1 = \frac{\alpha M}{p_1} \theta(N) \tag{10}$$

となる。(10)が示すように、当該観光地への観光サービス需要は、他地域全体の観光サービス支出、当該観光地の観光サービス価格のほか、当該観光地の相対的な魅力を示すパラメータである θ ($0 < \theta < 1$) に依存している。θ の決定については多くの要因が関わっているであろうが、当該観光地が、観光地としての固有の文化や自然環境をどれだけ提供できるかという点に依存していることは明らかである。ここでは、この地域固有の観光地としての魅力度を単純に、$\theta = \theta(N)$, $\theta' > 0$, $\theta(0) = 0$ で表そう。

以上の点を考慮すれば、当該地域における域外観光サービス需要は、

$$D = D(p, N; \alpha, M), \quad \frac{\partial D}{\partial p} < 0, \quad \frac{\partial D}{\partial N} > 0, \quad \frac{\partial D}{\partial \alpha} > 0, \quad \frac{\partial D}{\partial M} > 0 \tag{11}$$

で与えられる（ただし、記法の便宜のために添え字は略記している）。

4 観光サービス市場

すでに、当該観光地における観光サービス生産は地域環境財を投入財として用いて行われること、それがコモンプール財の性質を持つ場合には過剰に利用される傾向があること、地域環境財の過剰利用が当該地域の環境資源ストックの疲弊を促す傾向を持つことを明らかにした。(5)で与えられるコモンプール均衡をもたらす供給関数を

$$S = S(p; u, w), \quad \frac{\partial S}{\partial p} > 0, \quad \frac{\partial S}{\partial u} ?, \quad \frac{\partial S}{\partial w} < 0 \qquad (12)$$

と表記しなおそう[7]。他方、(4)で与えられる社会的に最適なパレート均衡をもたらす供給関数 S^* は、

$$S^* = S^*(p; u, w), \quad \frac{\partial S^*}{\partial p} > 0, \quad \frac{\partial S^*}{\partial u} < 0, \quad \frac{\partial S^*}{\partial w} < 0 \qquad (13)$$

と書くことができる。

所与の生産関数の下で、コモンプール均衡とパレート均衡が一致する価格水準 p^0 が存在し、そのときの地域環境財の投入水準と観光サービス生産は、それぞれ R^0, $S(R^0, u)$ となる（図1を参照）。また、同一価格水準の下では常に $S \geqq S^*$ であることに注意すれば、エコツーリズム市場の需要と供給の関係は、図3のように表すことができる。

言うまでもなく、エコツーリズム市場での一時的なコモンプール均衡は図3の点 A (p^c, S^c) で表され、社会的最適な均衡点 P (p^*, S^*) との乖離が生じている。図2のところで説明したように、点 B における地域環境財の利用が地域環境資源の再生水準を上回るようなレベルであれば地域環境資源は減少するので、(11)の符号条件が示すように、当該地域への観光需要は減少する（つまり、図3における需要関数は D から D^* へ左下方にシフトする）。繰り返しになるが、当該地域の観光サービス業が持続可能な産業として展開できるためには、実現された地域環境財の投入が、その最大持続可能水準を下回ることが必要である。

5　エコツーリズム均衡の実現

環境制約のもと、観光による地域開発を進める上で、本質的な問題は、地域の人々がエコツーリズムを通じて何を実現するかである。ここでは、地域の人々は、エコツーリズムの実現によって、将来世代の厚生を損なうことなく、現在世代の厚生を最大化することを目指すと考えよう。豊かな地域資源の保全

第7章　エコツーリズムの経済分析　175

図3　観光サービス市場の均衡

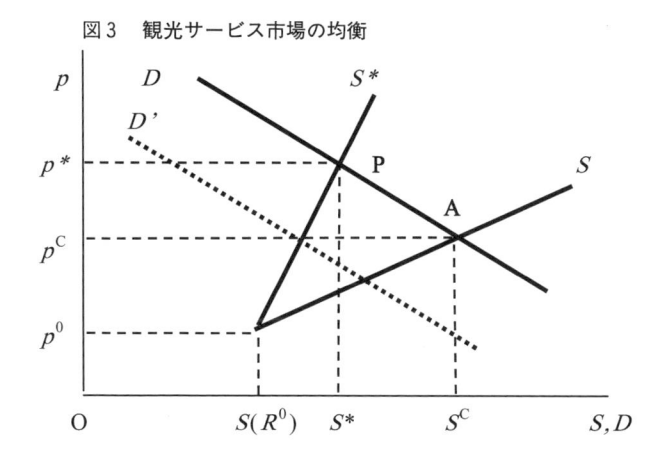

と所得の創出、生活の場の確保がエコツーリズムに求められている。

　以上の点を考慮して、エコツーリズム均衡を以下のように考える。まず、コモンプール均衡やパレート均衡については、たとえ資源の再生能力を考慮して資源が利用され持続可能性が保証されたとしても、それらは観光サービスの面から考慮された均衡であって、その実現が必ずしも地域の人々の厚生水準の最大化をもたらすとはかぎらない。実際には、地域の観光展開が、観光業などの産業の利益にはなっている反面、地域の人々にとって必ずしも望ましい状況をもたらすとは限らない状況がある。つまり、「持続可能な観光が、そのままエコツーリズムである」というわけではないのである。その意味では、エコツーリズムは、観光地としての魅力ある地域資源を提供すると同時に、そこで生活する人々も地域からの便益を十分に享受できるような観光である必要がある。ときに観光迎合的で地元住民を無視した開発は「エコツーリズム」とは言えない。

　以上のことから、エコツーリズム均衡は「地域における地域資源の再生能力制約のもとで、地域住民にとって最も望ましい地域環境と地域開発の組み合わせを実現し、かつ観光業のパレート均衡を実現させる持続可能な地域環境財の利用水準である」と定義できる。図2でいえば、第1象限の資源の再生能力関

数上の点で、地域の人々の厚生を最大化させる資源の利用水準がエコツーリズム均衡であり、それを実現するために、コモンプール財の適切な管理・運営（第2象限）が必要である。このような考え方は、次のように最も単純な形で定式化できる。すなわち、地域の人々がもつ地域厚生関数 W

$$W = W(N, R) \tag{14}$$

について、(7)のもとで

$$\int_0^\infty W(N, R) e^{-\rho t} dt \tag{15}$$

を最大化させる R を求める問題である。ここで、ρ は社会的割引率である。一定の条件の下でこの最適問題を解けば、均衡では、

$$\rho = H_N + \frac{W_N}{W_R} = H_N + MRS_{RN} \tag{16}$$

が成り立つ。ただし、(16)の右辺第2項の MRS_{RN} は、地域環境財の地域環境資源に対する限界代替率を表している。図2を援用して説明すれば、図の第1象限において、点Bの実現によって地域厚生水準の最大化が実現できる（ただし、それに対応して第1象限にある R の適切な管理・運営が求められることは言うまでもない）。

ところで、先に論じた「エコツーリズム均衡」を要約すれば、(1)持続可能性の実現、(2)観光業の地域観光資源利用に関するパレート均衡の実現、(3)地域厚生水準の最大化、であった。コモンプールアプローチの対象とする地域資源は、とりわけ観光面から考えた場合重要な地域観光資源は、言うまでもなく、自然環境であり文化や歴史関連の資源である。したがって、エコツーリズムをより厳密に定義すれば「地域の人々が、地域の自然、文化などの地域資源を保全しつつ、それを利用しながら主導的に観光サービス業の便益を含めた地域全体の

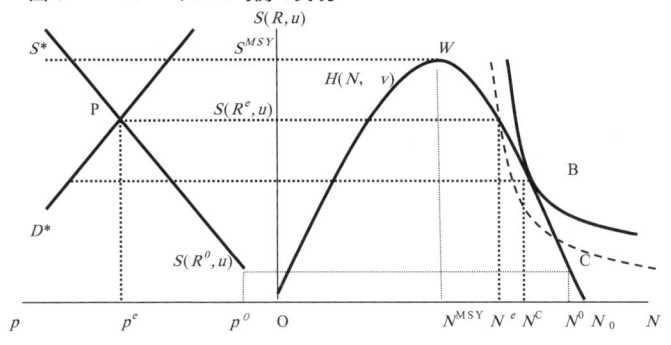

図4　エコツーリズム均衡の実現

厚生水準を最大化する持続可能なツーリズム」であると考えられる（この点については、藪田・伊佐〔2007〕参照）。

6　エコツーリズムの理念と構造

コモンプールアプローチによる新たに定義されたエコツーリズムは図5のような理念と構造を持つ。

エコツーリズムは、「観光」、「地域発展」、「環境保全」のトライアングル構造を持ち、相互に関係しあっている。これらの関係が維持され向上するために

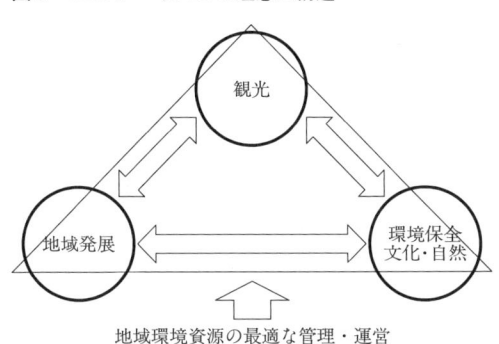

図5　エコツーリズムの理念と構造

（出所）藪田・伊佐（2007）

は、地域環境資源の最適な管理・運営が必要とされるのである。エコツーリズムは、まず地域の産業である観光業として位置づけられるべきである。また、そこには地域の人々の主体性や先導性が機能している必要がある。さらに、なによりも地域の自然環境や文化・歴史などの資源がよく保全されていなければならない。

7 エコツーリズムの8原則

新たに定義したエコツーリズムの理念と構造を踏まえ、エコツーリズムが機能するための基本原則を提示すれば表1のとおりである。

これらの原則を敷衍すれば次のとおりである。エコツーリズムを遂行するにあたっては、まず観光資源利用の持続可能な最大水準を測定しなければならない。その上で、観光が、持続可能な水準や地域の環境的多様性を阻害しないように、利用ルールを確定する必要がある[10]。観光の地域発展への寄与の観点からは、地域の厚生水準最大化のために、地域住民の参加や観光開発に携わるステークホルダーとの連携が重要となる。さらに、エコツーリズムが産業として発展するためには、適切なマーケティングが欠かせない。そして、こうした活動は、計画の実現や持続可能性維持の観点から常にモニタリングされ、その結果が公表されなければならない。

おわりに

本章では、経済理論的な視点からエコツーリズムを定義し、8つの原則を明らかにした。

最後に、残された課題について触れておきたい。本章の主目的はモデル分析を踏まえた上で、エコツーリズムの定義を8つの原則によって明らかにすることであった。今後は、この原則を世界各国の具体的事例に当てはめて評価可能かどうかを検証したい。特に、日本各地で実施され、あるいは計画されているエコツーリズムを評価し、これらの問題点を抽出し、成功へのヒントを提示し

表1　エコツーリズムの8原則

エコツーリズム の基本原則	施策	持続可能なコモンプール財 の原則および条件
持続可能な資源利用	最大持続可能捕獲水準の推計（物理的、生態学的、社会的、環境的飽和水準および受容可能変化上限（LACs）などの測定）	明確なコモンプールの境界 持続可能な利用水準の知識
過剰消費や浪費の抑制	産業規制（政府規制、自主的規制、企業の社会的責任）、観光客管理（ゾーニング、交通規制、観光客分散など）	利用・調達ルールの確定
環境的多様性の維持	保全地域規制（国立公園、生物保護地域制定、特定領域指定など）	
地域計画策定、地域経済の維持	環境インパクト評価（費用便益分析、マテリアルバランスモデル、地理情報システム、エコラベル、環境会計など）	集団的選択の調整、紛争解決手段
地域共同体との連携、組織間の協働	審議および参加技術（情報開示、関連する会議の運営、住民行動調査、表明選好調査、デルファイ法など）	利用者集団の境界と協議ならびに相互義務の明確化
関係者の教育	観光知識および技術訓練（地域ボランティアガイド、環境教育など）	
適切なマーケティング	訪問者の管理・運営技術（観光客・業界の管理規則、条例など）	
モニタリングと研究調査	持続可能性を示す諸指標（各種持続可能性指標の作成および活用）	モニタリングと制裁規定

（出所）薮田・伊佐（2007）

ていきたい。

〔付記〕本稿は、日本経済政策学会第64回全国大会（2007年5月、慶応義塾大学）において報告したものを加筆修正したものである。

注

1) World Tourism Organization (2003), Diamantis (2004).
2) 1980年に IUCN（国際自然保護連合）、WWF（世界野生生物基金）、UNEP（国連環境計画）が「世界環境保全戦略」を発表し、これがエコツーリズムの展開の契機になった、とする見方がある。これに対して吉田（2004）は、否定的な見解を示している。
3) 「農山漁村滞在型余暇活動のための基盤整備の促進に関する法律（いわゆる「グリーン・ツーリズム法」）（平成7年4月1日施行）」を参照。
4) 一般には、最大持続可能捕獲（Maximum Sustainable Yield）と呼ばれている。

図 2 の破線について言えば、$R=R^{MSY}$ のとき、持続可能な地域環境資源 N^{MSY} が実現できる。
5) Edwards 教授は、英国ポーツマス大学エコツーリズム専攻大学院の教授であり、藪田は 2007/03 の Edwards 教授との面談で観光発展におけるコモンプールアプローチの重要性を共通認識することができた。
6) さらに、無形資源と有形資源の関係を明示し、無形資源に関する観光コモンズの悲劇の取り扱いを検討すべきであり、現実のコモンズの属性、機能、問題、および管理などを実証すべきであるとする指摘は重要である。
7) ここで、$dR/du=[p\partial S/\partial u-C']/[w-p\partial S/\partial R]$ となることに注意。この式の右辺分母は正値をとる（これは、図1においてコモンプール均衡である点Dでは、限界収入が限界費用を下回っていることによる）。一方、右辺の分子は、当該観光地の観光基盤 u について、それがもたらす限界収入（第1項）とその整備にかかる限界費用（第2項）の差を表している。その大小関係は事前的に定めることはできないので dS/du の符号も確定しない。
8) この場合、図4の第1象限において限界代替率は再生関数の勾配よりも大きくなるので、両者が一致する点Bに比して、環境資源ストックはより少なく環境資源投入水準のより高い点Eが均衡となる。
9) 巨大な固定資本をもつ観光サービス業は、地域にあって外部（外国）資本によって担われる場合が多いと考えられる。この場合、外部資本の地域管理・運営システムへの参加と地域への利益還元は、エコツーリズム実現のために必要な施策となるであろう。
10) もっとも、ルールには、罰則を伴ういわゆるハードな法律と、ステークホルダーが自発的に取り決めるソフトな法律やルールがある（Hall 2003）。地域のエコツーリズム展開にとっては、ソフトな法律・ルールの果たす役割が大きい。

参考文献

伊佐良次・藪田雅弘・中村光毅（2007）、「持続可能な観光と地域発展——アジア地域における展開可能性をめぐって」、日本経済政策学会第64回全国大会報告論文。

「エコツーリズム推進法」（平成19年6月27日公布、平成20年4月1日施行）

藪田雅弘（2004）、『コモンプールの公共政策』新評論。

藪田雅弘・伊佐良次（2007）「エコツーリズムと地域発展——理論から実証へ」

『計画行政』第30巻第2号、日本計画行政学会、pp.10-17。

吉田春生（2004）、『エコツーリズムとマス・ツーリズム 現代観光の実像と課題』原書房。

Bosselman, F., C. A. Peterson and C. McCarthy（1999）*Managing Tourism Growth*, Island Press.

Briassoulis, H.（2002）"Sustainable Tourism and the Questions of the Commons," *Annals of Tourism Research*, Vol.29, No.4, pp.1065-1085.

Diamantis, D.（2004）*Ecotourism : Management and Assessment*, Thomson Learning.

Ecotourism Australia ホームページ（http://www.ecotourism.org.au/）

Hall, C.M,（2003）"Institutional Arragements for Ecotourism Policy," Edited by Fennell, D. and R.Dowling, *Ecotourism Policy and Planning*, CABI Publishing, pp.20-38.

Ostrom, E.R.Gardner and J.Walkers.（1994）*Rules, Games and Common-Pool Resources*, University of Michigan Press.

Page, S. and R. Dowling（2002）*Ecotourism*, Pearson Education Limited.

Steins, N.A. and Edwards, V.M.（1999）, "Collective Action in Common-Pool Management: the Contribution of a social constructive perspective to existing theory," *Society and Natural Resources*, 12, pp.539-557.

The International Ecotourism Society ホームページ。（http://www.ecotourism.org/webmodules/webarticlesnet/templates/eco_template.aspx?articleid=9）

Wade, R.（1987）"The Management of Common Property Resources: Collective Action as an Alternative to Privatization or State Regulation," *Cambridge Journal of Economics*, 11. pp.95-106.

World Tourism Organization（2003）*Sustainable Development of Ecotourism ; A Compilation of Good Practices in SMEs*.

WWF（2002）『生きている地球レポート2002』。（http://www.wwf.or.jp/activity/lpr2002/）。

第III部　環境・アメニティ政策の評価

第8章　低炭素社会に向けた地方自治体における取り組み
　　　——戦略的政策形成の課題と展望

林　宰司

はじめに

　2008年1月から京都議定書の第1約束期間が開始された。京都議定書に批准している日本は、2012年までの向こう5年間の平均で温室効果ガスの排出量を1990年の排出水準から6％削減する義務を負っており、京都議定書の目標に向けて実効性を伴った地球温暖化対策が求められている。地球温暖化問題は文字通り地球規模の現象ではあるものの、その対策はローカルな規模の施策を着実に積み上げていかなければ効果は上がらない。日本政府の「京都議定書目標達成計画」では、「国民運動の展開」による施策も含まれているが、一定の削減効果を担保するような具体的措置は盛り込まれていない。

　また、2007年11月に IPCC（気候変動に関する政府間パネル）が公表した第4次評価報告書[1]は、気候変動の原因が人類による温室効果ガスの排出にあることをほぼ確実と明言し、さらに、過去100年間に地球の平均気温が前回の第3次評価報告書（2001年）の予想を上回り、0.74℃上昇したことを指摘している。これは、温暖化が着実に進行していることを示すものであり、第3作業部会の報告書は「将来の影響が少ないとされる2℃以内の気温上昇に食い止めるには、2015年までに世界の排出量を減少に転じさせ、2050年には半減させる必要がある」としている。この「温室効果ガス排出量を2050年に現状比で半減する」という目標は、既に2007年6月にドイツのハイリゲンダムで開催された G8 サミ

ットでも検討する方向で合意されている[2]。気候変動を防止するために必要な国際政策の課題は、世界全体の排出目標を温暖化抑止のために実効性ある水準に設定することである一方で、日本を含む先進国は京都議定書に定められた目標にとどまらずさらなる削減を進め、発展途上国に範を示すべく低炭素型の社会・経済構造を構築していかなければならない。低炭素型の社会・経済とは、大量消費から脱却した生活の質を求めながら、社会のあらゆるセクターで温室効果ガスの排出を最小化し、究極的には温室効果ガスの排出量を自然が吸収できる範囲内にとどめること（カーボン・ニュートラル）を目指すものである。

日本における国内対策をめぐる状況については、1998年に「地球温暖化対策推進大綱」の策定（2002年3月に改訂）、および「地球温暖化対策の推進に関する法律」の制定（2003年6月に改正）がなされ、これにより国、地方公共団体（自治体）、事業者および国民の各主体の責務と取り組みが明確にされている。「地球温暖化対策の推進に関する法律」の第8条では、「都道府県および市町村は、（中略）温室効果ガスの排出抑制のための措置に関する計画を策定するものとする」、および「計画に基づく措置の実施状況を公表しなければならない」とされている。このように、地方自治体に事務および事業に伴う温室効果ガスの排出抑制計画の策定が義務付けられたことを契機に、地方自治体においても地球温暖化防止に資する各種施策の取り組みが推進されつつある。都道府県および政令指定都市のうち、多くの自治体で地球温暖化対策地域推進計画が策定されており、いくつかの自治体では独自の先進的な対策を進めているところも見られるようになってきた。

本章は、地球温暖化問題は先に述べたように文字通り地球規模の問題ではあるが、実効性を伴った温室効果ガス排出削減のためには、ライフスタイルや都市構造、産業構造の変革といった地域に根ざした地味ではあるが着実な対策がなければならないとの観点から、地方分権化の下で地方自治体が実施すべき温暖化対策の先進事例をいくつか取り上げ、その有効性と政策設計に関する論点整理を行うことを目的とするものである。

以下、I節では国の政策と地方自治体における施策の位置付けについて確認

し、II節では低炭素社会に向けた戦略的政策形成の可能性とその手順に関して分析する。III節では先進事例を概観することによって、成功のためのブレークスルーポイントと残された課題について検討する。最後のIV節では、むすびにかえて今後の展望について述べる。

I　国の政策と地方自治体における施策の位置付け

1　国の削減政策と達成シナリオ

　日本政府の温室効果ガス削減計画は、2005年4月に公表された「京都議定書目標達成計画」（2006年6月に改訂）に基づいている。その最も新しいものは、2008年12月に開催された環境省中央環境審議会地球環境部会と経済産業省産業構造審議会環境部会地球環境小委員会の合同会合が示した「「京都議定書目標達成計画」の評価・見直しに関する最終報告（案）」に見ることができる（図1参照）。

　この報告案では、2010年度の排出量が議定書の目標達成に2,000万～3,400万トン（CO_2換算）不足すると試算している。この不足分に対して、化学・製紙・セメントなど13業界の自主的な追加削減策（約1300万トン）や、「1人1日1kg」削減に向けた国民運動の展開などで678万～1,050万トンの追加的削減効果を見込んでいるほか、3.8%分の森林吸収を含めそれでも不足する分は排出権の購入によって賄う計画を立てている。1.6%分（約1億トン）の排出権購入に必要な予算は3,000億円規模に上ると見られる[3]が、国民の合意なく排出権の購入に巨額の国税を投入することに関しては、公共政策の意思決定上の問題が存在する。このシナリオにより、計算上は京都議定書の目標にかなり近づいたように見えるが、企業や家庭における自主的な努力を前提にした数字合わせという側面があることは否めない。例えば、産業部門における削減は経団連環境自主行動計画に依存しているが、ドイツやオランダ、イギリスなどのEU諸国における協定化された自主行動計画[4]と比較すると、その効果の担保措置がないことは明らかである。また、国民運動の展開による削減についても、企業・

図1　京都議定書の目標達成シナリオ

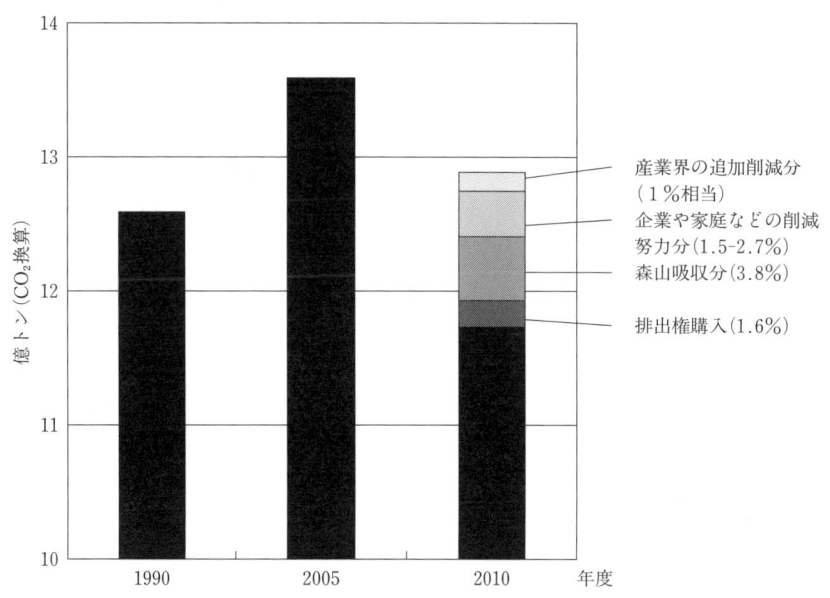

縦軸：億トン（CO_2換算）　横軸：年度

1990年：約12.6
2005年：約13.6
2010年：内訳
- 産業界の追加削減分（1％相当）
- 企業や家庭などの削減努力分（1.5-2.7％）
- 森林吸収分（3.8％）
- 排出権購入（1.6％）

出所：中央環境審議会地球環境部会・産業構造審議会環境部会地球環境小委員会合同会合（第30回）京都議定書目標達成計画の評価・見直しに関する最終報告（案）に基づき作成

国民に対する啓蒙的プロジェクトである「チーム・マイナス6％」が展開されているものの、これも一定の削減量を担保する施策ではない。

以上のような状況で、確実な削減効果を上げる施策として国内排出権取引や炭素税の導入は大いに検討されるべきであるが、既に政府の審議会で検討され、導入の構想はあるものの、産業界の反対などにより実現はそう簡単ではない。

2008年12月にインドネシアで開催されたバリ会議（気候変動枠組条約第13回締約国会議、および京都議定書第3回締約国会合）では、先進国・途上国間で2013年以降の次期枠組みに関して2009年までの交渉プロセス「バリ・ロードマップ」を開始することが合意された。実効性を伴い抜け穴のない次期の枠組みを形成するためには、抜け穴なくあらゆる国が参加することが必要条件である。バリ会議では、途上国から先進国に対して、資金メカニズムに加えて SD-PAM（持続可能な発展政策・措置）の移転が再三にわたって要求された。このことか

らも、日本をはじめとする先進国は「共通だが際ある責任」に基づいて途上国に先んじて範を示すべく、短期的に京都議定書の目標達成に終始するだけでなく、将来の枠組みを見据えた上で着実に温室効果ガス排出削減を進めなければならない。その際、重要なのは、温暖化が地球規模の問題ではあっても、基本的な問題の発生構造は公害と何ら変わらないとうことである。地球環境問題への対応は"Think globally, act locally."と言われるが、まさしく足元からの取り組みが必要である。このことからも、温暖化防止策についても、公害問題と同様に、排出の現場の情報に近い地方政府による対応が大いに期待される。しかし、一般に、地方政府による環境管理は中央政府によるものよりも弱いと考えられ、中央政府との役割の分担に加え、地方レベルでの環境管理能力をどのように育成・強化していくべきなのかについて、十分に検討しなければならない。

2　地球温暖化対策地域推進計画の現状

現在、地方自治体において実施されている温暖化対策は、大きくは次の4つに分類できる。①温暖化防止行動計画の立案や温室効果ガスの削減目標の設定など、各種施策の総合化、②庁舎内における省エネや廃棄物削減、グリーン調達などの一事業者としての温暖化防止行動、③市民に対する温暖化に関する情報の普及などの啓蒙や支援活動、④自然エネルギーの普及や廃棄物の資源化、コジェネレーションの推進、低エネルギー消費の交通システムの整備、建築物の省エネルギー化の推進など、低炭素型の社会資本整備、の4つである。

全国の市町村レベルの自治体においても、全体の約3分の1の自治体が何らかの地球温暖化対策を実施しているが、その多くは上記分類の①、②に該当する普及啓発、省エネなどを中心とする取り組みに留まっており、④に該当する先進的な対策は極めて少ない[5]。これは、規制や経済的手法を講じる権限を持つ国と比べて、自治体は条例の制定、独自の補助金・負担金、地方環境税の創設など間接的な対策をとることができるが、エネルギー対策などは国の現行制度の縛りの中で政府の政策に左右されるという、国と比較して自治体の権限が乏しいという限界を持っている。

温暖化対策の実施主体は企業や個人であり、折しも財政危機の中で財源手当が困難な状況下で将来の排出量の削減に直接の影響を与える施策の実施は困難かもしれないが、自治体が果たすべき役割はそれだけではない。低炭素型の社会資本整備を主体的に行うことによって、地域全体の温室効果ガス削減を間接的に進めることもまた非常に重要である。また、自治体では、中央官庁と比較して担当部署の垣根が低いため、対策間の有機的結合が可能であろう。このように、地球温暖化対策の多くは、財政的な面を除けば自治体主導で推進する方が実現可能性は高く、かつ国内の温暖化対策推進に果たす役割も極めて重要であるにもかかわらず、地域の温室効果ガス排出を減少させるに至った自治体は現在のところまだまだ少ない。しかしそれと同時に、独自の先進的な対策を進めつつある自治体も現れ始めている。

3　地方自治体の担うべき役割

地球温暖化問題については、問題の原因と結果が自治体という境界を越えているため、当然ながら単独の自治体の役割は自ずと制約されている。単独の自治体による温暖化対策の実効性は、国や他の自治体による温暖化対策の実効性に相当程度依存する。また、国、事業者、市民など、社会における全ての構成員による協調行動の有無にも制約されている。さらに、地球温暖化問題に関する科学的知見の進展や、国際的および国内的動向の変化による国内外の温室効果ガス削減に関する取り決めが変更される可能性も否定できないため、それに伴って自治体の計画内容や策定方針についても何らかの変更を迫られる可能性も存在する。このことも念頭に入れると、自治体における温暖化対策の取り組みが有効に進み、かつ自発的に行われるインセンティブを与えるために、国に要求されることは、積極的な取り組みを実施した自治体が後々評価されるような仕組みを整えることである。また、自治体に要求されることは、単に近視眼的に温暖化対策に終始せず、社会・経済的目標と統合された低環境負荷型・低炭素型の社会資本整備・制度設計を進めることである。

次に、自治体の置かれた外的環境は一定であるものとして、自治体内におけ

る温暖化対策の計画策定のあり方について検討したい[6]。

　まず、第1に指摘すべきことは、自治体が取り組めることと取り組めないことを区別する必要があることである。多くの自治体の計画においては、温暖化対策に関連すると思われる施策が網羅的に盛り込まれている場合が多く見られる。関連する施策を網羅的に盛り込んだだけでは、どの主体も具体的な行動を起こすには至らず、ただ単に計画を掲げただけという状況に陥る可能性がある。実質的に取り組みが困難なことは計画に盛り込んだとしても、削減には全く寄与しない。さらに、数値目標の設定においても、国の削減目標値である6％という削減率を追随しているケースが多く見られるが、このような削減目標の設定の仕方は非常に根拠に乏しい。部門ごとに異なる削減目標を設定するなど、地域の特性に対応した設定を行うべきである。

　第2は、温室効果ガスの削減量や削減率だけではなく、温暖化対策として検討している個別の施策について具体的な目標を設定すべきであるということである。温室効果ガス削減計画の帰結としての削減量は、計画に組み入れられた個別の施策の削減効果をひとつひとつ積み上げていった結果、現れるものであり、計画の目標達成は個別の施策における目標の実現が担保されてはじめて実現可能となるという点に留意すべきである。また、目標として設定されている個別の施策についてその達成度合いを把握しておくことは、将来の温暖化対策を検討する際に具体的な指針を示すとともに、将来可能性のある目標設定などの変更に伴う混乱を減らすことにもつながる。

　第3に、省エネルギー技術や省エネルギー機器の普及といった個別の対応だけではなく、国土・都市の構造的変革や人々のライフスタイルの変更を促すことが不可欠である。この点については、ほとんど全ての自治体における温暖化対策計画の中に記述があり、認識されているようであるが、そのために自治体は、事業者、市民、自治体の各主体の責務を明示するだけではなく、それぞれに対する各種支援、協調の方策を明確化し、具体的な行動目標を示す必要がある。様々な主体間にわたる利害や既得権益と関わるような問題が発生する場合もあろうが、このような問題を調整する機能を果たせる主体は、公的機関であ

る自治体以外に存在しない。自治体の担うべき役割としては、民間の主体が他の主体との協調行動計画を実行する際のコーディネーターとしての役割が最も期待される。自治体は、各主体の責務を示すだけでなく、それぞれの主体が行動を具体的に起こすためにどのような情報や支援を必要としているのかを把握し、それらを提供していくことでそれぞれの主体の行動の変革を誘発していく必要がある。そのためには、各主体の計画実施状況のモニタリングや、計画の進捗状況を指標化して公表することなどが重要となる。

4 各種施策による温室効果ガス削減の実効性

Ⅰ節で述べたように、自治体における温暖化対策は大別すると4つに分類できる。すなわち、①行動計画の立案や削減目標の設定、各種施策の総合化、②一事業者としての温暖化防止行動、③普及、啓蒙や支援活動、④低炭素型の社会資本整備、である。これらの各種施策の実施によって、具体的にどのような温室効果ガス削減効果があるかを検討すると、④の低炭素型社会資本整備の重要性が見えてくる。

①の計画立案・目標設定、および③の普及・啓蒙・支援活動は、それ自体は削減効果がなく、間接的に効果を及ぼすものである。②の一事業者としての温暖化防止活動は、具体的には庁舎の省エネ行動やグリーン調達などで、直接的排出削減をもたらすものである。規模の小さい自治体においては効果が大きいかもしれないが、東京都のような規模の大きい都市部の自治体では、一般には地域全体に占める排出主体としての自治体の削減量の割合は非常に小さなものになってしまう。④の低炭素型の社会資本整備の代表的な施策としては、a) 地域エネルギー供給・利用システムの整備、b) 地域資源循環利用システムの整備、c) 環境負荷の少ない交通システムの整備、d) 環境負荷の少ない建築物・街区の整備、などを挙げることができる。a) は、風力発電など再生可能エネルギーの利用、コジェネレーションなどで、化石燃料の消費が置き換えられることによって、従来のエネルギー消費量相当分の二酸化炭素が削減される。b) については、具体的には、家畜糞尿や生ゴミ等の堆肥化、バイオガス利用

などによる廃棄物・資源ゴミの利用、および、廃家電・廃自動車のリサイクルシステムの構築やエコタウン事業、リサイクル産業などのリサイクルの基盤整備である。資源循環によってもたらされる削減効果は、リサイクル原料の使用による製造段階での二酸化炭素削減、地域内での循環による外部からの資源移入に伴う輸送起源の二酸化炭素削減などが挙げられよう。これに加えて、物質処理過程で発生する廃熱を有効利用するコジェネレーションを推進することにより、温暖化対策としての効果はさらに増す。c）の具体策は、パークアンドライド、LRT（ライトレールトランジット、低床型路面電車）などの交通需要対策を含む交通システムの整備、およびハイブリッド車、燃料電池車などの導入による個別対策からなる。この場合、移動距離の減少による二酸化炭素削減、あるいは単位移動量当たりの二酸化炭素排出量いずれかが削減されることになる。d）は、a）、b）の施策を住宅や市街地に適用したもので、効果もそれらと同様である。具体的には、自然エネルギー利用、屋上・壁面の緑化、環境共生型住宅団地の建設や、地域冷暖房システム、ESCO（エネルギーサービスカンパニー）事業などが挙げられる。

　以上で見たように、低炭素型社会資本整備は、効果の大きさもさることながら、地域で活動する様々な主体に対して、温室効果ガス削減の意志があるかないかに関わらず、削減効果に対してプラスの影響をもたらし、各主体の温室効果ガス排出量の抑制を促進することになる。

II　低炭素社会に向けた戦略的政策形成

　I節の検討により、温室効果ガスの削減には、各排出主体の行動の変化をもたらす都市構造の変革や、人々のライフスタイルの変更を促す制度設計が必要なことがわかったが、これらは長期的なビジョンや戦略が必要であるという点で、従来のエンドオブパイプ型の対策技術のような対症療法とは性質を異にする。低炭素社会実現に向けた戦略的政策形成のためには、二酸化炭素を始めとする温室効果ガス削減という環境制約の下で、人々がどのような社会に暮らし、

どのような生活の質を望むのかが問われる。経済と環境をトレードオフの関係にあると考えるのではなく、ともに重要な課題として取り組んでいくためには、政策の意思決定過程に対する市民の参画や協働が必要である。

1　EU のサステイナブルシティ

　上記のような取り組みの端となっているのが、EU のサステイナブルシティに対する取り組みであろう。EU のサステイナブルシティは、温暖化対策に特化したものではないが、どのような社会・経済を選択し、作っていくかにおいて参考となる事例であり、ここで検討しておきたい。サステイナブルシティの取り組みは、EU 連邦政府が検討し、公表した報告書「European Sustainable Cities」[7]に基づく。この報告書には EU 域内での各都市における取り組み報告事例がまとめられているが、それらの最上位の政策目標には、市民の生活の質 (Quality of Life) の持続的な発展が掲げられている。その最上位の目標の下で、都市ごとに個別的な政策目標を具体化すればよいのである。サステイナブルシティの実践例は、LRT を活用して街作りを進めたドイツのフライブルグ市[8]や、脱化石燃料宣言をし、バイオマスエネルギーの利用を推進するスウェーデンのベクショー市[9]などのように多様であり、具体的な政策目標の例としては、経済の再活性化、失業問題の解消、政策形成プロセスにおける市民のコンセンサス、文化的多様性の維持、文化的・自然的アメニティの向上、生物多様性の保護、枯渇性資源への依存度の抑制、温室効果ガスの排出抑制、などが挙げられている。重要なことは、これらの個別的政策目標は最初から与えられているものではなく、「市民の生活の質を構成している要素は何か」を人々が集まって検討していく中で具体化されてくるものとされている点である。

　そもそも、このように EU で環境問題が経済・社会と並ぶ大きな政策課題として考えられるようになったのはなぜだろうか。EU の設立を決定したマーストリヒト条約（1992年）では、EU は「欧州市場の整備、域内社会の統合および環境保護を通じて経済的および社会的発展を図る」ことを目指すことが謳われている。EU は設立当初から、環境を市場や社会の統合と共に並んで 3 大目

標の1つとして考えているのである。さらに、国連を中心に議論されていた「持続可能な発展論」を踏まえ、この3大目標を具体化・発展させる形で2001年のEU首脳会議で「持続可能な発展政策」が採択された。これ以降、持続可能な発展がEUのすべての政策および活動を統治するものとして政策の中心に置かれ、経済・社会・環境はバランスをとりながら総合して問題解決を目指すべきとされた。サステイナブルシティの取り組みも、この流れの一環である。

EUの例に学ぶならば、「持続可能な発展」の概念を具体化し、社会の構成員の間で共有することであろう。「持続可能な発展」の概念の系譜は、第二次大戦後の経済成長を優先した量的拡大を目指した発展が次第に顕著な南北間格差を生んできたのとともに、オゾンホールの発見と地球温暖化問題の認識により、経済成長至上主義の工業化社会に対する反省から生まれた新たな価値観である[10]。森田・川島(1993)が示すように、「持続可能な発展」概念の定義は論者によって多様であるが、ライフスタイル、産業活動、都市のあり方、南北間、世代間などあらゆる文脈で問われるとともに、経済的、社会的、環境的、空間的など様々な次元で検討されるべき概念である。当然ながら日本においても、人々の生活の質や豊かさを問う上で避けて通れない問題であり、正面から取り組む必要があることは明らかである。温暖化対策においても、人々の議論を経ながら、地域の特性を踏まえ、どの部門で重点的に対策を行っていくかというビジョンと戦略の形成が重要であることは明白である。

2　戦略的な対策分野の特定

地域に根ざした地球温暖化対策を進めていくには、まず第1にその地域の排出構造の特徴を分析し、第2に温暖化防止策を推進するために利用可能な地域資源を特定し、第3に中長期的にどのような構成要素を用いて街作りを行っていくかを決定する必要がある[11]。以下、順に排出構造の分析、地域資源の特定、構成要素の選定、の手順を見ていく。

(1) 排出構造の分析

①部門別排出割合の分析

　産業部門、運輸部門、民生業務部門、民生家庭部門、その他部門、における二酸化炭素排出量の部門別排出割合を全国およびその他の地域と比較し、産業構造等を念頭に地域的特徴に関して分析を行う。例えば、図2に見るように、群馬県は全国の平均的な排出割合に近いのに対し、東京都は業務部門の割合が高いが、これは高層ビルなどオフィスが集中していることを反映している。

②部門別排出増減の要因

　部門別の排出構造を把握した次に、部門ごとの排出量増減の要因について分析する。排出量増減の要因分析については、茅恒等式を用いた分析が有用である。茅恒等式とは次のとおりの分解式である。

$$CO_2 = \frac{CO_2}{E} \times \frac{E}{GDP} \times \frac{GDP}{P} \times P$$

　　CO_2：　二酸化炭素排出量
　　E　：　エネルギー消費量
　　GDP：域内総生産
　　P　：　人口

図2　二酸化炭素排出量の部門別割合の分析

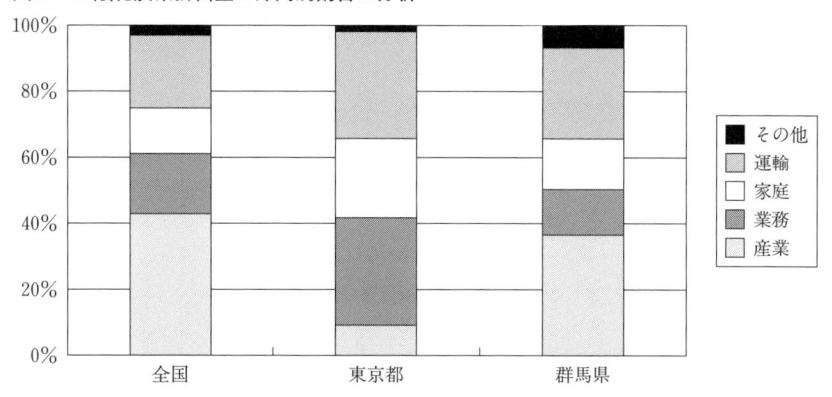

出所：国立環境研究所温室効果ガスインベントリオフィスのデータ、東京都環境局都市地球環境部計画調整課資料、群馬県環境政策課資料より作成

$\dfrac{CO_2}{E}$ は CO_2 排出原単位であり、単位エネルギー消費当たりの二酸化炭素排出量を表す。低炭素のエネルギー構造になるほど、この項の値は小さくなる。$\dfrac{E}{GDP}$ は1単位の経済活動当たりのエネルギー消費量である。財の生産や移動・輸送など、その活動がエネルギー効率的になればこの項の値は小さくなる。$\dfrac{GDP}{P}$ は1人当たりの経済活動である。1人当たりの経済活動量が大きくなれば、この項の値は大きくなる[12]。

③対策分野の特定

以上の2つの手順を経て、次にどの分野で対策を実施するか特定を行うが、どの分野で対策を実施するかは地域的な排出構造の特徴だけでなく、その地域で対策に利用可能な資源の偏在の仕方によっても変わってくる。そのため、排出構造の分析とともに、次で述べるようにその地域が保有する地域資源の分析を同時に行うことが必要である。

(2)地域資源の分析

その地域に適した地球温暖化防止策を実施するためには、その地域が利用可能な地域資源を分析し、それらを活用した施策の推進が必要である。地域資源については、以下に詳しく述べる自然資源、経済資源、人的資源がある。以下、順に詳しく述べる。

①自然資源

自然資源には、太陽光や風力などの気象条件、森林からのバイオマスや河川などの地理的条件、遊休農地や公園などの緑地が挙げられる。例としては、長野県飯田市の太陽光発電システムの設置への支援[13]や、山形県立川町[14]、岩手県葛巻町[15]、三重県津市（旧 久居市）[16]などの風力発電の推進、岡山県真庭市の間伐材を利用したバイオペレットの普及・促進策、滋賀県の遊休農地を利用してバイオ燃料の生産を進める「菜の花プロジェクト」[17]などが挙げられる。

②経済資源

経済資源については、産業部門では技術移転や環境にやさしい製品の普及、

ESCOなどの環境管理、交通部門ではLRTなど公共交通機関の利用や駐車場を利用したパークアンドライド、廃棄物部門では廃材や廃食油を用いたバイオマスエネルギー、エネルギー部門では自然エネルギーの普及や環境家計簿による省エネなどが挙げられる。例としては、京都府南丹町（旧 八木町）のバイオメタンプロジェクト[18]、富山市の既存の路面電車を活用したLRT化[19]などが挙げられる。

③人的資源

人的資源は温暖化防止策の担い手として特に重要である。街作りと関連あるいは統合された温暖化防止のための施策は、東京都のように首長の強力なリーダシップによって推進されるケースもあるが、首長によるトップダウンだけでなく、住民との協働によるボトムアップが必要となることが多い。具体的には、環境教育や環境情報の普及・啓発の中心となる指導者やNPOの存在が挙げられる。例としては、滋賀県の「菜の花プロジェクト」における市民レベルの取り組みとのパートナーシップや、京都市の「都のアジェンダ21フォーラム」[20]における行政・市民・事業者・NPO・学識経験者の協働が挙げられる。各都道府県に置かれている地球温暖化防止活動推進センターと地球温暖化防止活動推進委員などの活動も期待される。

(3)構成要素の選定

次に低炭素型の社会資本整備に必要な段階は、都市を構成する要素のうち、何を活用するかを選定することである。低炭素型社会資本整備のためには、温室効果ガス排出の最小化を実現できる都市・農村の構造に変えていく必要があるが、どのような構成要素を梃子にして低炭素化を実現できるかは、都市の規模によって異なる（図3参照）。

グローバル化が進む経済下では、その影響は世界規模でよりもむしろ地域に大きく現れ、しかも地域ごとに影響が異なる。そのため、中央政府による画一的な政策の有効性は低下してきたと言える。また、大都市への一極集中や農村における過疎化というような現象も、都市間の関係性がグローバル化によって

図3　まちの規模と低炭素社会の構成要素

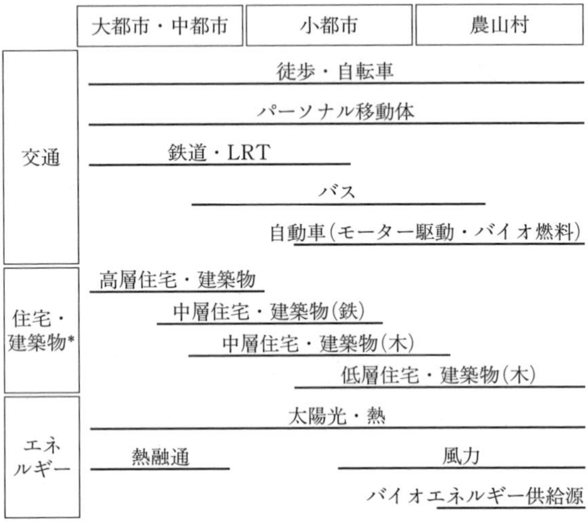

	大都市・中都市	小都市	農山村
交通	徒歩・自転車		
	パーソナル移動体		
	鉄道・LRT		
		バス	
		自動車(モーター駆動・バイオ燃料)	
住宅・建築物*	高層住宅・建築物		
	中層住宅・建築物(鉄)		
		中層住宅・建築物(木)	
		低層住宅・建築物(木)	
エネルギー	太陽光・熱		
	熱融通	風力	
		バイオエネルギー供給源	

＊低層は2〜3階、中層は4〜7階、高層はそれ以上と大まかに分類
出所：環境省中央環境審議会地球環境部会資料「低炭素社会づくりに向けて」

図4　コベネフィット・アプローチ

温暖化対策	経済・社会の発展等
・エネルギー自立住宅の普及	・電化率の上昇 ・エネルギー自給率上昇
・生産プロセスの効率化 ・モーター駆動自動車の普及	・大気汚染の緩和
・脱自動車社会 ・高度交通システムの構築	・交通事故の削減
・地産池消の浸透	・農村社会崩壊の防止
・エコライフスタイルの実践 (「もったいない」精神の深化)	・水消費量の削減 ・廃棄物発生量の削減

出所：環境省中央環境審議会地球環境部会資料「低炭素社会づくりに向けて」

強く影響を受けて現れているものと言えよう。各地域が経済のグローバル化による影響、環境問題など、外生的なショックに対応できるよう、地域内部における積極的な対応により、前節で分析した地域に蓄積された資源や地域の独自性を活かした形でどの構成要素を選定して変革を行うかを決定し、持続可能な地域作り・都市作りを進める必要がある。

また、その際、重要なことは、環境と経済は従来言われてきたようなトレードオフの関係には必ずしもなく、むしろコベネフィット（共便益）が存在するということである（図4参照）。温暖化対策は同時に経済・社会にも便益をもたらし、環境と経済・社会のバランスを取りながら Win-Win の関係を構築すべきである。

III 先進事例に学ぶ──ブレークスルーポイントと残された課題

II節でいくつか例示したように、各地の自治体で先進的な温暖化対策の取り組みが見られるようになってきた。戦略的な温暖化防止政策形成の手順について示したが、その実践においては無条件に成果が上がるわけではない。一定の成果を得るためには、いくつかの困難なブレークスルーポイントを工夫して乗り越える必要があるが、その成功の鍵は何であろうか。以下では部門ごとに、いくつかの自治体における先進的な事例の内容を紹介しながら、そのブレークスルーポイントと残された課題について確認する。

1 産業部門

産業部門における先駆的な取り組みとして、東京都の「地球温暖化対策計画書制度」[21]が挙げられる。これは2002年4月に導入された制度で、大規模事業所に対して「地球温暖化対策計画書」の提出と公表を義務付けるものである。都の環境審議会は2004年5月にこの制度の実績評価を行っているが、対象となる大規模事業所の3年間の排出削減率は平均2％という低い水準にとどまった。審議会はその要因として、目標の設定が事業者の任意のものであったことを指

摘している。この反省を踏まえ、2005年3月にはこの制度の根拠となっている「都民の健康と安全を確保する環境に関する条例」を改正し、都による指導・助言・評価の仕組みを強化した。

この東京都の事例からわかることは、計画書の策定と提出を義務付けただけでは、排出削減の実効性は上がらないということである。市民・住民による進捗状況の監視やモニタリング、不十分な計画に対する自治体の助言・指導などの政策・措置とリンクした制度設計を行うことが必要である。

2　業務部門

首都圏の大都市には高層ビルが集積し、業務部門からの二酸化炭素排出量が総排出量に大きな割合を占める。東京都では、総排出量の3分の1を業務部門が占め、2005年度の業務部門の排出は1990年度比で3割強増えており、エネルギー効率の悪いオフィスビルなどの建築物がひとたび建設されると、その建築物が耐久年数を迎えるまで非効率なエネルギー消費が続くことになる。都では高度成長期前後に建設された建築物の更新期を迎えていることに鑑み、新築建築物に対するより高い省エネルギー性能の達成策の検討を行った。建築物環境計画書制度（2002年6月）の強化などにより、大規模な新築建築物等に対する省エネルギー性能の強化や自然エネルギー利用の義務付け、および大規模事業所を対象としたキャップ＆トレード型の排出権取引制度を創設する方針である[22]。

民生業務部門の1人当たり二酸化炭素排出量は、1人当たり床面積が大きくなるほど大きくなる。機能が拡散している都市は就業者1人当たりの床面積が広い傾向にあるが、人口密度の低い地方都市では郊外にまとまった広い敷地を確保しやすいこと、業務の拠点が分散することにより、エネルギー消費量が増えることがその理由として考えられる。拡散した都市では、床面積そのものの増大による排出増だけでなく、後のⅢ—4節で検討する運輸部門における論点とも関係するが、主に自動車による拠点から拠点への人々の移動距離が大きくなることによる排出増の影響も大きい（表1参照）。業務部門では、建築物を

表1　1人当たり床面積と1人当たり排出量

	1人当たり排出量 (運輸旅客)	就業者1人当たり床面積 (事務所・店舗等)
前橋市(自動車依存型都市)	1.21 t -CO_2	24.62㎡
高知市(中心部集約型都市)	0.87 t -CO_2	21.26㎡

出所：環境白書 平成18年度版
注：同程度の人口規模・1人当たり床面積の県庁所在地であっても、拡散した都市では1人当たり排出量が大きい。

効率的なものに変えていくだけでなく、同じ人口規模の都市でも中心部にコンパクトに集約された都市を目指すことが課題として挙げられる。ただし、業務部門の排出量と床面積との関係についての研究はまだまだ少なく、今後、詳細な分析が必要である。

3　家庭部門

　家庭部門の二酸化炭素排出量は、世帯数の増加、1世帯当りの家電機器保有台数の増加、家電機器の大型化等により増加している。これに対し、東京都では2004年度から独自の省エネラベル表示を制度化し、都民を省エネルギー型のライフスタイルへ誘導することを目指している（図5参照）。省エネラベルは徐々に全国に広がり、2006年には国が追随して全国統一の省エネラベルを制度化した[23]。地方の政策が中央の政策に影響を及ぼした画期的な例である。

　省エネラベルが提供する情報は、経済学的には次のような意義を持つ。家電製品の導入によって要する費用は、イニシャルコスト（導入する機器の価格）とランニングコスト（機器の使用のために消費するエネルギーに要する費用）である。省エネ型の家電製品が、仮に機器自体の価格が従来型のものより大きいとしても、ランニングコストが小さければ、機器の使用年数によってはトータルで便益が生まれる。ランニングコストの節約分が、何年の使用でイニシャルコストの差額分を上回るかは次式で計算することができる。

$$投資回収年 = \frac{イニシャルコストの差額}{従来型に比したランニングコストの節約分}$$

　投資回収年が小さいほど、省エネ機器の普及が進むが、ランニングコストの

図5 省エネラベル

旧・八都県市共通省エネラベル
（現在は廃止）

新・統一省エネラベル

情報がわからなければ、家電製品の購入の際には投資回収年は考慮されず、生産者と消費者の間に情報の非対称性が生まれてしまう。省エネラベルは、こうした経済行動の選択に必要な有用な情報を補うものである。

こうした価格以外の情報の提供が重要なのは、家電製品に限ったわけではない。国が実施している政策に自動車税のグリーン化が挙げられるが、消費における国民行動の変更を促すには、その他の財に関してもこうした情報の提供が期待される。1つの手法の例として、フードマイレージが挙げられよう[24]。これは同じ食品でも国内産の食品よりも輸入食品の方が、輸送時のエネルギー消費による二酸化炭素排出量を含む環境負荷が大きいことから、食品の輸送距離を提供しようというものである。輸入食品に限らず、国内産の食品でも輸送距離が小さいほうが二酸化炭素排出量は少なく、排出削減のためには地産地消が望ましいということになる。また、輸送距離だけでなく、生産方法も重要である。例えば、野菜はハウス栽培のものよりも露地栽培・旬のものの方がエネルギー投入量は小さく、二酸化炭素排出量も少ない（図6参照）。中間投入も含めた二酸化炭素排出量の算出は煩雑であろうが、こうした簡素化された算出方

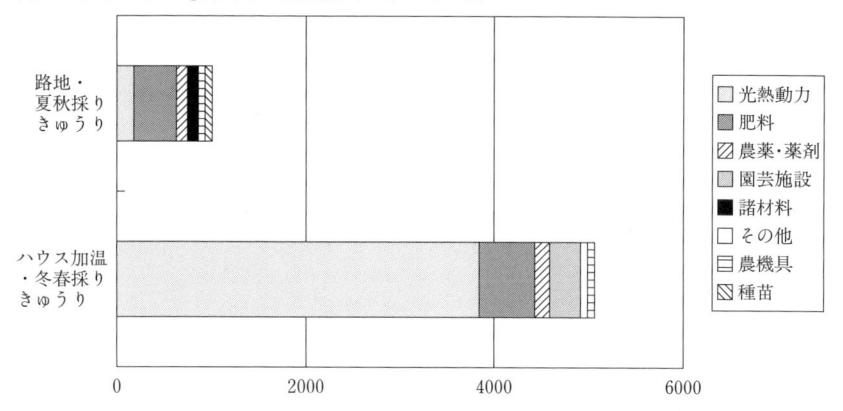

図6 きゅうり1kg当たりの生産投入エネルギー量

凡例: 光熱動力／肥料／農薬・薬剤／園芸施設／諸材料／その他／農機具／種苗

- 路地・夏秋採りきゅうり
- ハウス加温・冬春採りきゅうり

横軸: 0, 2000, 4000, 6000

出所: 社団法人資源協会「家庭生活のライフサイクルエネルギー」

法で利用可能となる情報を消費者に積極的に提供し、情報の非対称性を解消しなければ低炭素型の消費行動を促すことができない。

4 運輸部門

運輸部門からの排出は、都市の構造と交通政策に依存する。公共機関の施設や商業施設、住宅を近接させて集約化し、路面電車やバスなどの公共交通機関で結ぶ、さらには駐車場の整備とパークアンドライドというような、都市計画と交通政策の組み合わせが必要である。岡山市や長崎市には路面電車が残っているが、県庁所在地のうち路面電車が残っている都市は、その他の地方都市と比較して排出量が約25%小さい（図7参照）。

都市交通政策は、中心市街地活性化にも大きな影響を与える重要な要因である。富山市はLRTの導入により都市を集約型に変革する取り組みを始めた[25]。都市政策は長期にわたる継続的な取り組みが必要であるので、その成果が現れるのも先にならざるを得ないが、高齢化の進展などの問題への対応と同時に低炭素社会の構築が問われ始めているのである。

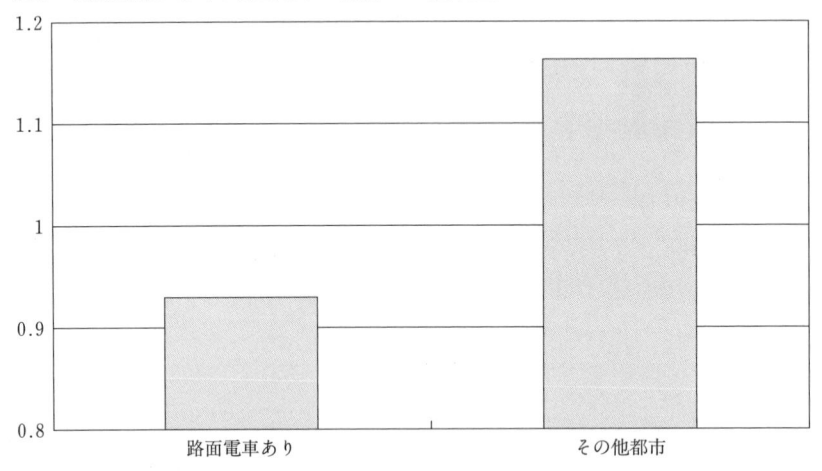

図7　地方都市における路面電車の有無とCO_2排出量

注）政令指定都市を除く県庁所在地における1人当たりの運輸旅客部門の排出量
出所：環境白書　平成18年版

5　再生可能エネルギー部門

　再生可能エネルギーは化石燃料に比べて広く薄く偏在するため、安定的な供給が問われるとともに、利用可能な二次エネルギーの形態へ転換するのに大きなコストがかかるため、化石燃料と比べて価格競争力が低い。

　特に生産技術において、どのようにコスト条件を改善していくかが重要な鍵となる。

　ドイツのアーヘンでは、風力発電による電力を市場価格の約10倍で15年間買い取ることを保証し、急速に風力発電が普及した。負担は電力価格へ1％上乗せすることにより賄った[26]。この例は、コスト面のボトルネックを解消したことにより、風力発電機の建設コストの低下に量産効果が生まれ、飛躍的に技術普及が進んだものである。

　技術の普及には大きく2つの局面がある（図8参照）。Push out の局面における基礎技術開発のための R & D 投資への支援策は国よって行われることが多いが、Pull up の局面ではコスト条件をクリアするための政策の実施が重要であり、この点に関して自治体の力の発揮が期待される。

図8　技術普及の局面

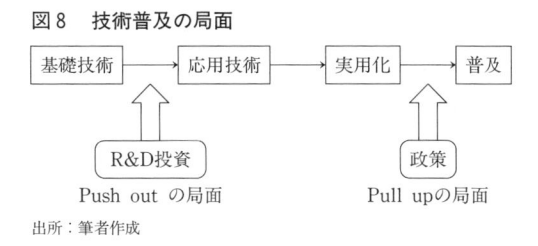

基礎技術 → 応用技術 → 実用化 → 普及
　　　　↑　　　　　　　　　↑
　　　R&D投資　　　　　　　政策
　　Push out の局面　　　　Pull upの局面

出所：筆者作成

　再生可能エネルギーの中でも、太陽光発電はコストが高く採算がとれないと言われるが（表2参照）、長野県飯田市では商業施設に対する省エネ支援事業と組み合わせるという工夫をすることによって、出資者への配当を可能にした[27]。同市では公共施設、保育所など約55ヵ所に太陽光発電設備を導入し、一般家庭にも2%強の普及率を誇っている。

表2　エネルギー単価

太陽光発電	66円／kWh
風力発電	10-24円／kWh
廃棄物発電	9-11円／kWh
火力	7.3円／kWh

出所：総合資源エネルギー調査会新エネルギー部会報告書（2001年6月）

　また、岡山県真庭市は、バイオマス資源を活用した取り組みで注目されている[28]。森林組合と地元企業とで設立した会社「真庭バイオエネルギー」で、間伐材や木くずを固めて作った木質ペレットを販売するが（2000年の平均価格は表3参照）、最近の原油価格高騰で発熱量当たり単価が灯油を大きく下回ったと見られ、販路が全国規模に拡大した上、2007年4月から6月には韓国の燃料会社に約1,000トンを販売するようになった[29]。2007年12月の売上高は1億円強と前期の2.5倍に増加した[30]。

　この例ではエネルギーの国際価格に影響を受けて急速に販路が拡大したわけであるが、コスト条件がいかに重要であるかがわかる顕著な例であろう。飯田市の太陽光発電への支援策のように、工夫してコスト条件をうまくクリアし、競争力を持たせることが重要な鍵である。

表3　日本におけるエネルギー単位あたりの価格　単位：円/kWh

灯油	天然ガス	電力	木質ペレット
4	8.1〜9.6	16.41〜21.78	3.3〜4.8
99年値	99年値	2000年値	2000年値

出所：ペレットクラブ(http://www.pelletclub.jp/jp/pellet/history.html)

IV　むすびにかえて

　以上で見てきたように、日本政府の温暖化防止策は削減効果の担保に関しては具体性に欠けるものであるのに対し、いくつかの地方自治体では先進的でユニークな政策を実施するところも見られるようになってきた。温暖化対策は足元から着実に行わなければ効果が上がらないことからも、地方自治体の実施する政策による先導が期待される。

　京都議定書を離脱した米国では、独自に温室効果ガス排出削減に取り組む州が現れ、地方が中央政府を先導している。カリフォルニア州やハワイ州、ニュージャージー州など温室効果ガスの削減を義務付ける州法を制定している[31]。また、カリフォルニア州を含め西部5州は共同で温室効果ガスの排出権取引市場を創設する計画である。

　しかし、そもそも日本は大気汚染対策において、ローカルイニシアティブの先駆例として国際的に知られている。自治体は国の実施する大気汚染防止法の下で、国が定めた規制基準値より厳しい基準値を定める「上乗せ」、および対象施設を広げる「横出し」を認められ、国の政策の中に地方自治体の役割が組み込まれることによって部分的に権限が与えられた。また、自治体独自の自主協定ともあいまって、効果的に機能することとなった。

　温暖化対策においても、先に見てきたような地方自治体の先進的な取り組みを中央政府の政策の中に有機的に組み込み、実効力を持たせることが必要であろう。アジア地域は日本に加え、温室効果ガス大排出国の中国・インドを含み、最も排出量の多い地域である。アジアを中心とする途上国に対しても、公害・エネルギー問題を克服して効率的な経済・社会を構築してきた日本の経験を

「日本モデル」として引き続き情報発信し続けるためにも、地方における着実な政策を戦略的に形成していくことが求められよう。

注

1) IPCC 第4次評価報告書は、3つの作業部会の報告書からなり、2007年11月に公表されたものは統合報告書である。なお、第1作業部会報告書（自然科学的根拠）は2007年2月、第2作業部会報告書は（影響・適応・脆弱性）2007年4月、第3作業部会報告書（気候変動の緩和策）は2007年5月にそれぞれ公表されている。(http://www.ipcc.ch/ipccreports/assessments-reports.htm)
2) 2007年5月に公表された第3作業部会の報告書の内容が影響を与えたと考えられる。
3) 朝日新聞2007年12月18日記事による。なお、日本政府は2008年分として最大1000万トンの購入を視野に、ハンガリー政府と覚書を交わしている。
4) EU の自主協定については林・羅（2005）を参照。
5) 中口（2000）を参照。
6) 自治体における温暖化対策については、宇都宮（1999）が参考になる。
7) Expert Group on the Urban Environment（1996）。
8) フライブルグ市の LRT を活用した街作りに関しては、今泉（2004）を参照。
9) ベクショー市のバイオマス導入のプロセスに関しては、尾形（2005）が詳しい。
10) 「持続可能な発展」の概念の系譜については、林（2006）を参照。
11) 戦略的な温暖化防止政策形成については、水谷・酒井・大島（2007）が参考になる。
12) この恒等式では、部門と目的に応じて分解を調整すればよい。例えば、産業部門においてはその活動そのものは人口には依存しないので、最後の項 $\frac{1}{P} \times P$ の分解は必要でない。
13) 佐藤（2000）および原（2007）を参照。
14) 阿部（1999）を参照。
15) 平山（2007）を参照。
16) 久居市の風力発電は、自治体が土地の提供および許認可などに関して大きな役割を果たした例である。ウインドファームの立地に関しては、当初、建設地が国定公園であったため、高さ13m以上の建築物が作れず、立地選定に

関する三重大学の研究チームの協力を得ながら久居市が窓口となって国定公園の指定解除に漕ぎ着けた（馬場・木村・鈴木、2005を参照）。
17) 藤井・菜の花プロジェクトネットワーク編（2004）を参照。
18) 中川（2007）を参照。
19) 深山・加藤・城山（2007）を参照。
20) 都のアジェンダ21フォーラム（http://ma21f.web.infoseek.co.jp）を参照。
21) 山本（2007）を参照。
22) 東京都の排出量取引に関しては、林・松本・高村・羅（2004）で詳細に検討している。
23) 全国省エネラベル協議会（http://www.syoene-label.org/alljapan/）を参照。
24) フードマイレージの算出方法については、中田（2001）を参照。
25) 富山市がLRT導入に至った政策プロセスに関しては、深山・加藤・城山（2007）が詳しい。
26) アーヘンモデルに関しては、伊勢・明里（1999）を参照。
27) 佐藤（2000）および原（2007）を参照。
28) 日本政策投資銀行（2007）を参照。
29) 日本林政「林政ニュース」第322号（2007年8月8日発行）による。
30) 日本経済新聞2008年1月4日記事による。
31) カリフォルニア州は2006年9月27日に、ハワイ州とニュージャージー州はそれぞれ2006年7月1日と6日に温室効果ガス排出削減量に関する数値目標を盛り込んだ州法を施行している。カリフォルニア州の温室効果ガス削減政策の詳細に関しては、木村（2007）を参照。

参考文献

阿部金彦（1999）「自治体における風力発電の捉え方とその利用——山形県・立川町における風力発電の導入促進と風力発電推進市町村全国協議会の活動状況」、環境コミュニケーションズ『資源環境対策』、35巻1号、pp.43-46。

伊勢公人・明里史樹（1999）、「EU加盟国の再生可能エネルギー補助制度（上）」、海外電力調査会『海外電力』、41巻5号、pp.47-58。

今泉みね子（2004）『ドイツ発、環境最新事情——フライブルク環境レポート2』、中央法規出版。

宇都宮深志（1999）「自治体環境行政と地球温暖化防止対策」、人間環境問題研究会『地球温暖化防止をめぐる法と政策』、25号、有斐閣、pp.62-83。

尾形清一（2005）「スウェーデン・ベクショー市における地域環境政策の分析——ローカルアジェンダ21による合意形成と地域システムの形成」、立命館大学政策科学会『政策科学』13巻1号、pp.29-41。

木村ひとみ（2007）「カリフォルニア州の温室効果ガス削減法制——2006年カリフォルニア州温暖化対策法」、日立環境財団『環境研究』、141巻、pp.31-44。

佐藤由美（2000）「21世紀型エネルギーが地域を変える(9) 独自の助成で市民負担を軽減、太陽光発電の普及をめざす——長野県飯田市」、ぎょうせい編『ぎょうせい』、19巻3号、pp.90-93。

中川悦光（2007）「南丹市八木町地区バイオマスタウン構想の実現を目指して」、環境技術学会『環境技術』、36巻9号、pp.625-632。

中口毅博（2000）「自治体における温暖化防止対策の取組み状況と今後の方向」、日立環境財団『環境研究』、117巻、pp.38-41。

中田哲也（2001）「「フード・マイレージ」の試算について」、農林水産省農林水産製作研究所『農林水産製作研究所レビュー』、pp.44-50。

日本政策投資銀行（2007）「木質バイオマス事業化で持続可能な地域開発へ——岡山県真庭市・銘建工業の取り組み」、日本政策投資銀行、『DB journal』、27巻、pp.4-7。

馬場健司・木村宰・鈴木達治郎（2005）「ウィンドファームの立地に係わる環境論争と社会意思決定プロセス」、社会技術研究会『社会技術研究論文集』、3巻、pp.241-258。

林宰司・松本泰子・高村ゆかり・羅星仁（2004）「地球温暖化防止のための東京都における排出量取引制度の設計に関する研究」、財団法人消費生活研究所『持続可能な社会と地球環境のための研究助成成果報告論文集』、pp.147-167。

林宰司・羅星仁（2005）「EUにおける地球温暖化防止政策」、田中則夫・増田啓子編『地球温暖化防止の課題と展望』、法律文化社、pp.257-285。

林宰司（2006）「発展途上国のサスティナブルな発展と地球温暖化対策」、岩波書店『環境と公害』、第35巻第4号、pp.24-30。

原亮弘（2007）「市民発太陽光発電事情 長野県飯田市発——NPOから始まった太陽光発電事業とその展開」、環境コミュニケーションズ『資源環境対策』、43巻7号、pp.107-111。

平山喜代江（2007）「岩手県葛巻町ルポ 風力発電で"奇跡"のエネルギー自給率「78%」を実現」、日本工業新聞社『地球環境』、38巻10号、pp.38-41。

深山剛・加藤浩徳・城山英明（2007）「なぜ富山市ではLRT導入に成功したの

か？——政策プロセスの観点からみた分析」、運輸政策研究機構『運輸政策研究』、10巻1号、pp.22-37。
藤井絢子・菜の花プロジェクトネットワーク編（2004）『菜の花エコ革命』、創森社。
水谷洋一・酒井正治・大島堅一（2007）『地位発！ストップ温暖化ハンドブック』、昭和堂。
森田恒幸・川島康子（1993）「「持続可能な発展論」の現状と課題」、慶應義塾経済学会『三田学会雑誌』85巻4号、pp.532-561。
山本明（2007）「地球温暖化対策計画書制度でオフィスビル等の温暖化対策強化へ」、『資源環境対策』、環境コミュニケーションズ、43巻13号、pp.50-54。
Expert Group on the Urban Environment（1996）*European sustainable cities*, Luxembourg, Office for Official Publications of the European Communities.

第9章 GM産品へのEUラベリング政策の評価をめぐって
―― 貿易摩擦から"新しい環境アカウンタビリティ"へ

山川俊和

はじめに―― 問題の所在と本稿の課題

1 問題意識

　経済のグローバリゼーションが進展するにつれて、例えば廃棄物の越境移動や、地球温暖化対策としての京都メカニズム、あるいは地球環境ファシリティのような地球環境保全のための基金システムなど、国際経済と環境問題との連関が無視できなくなっている。このことは、〈環境保全型国際経済システム〉とも呼ぶべき新たな経済システムの構築という、これまで経済学および社会科学が必ずしも正面から取り組んでこなかった政策課題が、ますます重要な意味を持ってきたことを示唆している。

　これら政策課題の中で本稿が関心を寄せるのが、国際貿易およびそのシステムと「維持可能な発展 (Sustainable Development)」との関係である。その関係を整理すると、環境保全のための措置や政策、あるいは発展途上国の貧困削減に寄与せんとする「フェアトレード」のような新しい貿易の形態を、自由貿易レジームとの関係において明示的に位置づけることにより、"経済的に公正でエコロジー的に維持可能な貿易 (Economically Fair & Ecologically Sustainable Trade : ECOFEST)"へと貿易のあり方の転換を図ることが、維持可能な発展に貢献するものだといえる[1]。

　このような「理念的規定」の検討はオルタナティブな国際経済システムを考

えるうえで極めて重要であるが、同時に多様なイシューそれぞれの現状分析を積み上げていくことが肝要である。そのような立場から本稿では、遺伝子組み換え（Genetically Modified：GM）技術から生じる諸問題と国際貿易との関係を事例に取り上げる。

2　対象と課題

具体的な検討へと入る前に、本稿の対象と課題を明示しておこう。図1は、商品連鎖（Commodity Chains）のグローバルな展開と、環境・健康被害の関係を表現したものである。近年、自由貿易を基本的な原則として形成・発展しきた、関税および貿易に関する一般協定（General Agreement on Tariffs and Trade：GATT）および世界貿易機関（World Trade Organization：WTO）といった国際経済システムにおいて、貿易と環境・健康被害の関係についてどのようなルール形成を進めていくかという、これまで具体的に検討されることのなかった問題が注目を集めている。特に、生産から消費（さらには廃棄）のプロセスにおいて、環境・健康被害が発生している（あるいは発生の潜在的可能性がある）場合に、そのことを論拠とした貿易制限措置、すなわち生産手法・流通プロセス（Produces and Processes Methods：PPM）に基づく規制の是非とそのあり方が、ルールをめぐる論点において重要視されている。ECOFESTへの転換を構想する

図1　グローバルな商品連鎖と環境・健康被害

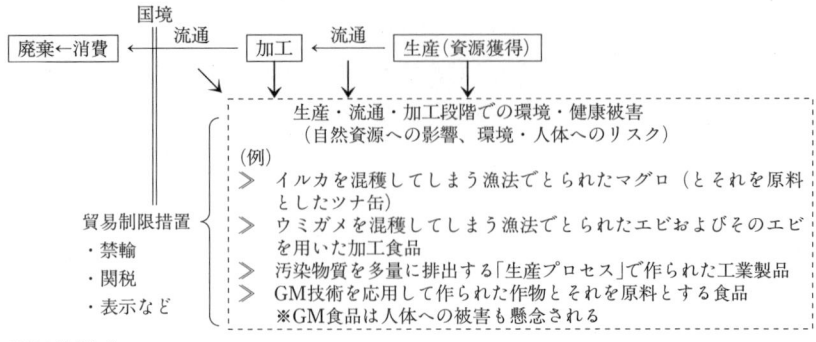

```
                  国境
            流通  │   流通
廃棄←消費 ←─────│ 加工 ←──── 生産(資源獲得)
                  ↓      ↓           ↓
              ┌──────────────────────────────────────┐
              │ 生産・流通・加工段階での環境・健康被害        │
              │  （自然資源への影響、環境・人体へのリスク）   │
              │ (例)                                   │
貿易制限措置  │  ▷ イルカを混穫してしまう漁法でとられたマグロ │
・禁輸        │    （とそれを原料としたツナ缶）            │
・関税        │  ▷ ウミガメを混穫してしまう漁法でとられたエビ│
・表示など    │    およびそのエビを用いた加工食品            │
              │  ▷ 汚染物質を多量に排出する「生産プロセス」  │
              │    で作られた工業製品                       │
              │  ▷ GM技術を応用して作られた作物とそれを原料  │
              │    とする食品                              │
              │  ※GM食品は人体への被害も懸念される         │
              └──────────────────────────────────────┘
```

出所：筆者作成

にあたり原則としては、生産・流通を中心とした PPM をエコロジーの観点からみて健全なものにすることが求められる[2]。

現在、GM 技術から生じる諸問題は多様な広がりをみせており、それぞれに注目されている[3]。具体的には、バイオテクノロジーによる生命操作の倫理的問題や、生物多様性を含めた環境および人体への安全性問題、モンサントに代表される多国籍バイオ企業の戦略とそれに関連した知的財産権および途上国を中心とした社会経済的リスクをめぐる諸問題、そして WTO ルールおよび関連協定に定められた貿易規制のあり方などである。

GM 技術への対応は、他の社会的規制と同様に、基本的には国家主権に基づくものである。様々な要因を背景として GM 技術から生じる諸問題への規制・政策対応は地域ごとに統一されておらず、特にアメリカと EU との間の差異が顕著である[4]。GM 規制の差異は、貿易を中心とする経済のグローバリゼーションにより国際的な相互依存関係が深まることで、括弧付きの「非関税障壁」としてクローズアップされている。次節以降で詳しくみるように、GM 規制をめぐる昨今のアメリカと EU の対立状況は、まさに"米欧 GM 摩擦"の様相を呈しているといってよい。

この摩擦において重要な論点となっているのが、GM 産品の「属性」を開示するラベリング政策（Labeling Policy）、特に EU の政策動向である[5]。伝統的国際貿易理論の観点からは、ラベリングは情報を開示し消費者の選択の「歪み」を是正する政策であり、国際摩擦のひとつの有力な解決手段として推奨される。だが現実には、伝統的国際貿易理論から貿易摩擦の紛争解決手段とみなされるラベリングは、その水準と方法そのものが国際摩擦の原因となっている。加えて EU のラベリング政策は、EU の「安全性」についての規制哲学を色濃く反映した制度枠組みとなっており、われわれはその独自の意義を把握する必要があろう。このような問題意識のもと、本稿は次のような構成をとっている。Ⅰでは、米欧 GM 摩擦の経緯と背景を確認したうえで、Ⅱにおいて EU の GM 産品に対するラベリング政策とその評価について論じる。GMO をめぐる国際状況について米欧間の摩擦を軸に整理するとともに、EU のラベリング政策に

対して伝統的国際貿易理論とは異なる形での評価を与えることが本稿の課題である。

I GMO 生産の現状と米欧 GM 摩擦

本節では1において、GMO の生産に関する現状を確認する。そして、2ではアメリカと EU との間での GM 規制をめぐる国際摩擦（米欧 GM 摩擦）の経緯と構造について論じる。ここでの狙いは、米欧 GM 摩擦におけるラベリングの位置づけを明確にすることである。

1 GMO 生産の現状

まず、GMO 生産の現状についてみる。2006年度の統計に基づくと GMO の栽培品目は、その割合順に、大豆が約60%、次いでトウモロコシ、綿花となっている。そのうち性質別の割合では、「除草剤耐性（雑草防除のための除草剤の散布を減少）」が70.8%、「害虫抵抗性（害虫駆除のための殺虫剤の使用を減少）」が18.0%、両者の性格を合わせた「両性付与」が11.2%である。これら性質の GMO は「第一世代」と呼ばれており、さらに現在、環境ストレス耐性、健康増進機能を有する GMO、通称「第二世代」が開発中である（山川 2007b）[6]。

図2は、国別の GM 作物の栽培面積と、先進国・途上国で分類した GM 作物の栽培面積を記したものである。この統計からは、「生産量の拡大と生産国の偏在」がみてとれる。GM 作物の栽培面積は、1996年の約170万haから、2006年には約1億200万haへと大幅に拡大している。そこでは、アメリカ、アルゼンチンが全体の7割近くを占めており（2006年）、GM 作物の生産地は世界中満遍なく広がっているとは必ずしもいえない状況にある。

発展途上国における栽培面積の拡大も、この間の特徴である。とりわけ南米諸国（アルゼンチン、ブラジル）の伸びが顕著だといえる[7]。発展途上国において GMO は、食品安全性問題よりも、飢餓への対応策そして GM 作物栽培による自然生態系への被害をいかに予防するか、という点で注目されている[8]。

図2 GM作物の栽培面積(上位8国)/遺伝子組み換え作物の栽培面積(先進国・途上国別)

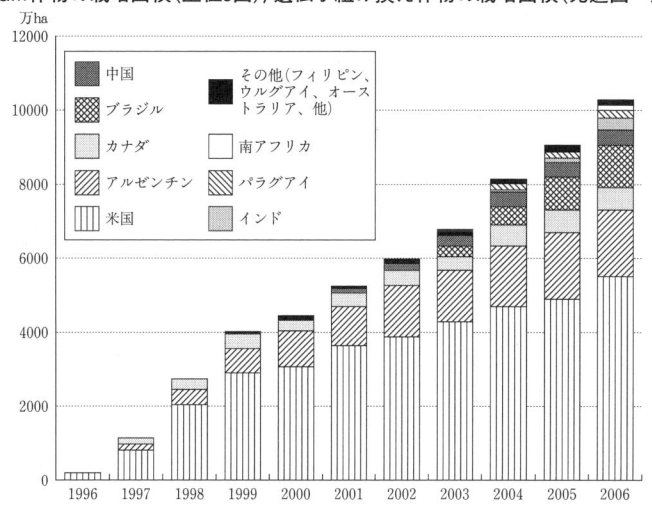

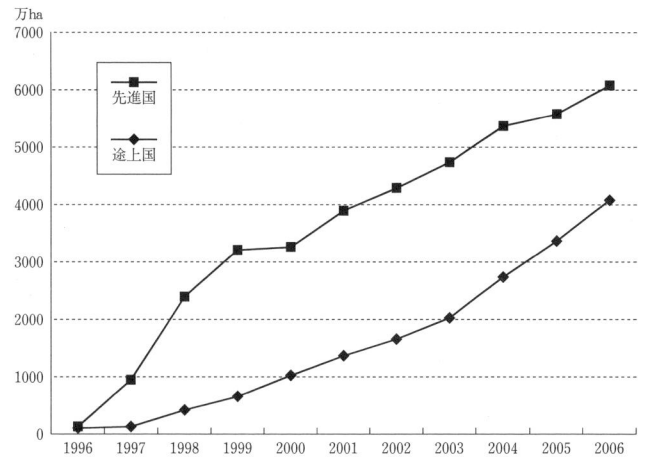

凡例:
- 中国
- ブラジル
- カナダ
- アルゼンチン
- 米国
- その他(フィリピン、ウルグアイ、オーストラリア、他)
- 南アフリカ
- パラグアイ
- インド

- 先進国
- 途上国

統計:ISAAA(国際アグリバイオ事業団) Global Status of Commercialized Transgenic Crops
出所:日本モンサントホームページ

後者のいわゆるバイオセーフティ保全は、国際的な GM 規制の核に据えられている。この点について制度的に対応するのが、「バイオセーフティに関するカルタヘナ議定書（The Cartagena Protocol on Biosafety）」である[9]。これは多国間環境協定（Multilateral Environment Agreements：MEA）の一つとして知られる。

以上から、GMO の生産は「生産量の拡大と生産国の偏在」の様相を見せながら、この10年を経てきたといえる。また、カルタヘナ議定書を中心とした国際規制枠組みも整備されてきており、生産と国際規制の制度設計をめぐる論争は現在もなお進行中である。そして GM 生産・貿易と規制のあり方に大きな影響を及ぼすのが、次に検討する米欧間の GM 規制と、そこでの摩擦の動向である。

2 米欧 GM 摩擦

伝統的国際貿易論における主流派の議論では、農産物の使用価値的側面は一部の例外を除いて捨象され、農業のもつ歴史性や世界システムにおける位置なども、基本的には理論的関心の外に置かれている。このような理論問題の再検討とともに、農業の国民経済における位置関係の変容の問題や一次産品貿易と食糧援助といった国際経済の領域における農産物問題のプレゼンスの拡大とその意味を分析する必要性が、グローバリゼーションの進展とともにますます高まっているように思われる。その状況下、GMO が純粋な国内向け作物であるはずもなく、前項で述べた GM 生産の拡大は、そのまま GM 作物の貿易の拡大へと連続してくるのである。

図3は GMO そして GM 産品の貿易を、輸出国と輸入国の二国間のものに単純化して示したものである。先述のように GMO については、固有の規制枠組みとしてカルタヘナ議定書がある。しかし、アメリカは同議定書に未加盟であり、また GM 産品は議定書の規制対象から外れていることに注意しなければならない。法化された国際ルールのなかでも有力なカルタヘナ議定書は、アメリカ産の GM 作物には適用されないのである。それゆえ、各国の規制枠組みが貿易フローに重要な影響を与えうる。

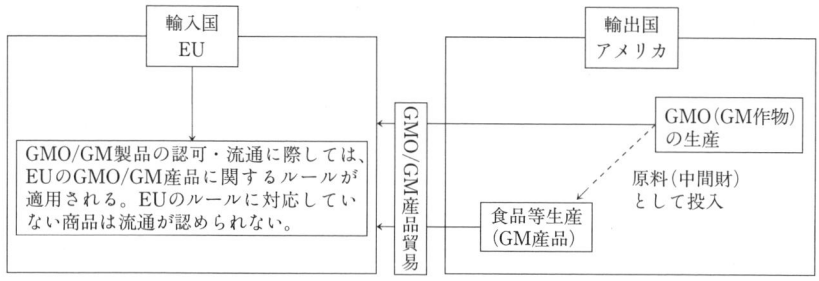

図3　GMO/GM産品と国際(米欧間)貿易

```
輸入国                                      輸出国
EU                                        アメリカ
                                                    GMO(GM作物)
                          G                         の生産
                          M
                          O                          原料(中間財)
GMO/GM製品の認可・流通に際しては、 G                  として投入
EUのGMO/GM産品に関するルールが M              食品等生産
適用される。EUのルールに対応してい 産              (GM産品)
ない商品は流通が認められない。     品
                          貿
                          易
```
出所:筆者作成

表1　アメリカ・EUのGM規制アプローチの相違

	アメリカ	EU
基本的スタンス	供給側重視	需要側重視
規制政策の枠組み	既存法の援用(政治過程の非関与)	個別法の新規制定(政治過程の関与)
GMO表示	任意表示(組成等に重大な変化があった場合はその旨を表示する義務)	GMO由来食品すべてに表示義務(0.9%未満は免除)
実質的同等性	重視	実質的同等性だけでは不十分
予防原則・トレーサビリティ	反対	重視
商業栽培への対応	積極的に認可・導入	慎重(スペイン等一部で商業栽培)

出所:渡部(2007)をもとに筆者作成

　その規制とは、GM作物の栽培、あるいはGM産品の流通に対しての二つの規制を指す。一つは、GM作物栽培が環境に悪影響を与えるかどうかをチェックする環境安全規制、もう一つはGM作物を直接または加工したGM産品を食品として摂取する場合に、その安全性をチェックする食品安全規制である。こうした環境や健康面での安全を確保するための、GM規制の内容は先にも触れたように各国の主権によって異なっており、特に米欧間で顕著である。

　表1は、アメリカとEUの間のGM規制へのアプローチの相違を一覧としてまとめたものである。アメリカは、世界随一のGMO生産国であり、1995〜96年のGM作物の商業栽培開始以来、順調に生産量を増やしてきた。それゆえ、自国の農産物におけるGM作物の割合は非常に高くなっている(表2)。

　このような生産状況を背景に、基本的スタンスとして供給側を重視するアメリカは、GM作物と非GM作物との間に本質的な差異は存在しないとする

表2 米国におけるGM作物の栽培状況

作物/年度	2000	2001	2002	2003	2004	2005	2006
ダイズ	54%	68%	75%	81%	85%	87%	89%
トウモロコシ	25%	26%	34%	40%	47%	52%	61%
ワタ	61%	69%	71%	73%	76%	79%	83%

注）総生産量に占めるGM作物の割合（%）
出所：USDA, National Agricultural Statistics Service

「実質的同等性」という考え方をとる。それゆえ、いわゆる予防原則やそこから派生する措置であるトレーサビリティには反対している。アメリカは一般的に GMO の規制については、「緩やかな」アプローチを採用しているといってよい。その一方で EU は、スペインが積極路線をとるなど加盟各国の立場は一様ではないものの、次節で詳述するように、消費者・環境 NGO の強い関心を背景として、かなり「厳格な」アプローチをとっている。特に「実質的同等性」の概念をめぐっては、GM 作物と非 GM 作物を明確に区別しており、GM 向けの個別法を新規に制定している。加えて、独自のガバナンス主体である食品安全庁を2000年に設立していることも注目される。繰り返しになるが、このようなアプローチの差異は、具体的な GM 規制の手法と水準に影響を及ぼす。それゆえ、これまでアメリカの農産物貿易の市場であった EU だが、その輸入量は GM の商品栽培開始以降、次のように大幅に減少してきている。例えば、ダイズ〈26億ドル（1996年）→11億ドル（2002年）〉、トウモロコシ〈4.2億ドル（1996年）→ほぼゼロ（2002年）〉、トウモロコシを原料とする食品〈6.7億ドル（1996年）→3.7億ドル（2002年）〉のようになっている（Bernauer 2003：125-126）。この状況は現在も大きくは変化しておらず、アメリカ側の不満の根源となっている。つまり、EU の行動は安全性の名を借りた保護主義だというわけである。この保護主義をめぐる論点については、後述する。

さて、表3は、主に EU 規制の動向と WTO 紛争解決システムとの関連から、米欧 GM 摩擦を整理したものである。紛争解決システムは、WTO 体制の発足により GATT 時代に比して格段に整備されており、そこでは PPM をめぐる論点を中心として環境や安全性に関する紛争案件も多く取り扱われている[11]。

表3　米欧GM摩擦の経緯

1999年6月	EU：GMOの環境放出・市場流通規制に関わるEU指令(90/20/EEC)の見直し検討を開始改正終了までGMOの商業生産・市場流通の新規承認手続き凍結(事実上のモラトリアム)措置を採用。 →多くの承認申請が保留状態に(1998年までに18件はすでに承認済み)。 →アメリカを中心とした輸出国の反発を招く。
2003年5月	アメリカ：EU「事実上のモラトリアム」措置はWTO協定違反として、紛争解決手続きへ提訴(カナダ・アルゼンチンも共同)。 →米欧間の事前協議は決裂し、正式にWTOにおけるパネル設置へ(2003年8月)。 →CAP2003改革により、農業政策の環境・安全政策重視路線が強化される。 →EUにおける新GM規制政策の開始により、新たな表示規制枠組みが導入される。
2006年9月	WTOにおいてパネル採択。

出所：筆者作成

　WTO panel on the EC-Biotech dispute（以下、バイテク・パネル）もまた、「貿易と環境・安全性」の動向に関心を持つ研究者・実務家を中心として、非常に重要視されている案件である。そこで直接の争点となったのが、EUのGMOの新規認可に関する「事実上のモラトリアム」である。この1998年以来続く新たなGMOの商品化（商業生産・市場流通）の新規承認手続きを凍結する措置が、非関税障壁でありかつWTOルール違反だとして、アメリカとカナダが合同で、2004年4月WTOに提訴し、2006年9月29日に最終報告書が出されている。結果としては「事実上のモラトリアム」がWTOルールにおけるSPS協定違反であることが確定している。この経緯と法的論点および評価については、さしあたり藤岡（2007）や松下（2007）などを参照されるとして、ここではこのWTOの判断が国際GM規制レジームに対して決定的な影響を与える性格だとは考えにくいということを強調しておきたい（山川 2007b）。その理由としては例えば、既にEUが事実上のモラトリアムを解除しており、規制への実質的な効力をもたないことが挙げられる。また、バイテク・パネルがEUの表示義務を判断の対象外としていることも大きい。今後WTOの場で、EUのGM規制が再び争われる可能性も残されているように思われる。

　本節では、GM規制へのアプローチの違いに基づく措置の手法と水準の差異が、国際貿易関係にある国家間、特にアメリカとの間での摩擦の原因となっていること、そして、その摩擦はWTOの紛争処理手続きへと持ち込まれるまで

激化していることを確認した。では続いて、ラベリング政策の検討へと移ろう。

II EU ラベリング政策とその評価

本節では、まず1において、GM 摩擦におけるラベリングの役割に対する評価として伝統的国際貿易論の理論家であるバグワッティ (J. Bhagwati) の議論を紹介し、政策論にかかわる論点を析出する。続いて2では、EU ラベリング政策の動向とその背景をみる。

1 バグワッティの提案と論点

バグワッティは、経済のグローバリゼーションを(短期資本の取引など例外はあるが基本的に)擁護する見解を有する国際貿易論の著名な研究者であり、かねてより「保護主義」に警鐘を鳴らし続けてきたことで知られる (Bhagwati 1988)。近年では、大西洋を挟んだ米欧間での通商摩擦(「大西洋案件」)が激化しているが、WTO の勧告を受け入れない案件が増加することで、現行唯一のグローバルな貿易ルールを有する WTO 体制への信頼が揺らぐことをバグワッティは危惧している。それでは、本稿と関係が深い論点である「倫理観や価値観に基づく一方的貿易制限」(バグワッティ)について、Bhagwati (2004＝2005) の議論を中心に、以下で検討していこう[12]。

アメリカにおけるスーパー301条などの一方的貿易制限措置の問題点としては、貿易利益の減少による経済厚生の悪化および貿易制限措置が乱発されることによる自由貿易体制 (WTO 体制) が掘り崩されることの危険性が指摘される。バグワッティはそれと同様に安全性の水準を決定する衛生植物検疫措置と貿易の問題についても、上記した一方的貿易制限の問題点が存在することを指摘し、政策決定における科学的知見の役割を重視する。だが、ルール策定・運用における科学の役割とその限界にもまた、科学の対象範囲や予防的措置と政治的意思決定の関係といった観点から議論がある (城山 2005：104-106)。現在の科学と政治は独立関係にはなく相互に影響を及ぼしているが、貿易との関

連から両者の関係が注目されたのは、米欧間で争われた成長ホルモン牛肉のケースにおいてである（山川　2007a　参照）。ヨーロッパ地域の消費者の強い関心を背景として、つまり事実上世論により形成された成長ホルモンへの規制をきっかけとして、現在まで決着していない長期の米欧の貿易摩擦が展開されている。バグワッティは、このような措置がWTOの紛争解決システムに持ち込まれ、最終的にWTO上級委員会が不利な裁定を下したとき、規制への唯一の対抗策として報復関税を課して気に入らない国との貿易を大幅に減らすというのは、貿易関係国双方にとって無益なやり方であり、その是正策に「柔軟性」を持たせることが、経済厚生の観点からみて有効な政策とする。

　そして、「柔軟性」を持つ是正策として具体的には、安全性が疑問視されている財の貿易を直接制限するのではなく、「貿易利益」を担保しつつ、消費者に財の性質に関する情報を開示するラベリング政策を推奨する (Bhagwati 2004)[13]。そこでは、次のようにラベリング政策の要点が述べられている。「この方法（ラベリング政策：著者挿入）では、選択は消費者に委ねられる。遺伝子組み替え作物に不安を抱く人はその産品を買わないだろうし、遺伝子組み替え作物に危険はなく、反対意見はただの気まぐれか考えすぎだと思う人はラベルを無視して自由に買えばいいのである」(Bhagwati 2004：152［240］)。これは、アカロフ (G. Akerlof) そしてスティグリッツ (J.E. Sthiglitz) を嚆矢とする「非対称性情報の経済学」の基本的なアイディアである。そのアイディアを用いたアカロフの有名な「レモン市場」とは、商品の間に品質的な差が存在し、生産者と消費者がその商品の性質について有している情報に非対称性がある（生産者が壊れやすさなどの情報をより多く知っている）場合において、市場メカニズムが働くと低品質の商品が市場に多く出回るという「市場の失敗」が発生する原理を説明したものである。その解決策としては、罰金・ペナルティや保証などさまざま考えられるが、財の性質に関する情報の非対称性を直接に解消するラベリングも有力な手段として挙げることができる。

2 EU ラベリング政策の動向と背景

(1) ラベリング政策

　先のバグワッティの議論では、ラベリングによって財の情報が明らかになりさえすれば、後はそれぞれの消費者が自己の選好、すなわちリスクとベネフィットの比較にしたがって消費するか否かを決定するという、合理的個人の行動モデルに基づいた政策提案がなされていた。それは、貿易制限（およびその間の交渉などにかかる取引費用）により経済厚生を悪化させるよりも「市場の失敗」を直接に補正する政策を選択したものといえる[14]。貿易自体を阻害しないとともに、紛争をスムーズに解決してWTOへの信頼を確保するという観点からラベリング政策を支持する声は、国際貿易に関心を持つ農業経済学者からも聞こえてくる（Josling, et. al 1999; Kerr and Hobbs 2002）。しかし、ジョスリン（T. Josling）自身が述べているように、表示自体の性質（積極的表示or消極的表示／消費者が積極的に評価する（価格プレミアム）or 消極的に評価する（価格引下げ）など）、あるいは供給者の性質に、表示政策のパフォーマンスは依存する。それゆえ、ラベリング政策は数量制限などの貿易に関係する食品の規制手段に比して幾つかの優位点があり、情報開示の重要性は高く評価されてよいものの、単純に紛争解決の万能薬としてみなせるものではない（Josling and Patterson 2004 : 196-197）。では、EUのラベリング政策の具体的内容をみていこう。

　先述の通り、EUのGMO規制（GMOの新規認可に関する「事実上のモラトリアム」）を問題視するアメリカとカナダは、2004年4月WTOに提訴し、2006年9月29日に最終報告書が出されている。この「バイテク・パネル」の判断において、表示義務の問題は判断の対象外としている。では、表示義務の問題とはなにか。アメリカではGM食品については基本的に「任意表示」であるのに対し、EUの場合は、（混入率0.9%以上の）GMO由来商品すべてに「表示義務」が課されているという違いがある。この根拠法となるのが、EUにおいて2003年7月に成立した「食品・飼料規則（EU Regulation No.1829/2003）」、「表示・トレーサビリティ規則（EU Regulation No.1830/2003）」である。これら規則により、食品ないし飼料として利用されるGMO認可手続き、また表示義

務の対象の品目、表示の例外規定等が決定される。

　同規則は2004年から施行され、最終製品に DNA を含むか否かにかかわらず、GMO から製造された食品・飼料に表示義務を課しており、プロセス規制方式である。表示が免除されるのは、非意図的な混入率が0.9%未満の場合に限定されている。つまり EU では、混入率が0.9%以上の GMO 製品はすべて表示しなければならず、また欧州食品安全機関が安全性を評価したものであれば、欧州委員会で未認可であっても0.5%までの混入率は許容される[15]。この規制水準は、世界的にみても最も厳しいもののひとつである[16]。また表示・トレーサビリティ規則により、事業者は、GMO の種別も含めて、GMO 関連製品の取り扱いに関する記録をフードチェーンのすべての段階で5年間保持することが求められる。トレーサビリティによる GMO 種別の表示システムは、経済協力開発機構（OECD）で開発されたユニーク・コードを準用することとなっている[17]。

　さて、これまでの議論は GM 産品に対する表示に限定されたものであるが、表示の内容が米欧間において決定的に異なっていることをみた。米欧 GM 摩擦解決の政策手段として既存の表示制度は、明らかな"限界"を有しているといえるだろう。アメリカを中心とした輸出国サイドは、「実質的同等性」の概念に基づき、非科学的な表示義務の水準であり、貿易障壁の継続であると批判する。しかしこの"限界"は、EU の GM 表示政策の意義とメダルの裏表であると考える。そしてその点を理解するためには、EU の GM 規制の背景を捉える必要がある。

(2) 規制の背景

　Levidow（2007）によれば、GM ラベルに関するルールは、市場の不安定性を管理するために導入され、拡張されてきた。EU は商品化当初は、GM 製品への表示義務を望む声を無視してきた。だが1997年には、公衆の保護と市民の関心に応える形で、1%レベルで DNA あるいはたんぱく質から検出される製品には表示義務が課されるというルールが形成されている。その後の事実上のモラトリアムとその解除に合わせ、現行の表示制度が導入されてきたという経

緯である。それは、「消費者の権利を拡大すること、そして、あらゆる食品にGM成分が含まれているかどうかを明らかにすることへの要求を満たすための」(Levidow 2007：130) ルールだといえる。EU 規制は当初の緩い状態から、環境 NGO および消費者団体といった組織と多くの消費者の関心に応える形で厳しいものが形成されてきており、それら組織および消費者は、政策形成に大きな影響力を持つアクターである (Bernauer 2003：Ch.4；天笠 2006)[18]。

このような組織の存在は、EU の GM 関連政策の政治的背景として指摘できるが、合わせて重要な論点として、表示義務を可能にしているトレーサビリティ・システムとその基本的な根拠となるアグリ・フードチェーン (Agri-Food Chain：AFC) という考え方について言及しておこう。

欧州地域では80年代からの成長ホルモンや2000年周辺にイギリスを中心として発生した BSE などの問題によって、食品の安全性に関する意識と運動が高まっていた。そのような状況下、EU は2000年1月に消費者の信頼を回復させるため、食品安全白書 (White Paper on Food Safety) を公表している。白書の目標はヨーロッパの食品を消費する消費者の健康保護を最高の水準に持っていくことであり、その食品安全を「農場から食卓まで」(Farm to Falk) の全過程において実現するために法令の改正と食品安全政策の確立をラディカルに行うことにある (COM 1999)。AFC とは「農場から食卓まで」を担う農業生産者から消費者に至るすべての主体の連鎖を意味する。EU では、農業生産過程における安全性や環境保全、家畜福祉などを評価する消費者の意識と購買活動を重視するチェーン開発が進展してきており、かつ消費者の関心も非常に高くなっているため、アグリフードとして農業食料再生産システムを再構築する必要性が出てきたのである。白書の狙いのひとつは AFC の全過程において食品安全管理を可能にするシステムを政策・法令の整備にともない開発していこうとするものであった。これは、EU 域外国のみならず、貿易相手国にも適用されることに特徴がある。

図3で表現したように、EU の市場に流通しようとする財（食品）は、その生産・流通プロセスまで、EU のルールの下で管理される。少なくとも EU は

そのような意図を持っている。この点については、アメリカそして WTO 他の国際ルールとの調整が行われ、場合によっては紛争にまでエスカレートする。AFC 論とは PPM に基づくグローバルな管理を指向するものであり、米欧 GM 摩擦とは、根本においてはフードチェーンの質的なあり方に関する「グローバル・スタンダード」を争うものだといえるだろう。

III 貿易摩擦から"新しい環境アカウンタビリティ"へ——むすびにかえて

本稿の問題意識と課題は、グローバリゼーションが進む中、PPM における環境（自然資源）・健康被害（およびその"潜在的可能性"）に基づく規制の問題が「環境と貿易」の重要論点であるとしたうえで、その点をこれまで検討してきたように GM 技術と貿易との関係から読み解こうとするものであった。本節ではこれまでの議論のまとめとして、EU のラベリング政策に関する評価を加え、なお残る研究課題と日本への政策含意について触れ、稿を閉じることにしたい。

図5 多様化する食への関心と品質概念

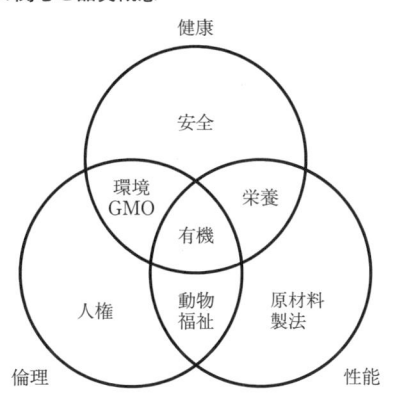

健康
安全
環境 GMO
栄養
有機
人権
動物福祉
原材料製法
倫理
性能

出所：中嶋（2005：176）

1 PPMと"新しい環境アカウンタビリティ"

　PPMに注目が集まる要因の一つとして、EUのGM規制の形成からも分かるように、消費者の商品の質、すなわち広義の〈品質〉への関心の深まりと多様化がある。中嶋（2005）によれば、〈品質〉とは健康品質・倫理品質・性能品質の三つに大別できる概念である（図5）[19]。近年盛り上がりを見せている企業の社会的責任に基づく購買活動やフェアトレード運動も、需要サイドによる〈品質〉とそれを構成する諸要素への関心の高まりを受けてのものだといってよい。そして、〈品質〉への関心に供給サイドが応えるためには、消費者が財の「性質」を知るための仕掛けが必要である。その方策の一つがラベリングである。

　注14で記したように、エコラベルとは、消費者の選好に働きかけることで、市場を通した環境改善を期待するものであった。さらにGM産品へのラベルの場合は、PPM（フードチェーン全体）における環境被害と消費に起因する被害とを合わせ、商品の生産から消費までの全情報をカバーしなければならない。すなわち、〈品質〉概念とPPMの情報とのリンクが不可分である。その意味で、AFCの概念とトレーサビリティ・システムがEUの表示義務においてきわめて重要な位置にある。

　ではこのような、EUの試みを概念的に位置づけるものとして、試論的にメイソン（M. Mason）の議論を紹介したい。メイソンは、グローバリゼーションが進む中、環境被害のグローバル化、特に「国境」を超えているという事実を重視し、国際機関などにおける情報開示と意思決定の透明化（accountability）の促進、グローバル化する環境被害に応答するべき主体（responsibility）の広がり（国際環境NGOなど）とその確定、国境を超える環境被害にかかわる法的責任（liability）の検討といった課題が登場してきていると指摘する。そして、これら三つの要素から成る「新しい環境アカウンタビリティ（New Environmental Accountability）」（Mason 2005）という概念を提起している。EUのGM産品への表示義務で考えれば、グローバリゼーション下で拡大する商品連鎖において、その全局面における情報の把握と開示を、公的な主体である欧州委員会が

応答してルール化し、その法的責任を事業者に負わせているといえる。

ここでの一つの論点は、供給主体および義務とすることの是非についてである。先述のように表示問題の経済学的基礎は情報の非対称性であるわけだが、理論的には、企業が消費者の選好をどのように反映するかにより、エコラベル、GM ラベル双方とも、自発的に表示が行われうるし、一部では実際に行われている。だが、表示における公的主体の積極的な役割は否定されるものではないだろう。なぜなら、同じ表示行為でも、営利原則に基づく企業行動と、民主主義の原則に基づく公的主体の行動とは明確に区別されうるからだ。前者は、あくまで企業の経済的インセンティブに基づくが、後者はそうではない。それは既に指摘したように、EU の表示義務の特徴は、GMO への消費者および関連組織の明確なシグナルを反映し形成されていることにあり、その点に応答した公的主体による「新しい環境アカウンタビリティ」のルール化を試みたものであるという点に、注目すべき意義があると考える。

2 むすびに

伝統的国際貿易論の観点からは、環境や安全性をめぐる国際紛争の解決手段として、貿易制限よりもラベリング政策が推奨される。しかし、表示および表示政策そのものが、米欧間の GMO および GM 産品をめぐる紛争の火種であり、ラベルもまた他の国際経済政策手段の形成と同様に、その内容の吟味と政治経済構造の分析が必要不可欠となることを、これまでの議論でみた。EU のラベリング政策は、自由貿易を推進する立場からはその規制水準の高さゆえ、単なる非関税障壁に過ぎないのかもしれない。しかし、グローバル化の時代における「新しい環境アカウンタビリティ」という観点からは、市民社会の関心事項に公的主体が応答し、またフードチェーン全体の管理を指向する EU の政策動向には一定の評価を与えてしかるべきではないだろうか[20]。

これまでの議論を踏まえ、再び ECOFEST に立ち戻ろう。Mahe (1997) は、環境、倫理、動物福祉などの課題を SPS 協定と TBT 協定の境界問題として取り上げて、WTO ルールはグローバル・コモンズや倫理の問題に対処するため

のオペレーショナルな判断基準を確立していないとし、このことを新しいタイプの保護主義と呼んでいる。「貿易摩擦から新しい環境アカウンタビリティへ」という本稿のメッセージは、国際貿易に影響を与えうる「環境と安全性の保護」を既存の「保護主義」概念の中に押し込め批判するのではなく、新たなルール化のプロセスに注目しようというものであった。EU の政策が貿易摩擦の原因とみなされるか、環境と安全性のために必要な取り組みであるとみなされるかは、WTO や MEA など「貿易と環境」に関する国際レジームでの交渉と紛争処理によるルール化のプロセスに依存する。そこでは幾つかの案件にみられるように、いわゆる「保護主義」とは異なる「環境と安全性の保護」を貿易レジームの中に受容する動きが、徐々に国際社会の中に息づき始めている[21]。

　最後となったが、日本もこれまでの議論と無縁ではもちろんない。EU 型とアメリカ型、日本はどちらの方向性で今後の安全性規制・GM 規制を構築していくかは確定していない。かつて狂牛病が発生した直後、消費者の信頼を回復させるため、日本政府は全頭検査を導入しアメリカとの交渉もこれまでになく毅然とした態度で臨んだが、その後の食品安全委員会のあり方など、ガバナンスについての課題が山積している。とりわけ GM 製品への表示に関しては、現行制度の対象範囲や混入率の緩さについて、消費者団体・NGO からの批判が提出されている。日本の食品安全政策・消費者政策において、ラベリング制度の更なる議論の深化が、その要諦であることは間違いなく、その意味でもEU の事例から学ぶべきことは決して少なくないように思われる。

〔付記〕本稿は、2007年度日本国際経済学会関東支部大会で報告した「GM 産品貿易におけるEU 表示政策の意義」を大幅に加筆・修正したものである。本稿作成にあたり、基本的な研究スタンスについてのコメントを賜った寺西俊一先生（一橋大学）、そして櫻井公人先生（立教大学）の平素からの学恩に、記して感謝の気持ちを表したい。もちろん、すべての誤りの責任は筆者に帰する。なお本稿は、損保ジャパン環境財団2007年度学術研究助成（「環境関連貿易ルールの政治経済分析」）による成果の一部である。

注

1) ECOFEST という表現は、寺西俊一による。なお都留重人は、モーリス・ストロングの維持可能な発展が充たすべき規範的な三つの基準を紹介している（都留 1993）。それは、社会的衡平（social equity）、生態学的分別（ecological prudence）、経済的効率（ecomomic efficiency）の三原則である。これからの国際貿易とそのシステムもまた、これらの基準と整合性を持つものでなくてはならないだろう。

2) この考え方については、山川（2007a）、76-77頁を参照されたい。

3) 以下、GMO（GM 作物）と GM 産品という用語を多用するため、その意味を確認しておこう。GMO とは、遺伝子組み換え技術を用い他の動植物の遺伝子をある動植物に挿入し、遺伝子改変を行ったものを指す。元来自然界には存在しない。1995/96年から商業栽培が始まっており、GM 産品とは、GMO を原料（中間財）とした食品を含む財一般を指す用語として用いる。GM 技術それ自体についての検討は、本稿の関心を超えるものだが、以下の基本的な問題の所在は記しておく必要がある。すなわち、未知の領域が数多い DNA を操作し、自然界では通常は起こりえない現象を人為的に起こすことが、①作物自体に、②それを食するわれわれの健康に、③その作物が広く栽培されることによって自然生態系に、それぞれどのような影響が及ぼされるのかといった点で、なお未解明の部分（不確実性）が多く残されている（久野 2005：226-227）。それでもなお、商品化が進み、本稿で扱うような貿易問題が展開される背景には、多国籍アグリビジネスと、その活動を時に規制し時に支援する国家の存在がある。それゆえ、これは単なる技術論に矮小化されるべきものではなく、政治経済学アプローチによる分析が求められるのが、GM 技術をめぐる諸問題なのである。また誤解のないように記すと、現行の GM 規制とは、GM 作物および GM 産品の栽培・流通の完全な禁止といった「直接的」規制のみを意味しておらず、GMO の新規承認やラベリングなどの「間接的」規制がむしろ焦点となる。規制のあり方をめぐっては、GMO そもそもの廃止・無条件での禁止というよりラディカルな立場からの議論も傾聴に値するが、まずは現実の政策・制度についての現状分析から議論を組み立てていく必要があると考えている。

4) 各国の GM 規制を概観できる邦文の研究書としては、立川・藤岡編（2006）がある。

5) ラベリングとは、財の供給が自主的に行うラベル（Voluntary Labeling）と、

公共部門によって政策的に義務付けられているラベル（Mandatory Labeling）に分けられる。本稿では、WTO の対象であり、国際摩擦の原因となる後者を議論の主たる対象とする。なお WTO 協定においてラベリングをカバーする協定は、工業製品については、貿易の技術的障害に関する協定（Agreement on Technical Barrier to Trade：TBT 協定）、農産物・食品については衛生植物検疫措置の適用に関する協定（Agreement on the Application of Sanitary and Phytosanitary measures：SPS 協定）であるとの大まかな合意がなされているが、どの問題がどの協定に対応するかについて確定したコンセンサスが得られているとは言い難い。協定の性格と対象範囲については、「WTO と基準」を論じている Sampson（2005）が参考になる。

6) すでに商品化されている GM 作物の種類を挙げると、カノーラ（菜種）、トウモロコシ、綿花、大豆、パパイヤ、ピーナッツ、イネ、小麦、である。そのほとんどをシンジェンタ、バイエル、モンサント、BASF、ダウ、デュポンといった多国籍バイオ企業が開発している。

7) 南米諸国における GMO 生産の拡大の背景と動向については、千葉（2006a）に詳しい。ブラジルではバイオエタノールを中心とした代替エネルギーの原料生産に積極的に取り組んでおり、そこへ GM 技術が使用される可能性が高い。南米の動向はエネルギー政策との関連からも注目される。

8) 2002年にザンビアなど南アフリカ諸国は、アメリカからの大豆を中心とした GM 作物による援助を拒否している。自然生態系の GM 汚染が起これば、主たる輸出先である EU 市場へのアクセス制限もありうることがその背景とされる。食糧援助と GM 技術の関係については、Clapp（2007）を参照のこと。

9) 国際 GM 規制の構造とカルタヘナ議定書の性格については、山川（2007b）で論じた。

10) 現代の世界経済においては、農産物はその位置をかつてとは大きく変化させ、商品・戦略的物資としての役割が際立っている。また、いまだ多くの途上国は工業化を達成できず、農村社会を抱えて農産物および天然資源といった一次産品に経済の大部分を依存している。それゆえ、世界経済における一次産品・資源貿易とその安定化に向けた政策研究が、ますます重要な意味を持つであろう。本山美彦の『世界経済論』（本山 1976）は、世界市場における農業の異質性を捉え、国際分業の形成における権力関係の役割とその構造を分析しているが、そこには今なお読み返されるべき問題提起が含まれていると思われる。また、現代の一次産品問題を捉えるには、千葉（2006b）が有

益である。

11) 貿易と環境および安全性に関する案件の法的性格については、高村（2003；2004）を参照。一般に環境と貿易（経済）は異なる価値だとされるが、いまや価値の間の調整・統合に向けた具体的なルールの構築が政策的な課題となっている。そこに本稿で検討するGMOのような、被害のリスク/不確実性に関する問題群が登場してきているという構図である。高村は、「とりわけ、化学物質や遺伝子改変生物などは、100%の科学的証拠を得ることが現時点では困難だが、その危険性もまた懸念される問題である。こうした新しい問題について、100%の科学的証拠を前提として組み立てられたWTOがどのように折り合いをつけていくのか。環境保護という新しい価値をWTOがどのように取り込んでいくのかが問われている」（高村 2003：136）と、WTOの根本についての問題提起を行っている。

12) Bhagwati（2004）の内容と評価については、野上裕生による良質のレビューがある（野上 2005）。そこで指摘されているように、バグワッティによるグローバリゼーションと環境についての論証は、環境クズネッツ曲線仮説など幾つかの限定的な証拠に基づくものであり、必ずしも同意できるものではない。また、バグワッティ自身も代表的論者である伝統的国際貿易論の理論分析では、汚染税など伝統的な外部性を内部化する政策がとられるならば、自由貿易が最善の政策であることが語られる。しかし、完全な情報を持つ統治主体を前提とするなど、検討されるべき理論的問題が残っている。理論的検討としては、デイリー（H. Daly）らエコロジー経済学の論者が、比較生産費説の欠点を指摘し、新しい国際貿易・国際資本移動・グローバリゼーションの分析手法を模索していることは注目に値する（Daly and Farley 2004：Ch. 17-19）。この分析について日本での認知度はまだ高くなく、今後の批判的検討が望まれる。

13) 柔軟性をもたせるために考えられる政策として、損害を被った産業に規制実施国が賠償金を支払うことも有効であると論じられている。この賠償金提案は、コース（R. Coase）的解決の国際バージョンともいえる。だがバグワッティ自身も認めるようにその実現可能性は乏しいであろうし、環境保全と安全性確保にかかわる権利の国際的配分をどうするかという問題はなお残るであろう。

14) より現実的な環境政策論の文脈から植田（1996）は、表示の中でも環境に関する表示（エコラベル）を、環境政策の分類の中で原因者をコントロール

する手段のうち、間接的手段として位置づけている。エコラベルの具体例としては、特定の団体による非違法伐採木材に対する認証などが挙げられる。その効果としては、環境に関する情報をラベルなどに表示することによって消費者に環境負荷の少ない商品の選択を容易にしてそのような商品の消費を相対的に高めること、さらに、その結果として、企業に環境負荷の少ない商品の生産及び開発を促進させることと規定できよう。

15) 食肉および肉製品は表示が免除される。これらの財の飼料に GMO が用いられていたとしてもそれは表示の対象外となり、環境 NGO からは制度の欠陥としてこの点が指摘されている。

16) 他にプロセス規制方式に基づく表示義務を採用している国としては、ブラジルや中国がある。また、オーストラリア・ニュージーランドとロシア、サウジアラビアは、最終製品の混入率のみを表示するプロダクト規制方式だが、それぞれ1％水準とかなり厳しい規制を敷いている（ロシアは0.9％）。対して日本は、プロダクト規制方式であり、混入水準は5％と、かなり緩いものになっているのが現状である。世界各国の GM 製品へのラベリング政策ついては、Gruere and Rao（2007）に詳しい。

17) 立川（2006）を参照。なお、事業者が独自の製品特定のシステムを有する場合は導入が免除される。

18) EU では公的な表示義務に加え、グリーンピースによる「GM 通報」（GM 商品を小売店で発見したという通報を、webサイトにアップするもの）など、NGO 独自の規制的運動も盛んである。ヨーロッパ地域では消費者団体が中心の日本とは異なり、自然生態系への影響という観点から GMO の問題は環境問題という認識をもたれているため、環境 NGO 主導の反 GM 運動が展開されている。

19) これら三つの概念は相対的なものであることに注意されたい。図5からも GMO をめぐり、安全などの幾つかの要素が複合していることが理解できるであろう。

20) やや角度を変えてみると、GMO 規制にみる EU の動向とは、国際関係論における興味深い研究課題を提供していることに気づく。すなわち、アメリカ主導のグローバル化である「アメリカン・グローバリゼーション」（中本2006）に対する「ヨーロピアン・グローバリゼーション」の典型例だと表現できる。近年、国際関係論の研究者の中には、環境・安全性規制分野における EU の戦略とその背景にある政治経済構造を捉え、EU が国際関係における

環境政策やバイオテクノロジー規制における規範的役割を主導的に担おうとするとみる「規範形成パワー（Normative Power）」論（cf. Falkner 2007）、武力に訴えず環境や安全規制を含んだ政治経済的なルールに従わせることで帝国的な関係を構築しているとみる「規制帝国」論（鈴木 2006参照）が登場してきている。環境や安全性規制の観点からの EU の対外政策・グローバル戦略の更なる検討が今後ますます重要となろう。

21) 詳しくは山川（2007b）を参照のこと。また、これまでの議論から、新しい環境アカウンタビリティの概念とその応用可能性に関する検討や、表示義務が各経済主体の厚生や所得分配に与える影響、特に途上国の開発と貿易への影響など、さらに深めていくべき課題が派生してくる。これらについては、別稿を期したい。

参考文献

天笠啓祐（2006）『遺伝子組み換え作物はいらない！──広がる GMO フリーゾーン』家の光出版。

植田和弘（1996）『環境経済学』岩波書店。

鈴木一人（2006）「『規制帝国』としての EU」山下範久編（2006）『帝国論』講談社。

城山英明（2005）「食品安全規制の差異化と調和化」城山英明・山本隆司編（2005）『環境と生命』東京大学出版会。

立川雅司（2006）「EU における遺伝子組み換え作物関連規制の動向」立川雅司・藤岡典夫編（2006）。

立川雅司・藤岡典夫編（2006）『GMO──グローバル化する生産とその規制』農文協。

千葉典（2006a）「南米における遺伝子組み換え作物の展開」立川・藤岡編（2006）。

─── （2006b）「一次産品問題の現代的位相──1980年代以降の熱帯農産物貿易」『神戸外大論叢』57（1-5）、pp. 387-405。

高村ゆかり（2003）「環境保護と WTO」渡邊頼純編著（2003）『WTO ハンドブック──新ラウンドの課題と展望』ジェトロ。

─── （2004）「国際環境法におけるリスクと予防原則」『思想』（第963号）、岩波書店。

都留重人（1993）「地球環境と南北問題」『環境と公害』22（4）、p. 1。

寺西俊一（1992）『地球環境問題の政治経済学』東洋経済新報社。
中嶋康博（2005）『食の安全と安心の経済学（第二版）』コープ出版。
中本悟（2006）「アメリカン・グローバリズムとアメリカ経済」『季刊経済理論』（経済理論学会）43（2）、pp. 38-46。
野上裕生（2005）「（書評）*In Defence of Globalization*」『アジア経済』4月号：89-93。
久野秀二（2005）「世界の食料問題と遺伝子組換え作物」大塚茂・松原豊彦編（2005）『現代の食とアグリビジネス』有斐閣。
松木洋一＝R・ヒュルネ編著（2007）『食品安全経済学――世界の食品リスク分析』（松木洋一・後藤さとみ監訳）日本経済評論社。
松下満雄（2007）「EC・遺伝子組み換え産品事件パネル報告書の意義と評価」『法律時報』79（7）、pp. 44-49。
本山美彦（1976）『世界経済論』同文館。
山川俊和（2007a）「食品の安全性をめぐる国際交渉と貿易ルールの政治経済学――米国産牛肉を中心に」『季刊経済理論』43（4）、pp. 75-85。
―――（2007b）「GMO貿易と国際規制――構造と展望」『国際経済』（日本国際経済学会）58、pp. 69-89。
渡部靖夫（2007）「遺伝子組み換え作物栽培の国際的な広がりと摩擦」『農業と経済』4月号、pp. 15-24。
Bernauer, T (2003) *Genes, Trade, and Regulation : The Seeds of Conflict in Food Biotechnology*, Princeton University Press.
Bhagwati, J (2004) *In Defense of Globalization*, Oxford University Press.（鈴木主税他訳（2005）『グローバリゼーションを擁護する』日本経済新聞社）。
――― (1988) *Protectionism*, MIT Press.（渡辺敏訳（1989）『保護主義』サイマル出版）。
COM (1999) *White Paper on Food Safety*.
Clapp, J (2007) "The Political Economy of Food Aid in an Era of Agricultural Biotechnology", In Falkner, R. ed. (2007), Ch.5.
Daly, H., Farley, J (2004) *Ecological Economics : Principle and Applications*, Island Press.
Falkner, R ed. (2007) *The International Politics of Genetically Modified Food: Diplomacy, Trade and Law*, Palagrave Macmillan.
Falkner, R (2007) "The Political Economy of 'Normative Power' Europe : EU Environmental Leadership in International biotechnology regulation", *Journal of European Public Policy*, 14(4), pp. 507-526.

Gruere, G. P., Rao, S R. (2007) "A Review of International Labeling Policies of Genetically Modified Food to Evaluate India's Proposed Rule", *AgBioForum*, 10(1)、pp. 51-64.

Josling, T., Roberts, D and Hassan, A (1999) *The Beef-Hormone Dispute and its implications for Trade Policy*, European Forum Working Paper, Stanford University September.

Josling, T., Roberts, D Orden, D (2004) *Food Regulation and Trade: Toward a Safe and Open Global System*, Institute for International Economics (塩飽二郎訳 (2005)『食の安全を守る規制と貿易——これからのグローバル・フード・システム』家の光協会)。

Levidow, L (2007) "The Transatlantic Agbiotech Conflict as a Problem and Opportunity for EU Regulatory Politics", In Falkner, R. ed. (2007), Ch.7.

Mahe, L.P (1997) "Environment and Quality Standards in the WTO: New Protectionism in Agricultural Trade? A European Perspective", *European Review of Agricultural Economics*, 24, pp. 480-503.

Mason, M (2005) *The New Accountability: Environmental Responsibility across Borders*, Earthcan.

Patterson, L. A., Josling, T (2005) "Regulating Biotechnology: Comparing EU and US Approaches," In Andrew, J. eds (2005) *Environmental Policy in the European Union: Actors, Institutions & Processes* (2nd Edition), Earthcan.

Sampson, G (2005) *WTO and the Sustainable Development*, United Nations University Press.

第10章　尾瀬におけるガイドツアーに対する紅葉期入山者の選好分析

柘植隆宏・庄子　康・荒井裕二

はじめに

　尾瀬は、群馬、福島、新潟の3県にまたがる本州最大の湿原である（図1）[1]。広大な湿原の中にミズバショウが咲き誇る景色は、唱歌「夏の思い出」で唄われており、多くの人々を魅了している。

　尾瀬では、かつてダム開発や道路開発の計画が浮上した。また、多くの入山者が押し寄せたことにより、植生の破壊やゴミ問題が深刻化した。これまでに何度も自然破壊の危機に瀕してきたが、そのたびに保護運動が盛んになり、尾

図1　尾瀬国立公園の位置

瀬の自然は守られてきた。そのような歴史から、尾瀬は自然保護の原点とも呼ばれる。

　尾瀬は、これまで、日光地域、那須甲子・塩原地域とともに、日光国立公園に属していたが、2007年8月に独立し、国内29番目の国立公園である「尾瀬国立公園」となった。尾瀬が日光国立公園から独立した主な理由として、以下の2点が挙げられる。第一に、尾瀬は日光国立公園の他の地域と、地形、植生、景観、および利用の形態が異なっていたことである。尾瀬は、帝釈山・田代山一帯、会津駒ケ岳一帯と、それらの面で同一性、一体性を有していたため、両地区とともに、新たに尾瀬国立公園となった。第二に、国立公園の名称に関する問題が挙げられる。後述の通り、尾瀬は、近年、入山者数が減少傾向にあり、その影響は地元の地域経済にも及んでいる。地元の地域からは、「尾瀬」の名を国立公園の名称に組み入れることで知名度の上昇を図り、観光の活性化につなげたいという要望が出されていた。

　このような経緯で誕生した尾瀬国立公園では、現在、自然保護と観光振興を両立させるための新たな利用方法として、自然に関する解説を行うガイドが同行するツアーであるガイドツアーが注目を集めている。ガイドツアーに参加することで、その地域の自然に関する知識や、その適切な利用方法について学ぶことができるため、参加者の自然に対する理解が深まり、その結果、環境への負担も軽減されると期待されている。一方で、新たな利用形態として定着することにより、一定の経済効果をもたらすことも期待されている。

　ガイドツアーを普及促進していくためには、人々がどのようなツアーを望んでいるかを把握することが重要である。本研究は尾瀬においてガイドツアーを普及促進していくための手がかりをつかむことを目的として、入山者の属性や旅行内容を把握するとともに、ガイドツアーに対する選好を明らかにすることを試みるものである。本研究では、選好分析の方法として、マーケティングリサーチや環境経済学の分野で研究が進められているコンジョイント分析を用いることで、ガイドツアーを構成する様々な要素について、その価値を貨幣単位で評価する。

本稿の構成は、以下の通りである。2節では、尾瀬の概要について述べる。そこでは、尾瀬の自然環境、利用の状況、問題点、および、その解決方法として注目されているガイドツアーについて述べる。3節では、本研究で実施した調査の概要について述べる。4節では各質問項目の集計結果を報告し、5節ではコンジョイント分析の結果を示す。最後に6節で分析結果のまとめを行い、今後の課題を提示する。

I 尾瀬の概要

1 尾瀬の地勢と自然環境

尾瀬には、ともに日本百名山に数えられる至仏山（2,228 m）と燧ケ岳（2,356 m）があり、その間に景鶴山（2,004 m）や皿伏山（1,917 m）など、2,000 m級の山々が、尾瀬ヶ原を囲うように連なっている（図2）。周囲を山に囲まれ盆地型になっている尾瀬ヶ原は、集水域となっており、東西6 km、南北2 km、広さ760haに及ぶ湿原が形成されている。この尾瀬ヶ原は、本州最大の湿原であるとともに、日本最大の高層湿原であり、標高1,400 mもの高標高地に存在する広大な湿原として非常に貴重である。尾瀬ヶ原の東、燧ケ岳のふもとには、噴火活動によって誕生した尾瀬沼がある。

尾瀬では、絶滅危惧種に指定されている貴重な植物が多数確認されている[2]。また、山地帯にはブナ林が、亜高山帯にはオオシラビソ林が広がっている。このように、尾瀬には、人の手がほとんど加わっていない原生的な自然が残されている。

国立公園の公園計画に基づく地種区分をまとめたものが表1である[3]。尾瀬国立公園は4分の1程度が特別保護地区に指定されている。特別保護地区は「特にすぐれた自然景観、原始状態を保持している地区」として最上級に位置づけられており、原則的に動植物の捕獲が制限されているなど、利用方法に関して厳しい規制が敷かれている。

また、尾瀬は、特別天然記念物にも指定されている[4]。さらに、尾瀬は、水

図2 尾瀬のトレッキングコースと主なポイント

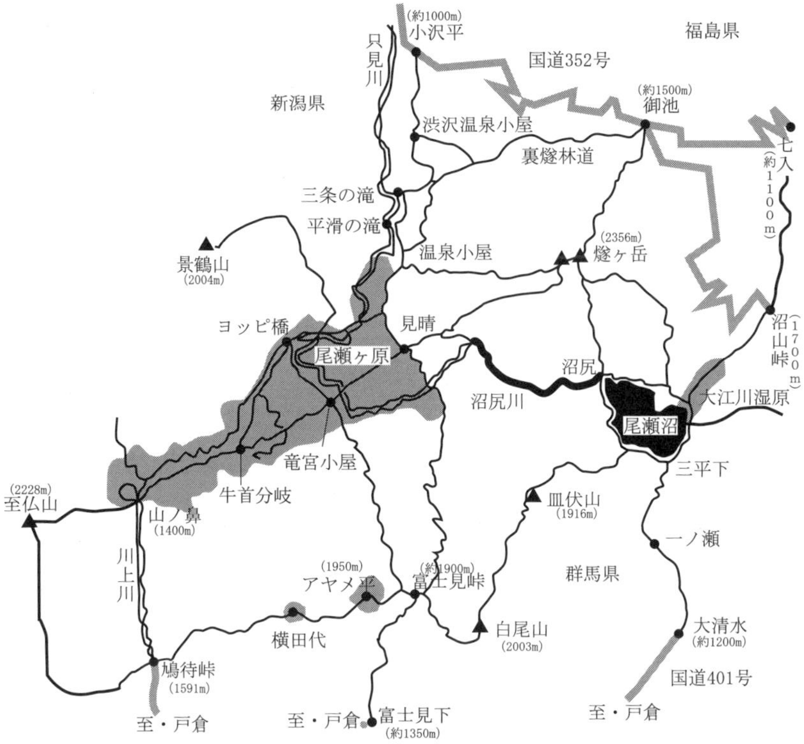

表1 尾瀬国立公園の地種区分別面積内訳（ha）

特別地域				普通地域
特別保護地区	第一種特別地域	第二種特別地域	第三種特別地域	
9,386	6,208	15,923	5,683	0
	37,200			0

鳥の生息地として国際的に重要な湿地の保全を推進していくことを目的とした国際条約であるラムサール条約の登録湿地にもなっている。

2　入山者数の推移

　尾瀬の豊かな自然を目的として、毎年多くの人々が尾瀬を訪れている。尾瀬への主要なアプローチは、群馬県側の鳩待峠から入山するルートと、福島県側の沼山峠から入山するルートの2つである。入山口は他にも6つあり、計8つ整備されているが、全入山者数の半数が鳩待峠口に集中している。これは、首都圏から容易にアクセスできるうえに、尾瀬ヶ原まで1時間程度で到達できるためであると考えられる。各入山口の入山者数を示したものが図3である[5]。

　入山者が多く訪れることにより、ゲートとなる利根沼田地域（群馬県沼田市、利根郡）では観光業が盛んである。宿泊施設や日帰り温泉施設などの観光施設のほか、入山口までマイカー規制が敷かれているため、代替輸送を担うバス、タクシーなどの運輸業も盛んである。

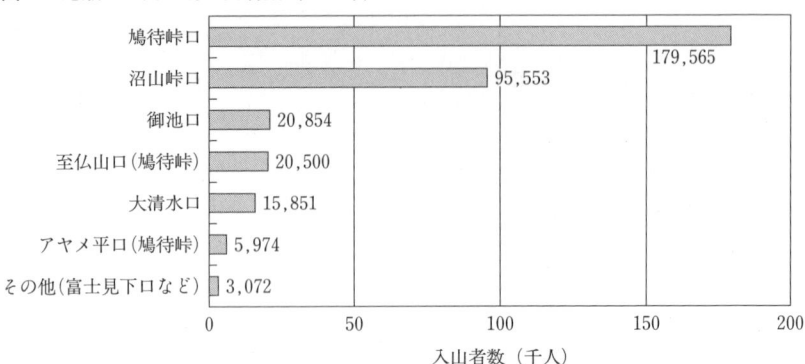

　近年の尾瀬の年間入山者数の推移についてまとめたものが図4である[6]。1989年から1995年にかけては毎年50万人前後で推移していたが、1996年と1997年には60万人を超えている。その後、入山者数は一貫して減り続け、2005年には30万人をわずかに超える程度となった。入山者がピーク時と比較して半減し

図3　尾瀬の入山口別入山者数（2006年）

入山口	入山者数
鳩待峠口	179,565
沼山峠口	95,553
御池口	20,854
至仏山口（鳩待峠）	20,500
大清水口	15,851
アヤメ平口（鳩待峠）	5,974
その他（富士見下口など）	3,072

入山者数（千人）

図4 尾瀬の年間入山者数の推移

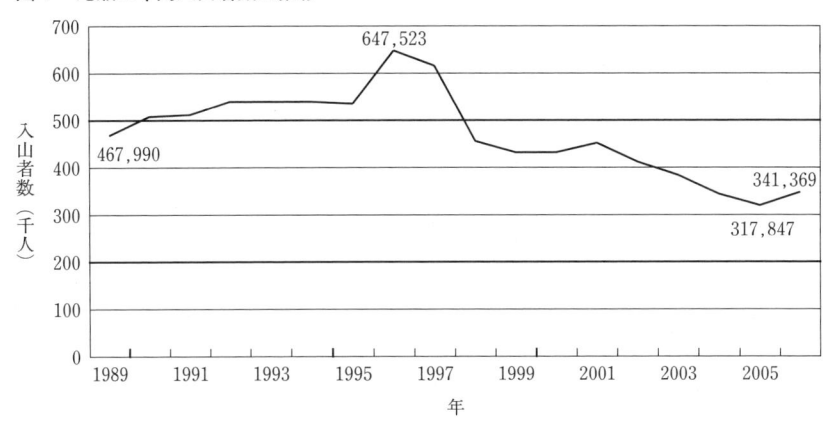

図5 片品村における観光客数と宿泊者数の推移

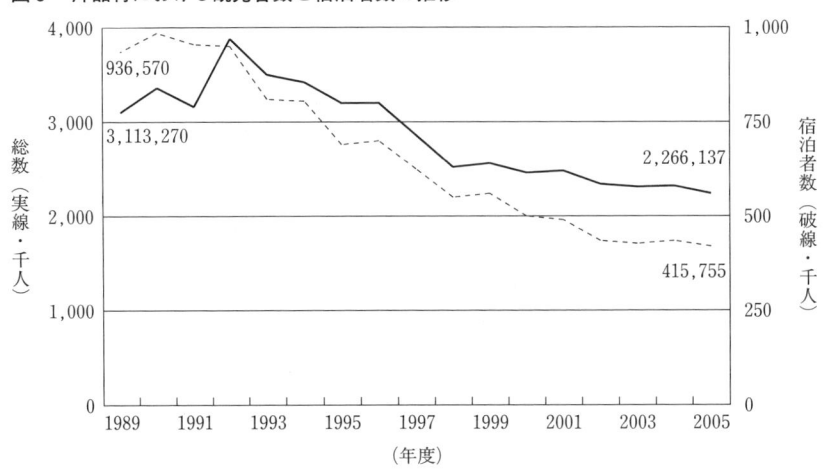

たため、利根沼田地域では観光業に影響が出始めている。片品村における観光客数と宿泊者数の推移についてまとめたものが図5である[7]。利根沼田地域では、地域経済の低迷や賑わいの喪失が懸念されている。

　一方で、自然環境への負担を考慮すると、むしろ入山者が減少することを歓迎すべきであるという意見もある。入山者による湿原の踏み付け（アヤメ平な

ど）や登山道の荒廃に伴う植生破壊（至仏山東面登山道）などは、人の利用が集中したことで生じた問題である。これらの問題を解決するためには、入山者数を減少させることが有効であると考えられるからである。

このような状況を背景として、尾瀬では、自然環境への負担を極力軽減しつつ、一定の入山者数を確保することができる新たな利用方法が求められている。そのような方法として、現在注目されているのが、ガイドツアーである。

3　ガイドツアーの普及促進に向けた動き

ガイドツアーとは、自然に関する解説を行うガイドが同行するツアーである。ガイドツアーに参加することで、その地域の自然に関する知識や、その適切な利用方法について学ぶことができるため、参加者の自然に対する理解が深まり、その結果、環境への負担も軽減されると期待されている。

尾瀬の自然に関する解説活動や適正利用に関する普及・啓発活動を行っている財団法人尾瀬保護財団は、ガイド利用の普及促進に取り組んでいる。また、尾瀬の土地を所有している東京電力株式会社のグループ企業である尾瀬林業株式会社は、ガイド事業を行っている。さらに、国・自治体の関係者、研究者、民間メンバーからなる「尾瀬の保護と利用のあり方検討会」は、環境教育を目的として、ガイドツアーの普及促進を提言している。このように、現在、尾瀬では、ガイドツアーの普及促進のための様々な取り組みが行われている。

上記の通り、尾瀬では、ガイドツアーの普及促進に向けた取り組みが行われているが、ガイドツアーを普及促進していくためには、人々のニーズに合った魅力的なガイドツアーを提供することが重要である。いくらガイドツアーを準備しても、誰も利用しないのでは意味がない。自然保護が重要であることは言うまでもないが、その上で、いかに人々のニーズに合ったツアーを提供できるかがポイントとなる。多くの人々がガイドツアーを利用することで、自然保護と地域振興の両立が可能となる。

ガイドツアーの普及促進を目指すうえで、その潜在的な市場を理解することは重要である。そこで、本研究では、入山者の属性や旅行内容を把握するとと

もに、ガイドツアーに対するニーズを明らかにすることを目的として、アンケート調査を行った。

II 調査の概要

1 調査票の配布・回収方法

2006年10月の紅葉シーズンに調査を実施した。鳩待峠にて、一般の入山者を対象に、1）調査票、2）地図と主なポイントの説明が書かれた資料、3）切手添付済みの返信用封筒、4）謝礼である絵ハガキの4点を配布し、郵送にて回収を行った。1,200部を配布し、2006年12月末までに703部が回収された（回収率58.6%）。調査の概要をまとめたものが表2である。

2 調査票の構成

調査票では、はじめに今回の尾瀬旅行の内容、および尾瀬に対する知識を尋ねる質問を行った。具体的には、尾瀬への訪問回数、個人旅行かパックツアーか、誰と一緒に来たか、尾瀬の中でどこに行ったことがあるか、どこに行ってみたいと思うか、尾瀬が日光国立公園の一部であることを知っているか、尾瀬を日光国立公園から独立させ尾瀬国立公園とすることが議論されていることを知っているかなどについて質問を行った[8]。

次に、コンジョイント分析の質問を行った。ここでは、様々なガイドツアー

表2 調査の概要

調査期間	2006年10月7日（土）～13日（金）（10月10日（火）を除く、計6日間）
配布場所	鳩待峠
調査対象	一般の入山者
配布方法	調査員による手渡し
回収方法	郵送による回収
配布部数	1200部
回収部数	703部
回収率	58.6%

を、参加したいと思う順に順位づけてもらった。

続いて、ガイドツアーへの参加経験に関する質問を行った。具体的には、尾瀬でガイドツアーに参加したことがあるかを尋ね、参加したことがないと回答した人にはその理由を尋ねた。さらに、他の国立公園や観光地でガイドツアーに参加したことがあるかなどを質問した。

最後に、年齢、性別、職業、居住地など、個人属性に関する質問を行った。

III 集計結果

1 個人属性

個人属性の集計結果は表3の通りである。回答者の性別比は、ほぼ半々であった。年齢は、50代と60代が多く、両年齢層をあわせると、全体の7割を占める。職業は、会社員、主婦、定年退職者(年金受給者)が多い。居住地は関東が非常に多く、関西や東海などから訪れている人は少ない。収入に関しては、500万円台と1,000万円以上が多かった。

2 尾瀬旅行の内容

今回の尾瀬旅行の内容に関する質問の結果は、表4の通りである。滞在日数は、日帰りが非常に多い。その理由としては、以下の2点が考えられる。第一に、鳩待峠を起点におけば、日帰りで十分みどころを巡ることができるので宿泊する必要がないこと、第二に、宿泊できる施設の数や収容人数が限られており宿泊が難しいことである[9]。

訪問回数については、今回が初めてという人は全体の4分の1に過ぎず、2回目以上の人(リピーター)が多いことがわかった。尾瀬は首都圏から比較的近いため、多くの人にとって訪問しやすいものと考えられる。

旅行形態については、個人旅行がやや多いことがわかった。また、グループのメンバーは、知人同士が半数を占めており、グループの人数は2人が多かった。

表3　回答者の個人属性

質問項目	選択肢	人数(人)	割合(%)
性別 (n=669)	男性	354	52.9
	女性	315	47.1
年齢 (n=686)	10-20代	30	4.4
	30代	48	7.0
	40代	78	11.4
	50代	241	35.1
	60代	236	34.4
	70代以上	53	7.7
職業 (n=675)	会社員	187	27.7
	公務員	63	9.3
	自営業	67	9.9
	パート	61	9.0
	主婦	122	18.1
	学生	6	0.9
	年金受給者	129	19.1
	その他	40	5.9
居住地 (n=691)	東京都	150	21.7
	埼玉県	130	18.8
	神奈川県	96	13.9
	群馬県	79	11.4
	千葉県	60	8.7
	茨城県	45	6.5
	栃木県	31	4.5
	その他	100	14.5
収入 (n=655)	1,000万円以上	96	14.7
	900万円台	59	9.0
	800万円台	62	9.5
	700万円台	46	7.0
	600万円台	69	10.5
	500万円台	90	13.7
	400万円台	82	12.5
	300万円台	71	10.8
	200万円台	55	8.4
	200万円未満	25	3.8

　これまでに訪れたことがある場所と今後訪れたいと思う場所に関する質問の結果は表5の通りである。これまでに訪れたことがある場所については、尾瀬ヶ原（牛首分岐まで往復及び竜宮とヨッピ橋周回）が最も多く、アヤメ平や至仏山を訪れた経験があるのは、ともに3割ほどであった。一方で、今後訪れたいと思う場所については、尾瀬ヶ原と回答したのはわずか2割ほどで、アヤメ

表4　今回の尾瀬旅行の内容

質問項目	選択肢	人数(人)	割合(%)
滞在日数 (n=694)	日帰り	536	77.1
	1泊2日	138	19.8
	2泊3日	22	3.1
訪問回数 (n=674)	はじめて	176	26.1
	2-3回目	235	34.9
	4-10回目	180	26.7
	10回以上	83	12.3
旅行形態 (n=698)	個人旅行	416	59.6
	パックツアー	221	31.7
	その他	61	8.7
グループ構成 (n=692)	個人	87	12.6
	知人同士	327	47.3
	家族同士	221	31.7
	その他	57	8.2
グループ人数 (n=629)	1人	49	7.8
	2人	332	52.8
	3-5人	176	28.0
	6人以上	72	11.4

表5　これまでに訪れたことがある場所と今後訪れたいと思う場所

質問項目	選択肢	人数(人)	割合(%)
実際に訪問したことがある場所 (n=703)(複数回答)	牛首分岐まで往復	561	79.8
	竜宮とヨッピ橋周回	460	65.4
	アヤメ平	206	29.3
	至仏山	236	33.6
次回、尾瀬を訪れた際に行ってみたい場所 (n=587)(一つ選択)	牛首分岐まで往復	27	4.6
	竜宮とヨッピ橋周回	112	19.1
	アヤメ平	189	32.2
	至仏山	259	44.1
上記の選択肢以外で行ってみたい場所(自由回答)	尾瀬沼191、燧ケ岳95、三条の滝104、沼山峠19、見晴16など		

平や至仏山といった回答が7割以上を占めた。ほとんどの回答者は、尾瀬ヶ原を訪問した経験がある一方で、アヤメ平や至仏山を訪問した経験のある回答者は少ないためであると考えられる。なお、選択肢として挙げた場所以外で多くの回答があったのは、尾瀬沼、燧ケ岳、三条の滝などである。これらは、多くの人が利用する鳩待峠口からはアプローチしづらい場所にあり、訪問したこと

表6 尾瀬についての知識

質問項目	選択肢	人数(人)	割合(%)
尾瀬は日光国立公園の一部であること(n=701)	知っていた	575	82.0
	知らなかった	123	17.5
	その他	3	0.4
尾瀬を日光国立公園から独立させ「尾瀬国立公園」とすることが議論されていること(n=699)	知っていた	183	26.2
	知らなかった	509	72.8
	その他	7	1.0

表7 尾瀬以外の訪問地

質問項目	選択肢	人数(人)	割合(%)
尾瀬以外の観光地への訪問(n=687)	行った	240	34.9
	行ってない	444	64.6
	その他	3	0.4
(上記質問で行ったと回答した方に質問)訪問した場所(n=240)(複数回答)	吹割の滝	98	40.8
	老神温泉	51	21.3
	日光	109	45.4
	その他	106	44.2

がない人が多いためであると考えられる。

　尾瀬についての知識に関する質問の結果は、表6の通りである。尾瀬は日光国立公園に属していることを知っていたかを尋ねた結果、8割以上の回答者がそのことを知っていた。一方、尾瀬の分離独立の動きについては、7割以上の回答者が知らなかった。

　他の訪問地の有無に関する質問の結果は、表7の通りである。3割強の入山者が他の観光地を訪れたと回答した。また、他の観光地を訪れたと回答した回答者に、どこへ訪れたかを尋ねた結果、麓に位置し国の天然記念物にも指定されている吹割の滝や、尾瀬と同じく全国的に知名度が高い日光を挙げた回答者が多かった。なお、選択肢として挙げた場所以外で多くの回答があったのは、水上や丸沼などであった。

3　ガイドツアーへの参加経験

　ガイドツアーへの参加経験等について尋ねた結果は表8の通りである。尾瀬

におけるガイドツアーの経験者は、約1割にとどまることが明らかとなった。また、参加経験のない9割の人に参加しない理由を尋ねた結果、「ガイドツアーに参加する方法がわからないため」、「ガイドツアーの時間や行程などが自分の希望する条件と合わないため」、「ガイドツアーに参加すると自分の歩くペースが乱れるため」の3つが多く選ばれた。無料で利用できる国立公園内で、あえてお金を支払ってガイドツアーに参加することを敬遠する人が多いことも予想されたが、実際はそれほど多くなかった。また、その他の意見の中には、「そもそもガイドツアーがあること自体知らなかった」といった意見も存在した。

尾瀬でのガイドツアー参加経験率は約1割であったのに対し、他の観光地におけるガイドツアー参加経験率は、3割近くにのぼった。どこでガイドツアーに参加したかについて尋ねたところ、上位に挙がったのは、白神山地や屋久島など、原生的な自然を残した場所であった。

尾瀬におけるガイドの組織である「尾瀬ガイドネットワーク」を知っているかを尋ねたところ、知っていたと回答したのは約1割であった。

IV　コンジョイント分析

1　サーベイデザイン

ガイドツアーに対する選好を把握するため、コンジョイント分析の質問を行った。コンジョイント分析には様々な質問形式があるが、本研究では仮想ランキングを採用した。仮想ランキングは、回答者に対し複数の選択肢を提示し、それらを望ましい順に順位付けてもらうことで、選択肢を構成する各属性の価値を貨幣単位で評価する方法である[10]。

コンジョイント分析では、はじめに属性と水準（属性がとりうる具体的な内容や値）を設定する。1つ目の属性として「目的地」を設定した。これは、ガイドツアーを選択する際の最も重要な属性であると考えられる。今回は、鳩待峠を起点に日帰りで訪れることができる4つのコース、尾瀬ヶ原（牛首分岐ま

表8 ガイドツアーへの参加経験等

質問項目	選択肢	人数（人）	割合（％）
今回を含め、これまでに尾瀬でガイドツアーに参加した経験(n＝677)	参加したことがある	63	9.3
	参加したことがない	607	89.7
	その他	7	1.0
（上記問問で参加したことがないと回答した方に質問）ガイドツアーに参加したことがない理由(n＝607)（複数回答）	ガイドツアーに参加するとお金がかかるため	81	13.3
	ガイドツアーに参加する方法がわからないため	209	34.4
	ガイドツアーに参加する手続きが面倒なため	36	5.9
	ガイドツアーの時間や行程などが自分の希望する条件と合わないため	189	31.1
	ガイドツアーに参加すると自分の歩くペースが乱れるため	257	42.3
	他のガイドツアー参加者と一緒に行動したくないため	98	16.1
	ガイドに干渉されたくないため	49	8.1
	尾瀬について理解しており、ガイドツアーの必要性を感じないため	71	11.7
	その他	115	18.9
他の国立公園、または観光地などでガイドツアーに参加した経験(n＝667)	参加したことがある	192	28.8
	参加したことがない	473	70.9
	その他	2	0.3
（上記質問で参加したことがあると回答した方に質問）ガイドツアーに参加した場所(自由回答)	白神19、屋久島12、富士山10、日光9、立山9、知床9、礼文島8、乗鞍8、京都8、大雪山7、白馬6、熊野5、八幡平2、沖縄2、海外13など		
「尾瀬ガイドネットワーク」の存在(n＝674)	知っている	68	10.1
	知らなかった	604	89.6
	その他	2	0.3

で往復）、尾瀬ヶ原（竜宮とヨッピ橋周回）、アヤメ平まで往復、至仏山登山を水準として設定した。尾瀬ヶ原（牛首分岐まで往復）は、最も手軽に尾瀬ヶ原を探勝できるコースである。鳩待峠から4、5時間程度で往復できるため、初心者を含め多くの入山者がこのコースを利用している。尾瀬ヶ原（竜宮とヨッピ橋周回）は、尾瀬ヶ原をほぼ一周できるコースである。標高や植生は、尾瀬ヶ原（牛首分岐まで往復）とほぼ同じであるが、途中に吊り橋（ヨッピ橋）を通ったり、川が伏流水となり再び地表に現れる竜宮の様子が観察できたりする。アヤメ平は、「雲上の楽園」と評されるほど景観が優れた場所であるが、鳩待峠との標高差が400ｍある上に、歩行距離が長い。また、尾瀬ヶ原へ至るトレ

ッキングコースと異なり、木道が敷設されている箇所が限られているため、歩行難易度はやや高い。至仏山登山は、尾瀬ヶ原との標高差が800mにもなり、歩行難易度が高いが、植生が尾瀬ヶ原と大きく異なる上、コースの途中にはお花畑も広がっている。

2つ目の属性は「ガイドの内容」である。参加者の安全確保や単純な道先案内だけを行う「簡単な解説」と、動植物の生態など専門的な内容も含めて幅広く解説する「詳しい解説」を水準として設定した。

3つ目の属性は「同行人数」である。一般に同行人数が多くなると、動きづらくなったり、解説が聞きづらくなったりするため、参加者の満足は低下すると考えられる。そこで、6人、12人、25人の3つの水準を設定し、回答者の評価を調べた。

最後の属性として、ツアーに参加するための「料金」を設定した。水準は500円、1,000円、2,000円の3つである。属性と水準の設定をまとめると、表9の通りである。

属性と水準が設定できたら、それらを組み合わせてプロファイルと呼ばれる選択肢を作成する。本研究では、直交配列にしたがって各属性の水準を組み合わせることで16種類のプロファイルを作成した。

質問では、ランダムに選ばれた2つのプロファイルに、「ガイドツアーに参加せず個人で行動する」を加えた3つの選択肢を提示し、参加したいと思う順に順位をつけてもらった。図6に調査に用いた質問の一例を示す。

直交配列にしたがって作成した16種類のプロファイルを3回ずつ使って24問

表9 属性と水準

属性	水準
ツアーの目的地	尾瀬ヶ原(牛首分岐まで往復)【所要:5時間】 尾瀬ヶ原(竜宮とヨッピ橋周回)【所要:7時間】 アヤメ平まで往復【所要:7時間】 至仏山登山【所要:8時間】
ガイドの内容	詳しい解説、簡単な解説
同行人数	6人、12人、25人
料金	500円、1,000円、2,000円

図6　仮想ランキングの質問例

次の3つのプランがあった場合、参加したいと思う順に順位をつけてください。

	Aプラン	Bプラン	Cプラン
ツアーの目的地	尾瀬ヶ原 （牛首分岐まで往復） 【所要：5時間】	至仏山登山 【所要：8時間】	ガイドツアーに参加せず 個人で行動する
ガイドの内容 同行人数 料金	簡単な解説 6人 1000円	詳しい解説 25人 500円	
参加したい 順に順位を→	↓	↓	↓

の選択肢集合を作成し、それを6問ずつに分割することで、6問の質問からなる調査票を4種類作成した。

2　分析方法

仮想ランキングでは、回答者 k が選択肢 i を選択したときの効用 U_{ki} に次式のようなランダム効用モデルを想定する。

$$U_{ki} = V_{ki} + \epsilon_{ki} \tag{1}$$

ただし、V_{ki} は効用のうち観察可能な確定項、ϵ_{ki} は観察不可能な確率項である。選択肢 j の集合 $C = \{1, 2, \cdots, J\}$ の中から回答者 k が選択肢 i を1位に選択する確率 P_{ki} は、選択肢 i を選択したときの効用 U_{ki} が、その他の選択肢 $j(j \neq i)$ を選択したときの効用 U_{kj} よりも高くなる確率であるから、次式の通りとなる。

$$\begin{aligned} P_{ki} &= \Pr[U_{ki} > U_{kj} \quad \forall j \in C, \, j \neq i] \\ &= \Pr[V_{ki} - V_{kj} > \epsilon_{kj} - \epsilon_{ki} \quad \forall j \in C, \, j \neq i] \end{aligned} \tag{2}$$

McFadden（1974）が示した通り、式(2)の確率項 ϵ_{ki}、ϵ_{kj} がガンベル分布（第一種極値分布）に従うと仮定すると、確率 P_{ki} は以下の条件付きロジットモデル

により表現される。

$$P_{ki} = \frac{\exp(\lambda V_{ki})}{\sum_{j \in C} \exp(\lambda V_{kj})} \qquad (3)$$

ただし、λ はスケールパラメータであり、通常は1に基準化される。

仮想ランキングでは、回答者の順位付け行動を選択行動の連続と解釈して分析を行う。つまり、回答者はまず、すべての選択肢の中から最も望ましい選択肢を選択し、引き続き、残りの選択肢の中から最も望ましい選択肢を選択する行動を、選択肢が残り1つとなるまで繰り返すと解釈するのである。そのように考えれば、回答者 k が J の選択肢を r の順序、例えば、1, 2, …, J の順序に順位付ける確率は、各段階での選択確率を表す条件付きロジットモデルの積で表され、

$$\begin{aligned} P_{kr} &= \Pr[U_{k1} > U_{k2} > \cdots > U_{kJ}] \\ &= \prod_{i=1}^{J-1} \frac{\exp(\lambda V_{ki})}{\sum_{j=1}^{J} \exp(\lambda V_{kj})} \end{aligned} \qquad (4)$$

となる。パラメータの推定値は、以下の対数最尤関数を最大化することにより求められる。

$$\ln L = \sum_{k=1}^{K} \sum_{r \in R} \delta_k^r \ln P_{kr} \qquad (5)$$

ただし、r は順序インデックス、R はすべての順序の集合、δ_k^r は回答者 k がプロファイルを r の順序に順位づけたときに1、それ以外のときは0となるダミー変数、P_{kr} は回答者 k がプロファイルを r の順序に順位づける確率を表す。

パラメータが推定されれば、そこから、各属性に対する限界支払意思額 (Marginal Willingness To Pay: MWTP) が得られる。例えば、線形の V を仮定した場合、属性 x_1 に対する MWTP は、負担額のパラメータ β_p と属性 x_1 のパラメータ β_1 の比から求められる。

$$MWTP_{x1} = \frac{dp}{dx_1} = \frac{dV/dx_1}{dV/dp} = -\frac{\beta_1}{\beta_p} \tag{6}$$

3　推定結果

コンジョイント分析の推定には、少なくとも1問の質問に回答している621人の回答を用いた[11]。推定結果とMWTPの計算結果は、表10のとおりである。

ツアーの目的地については、尾瀬ケ原（牛首分岐まで往復）をダミー変数の基準としている。3つの目的地は、すべてプラスに有意となった。これは、3つともが、基準である尾瀬ケ原（牛首分岐まで往復）よりも好まれることを意味する。

最も高く評価されたのは、アヤメ平まで往復であり、MWTPは約1,211円となった。これは、アヤメ平を目的地としたツアーに参加するためであれば、尾瀬ケ原（牛首分岐まで往復）を目的地としたツアーに参加する場合と比較して、約1,211円多く支払ってもいいと考えられていることを意味する。

次いで高く評価されたのは至仏山登山であり、MWTPは約992円となった。評価が最も低かったのは尾瀬ケ原（竜宮とヨッピ橋周回）であり、MWTPは約528円となった。MWTPの解釈は、アヤメ平の場合と同様である。

以上の結果から、ガイドツアーで行くのであれば、これまでに行ったことがない場所や、1人では行きにくい場所が好まれることが明らかとなった。

表10　推定結果とMWTPの計算結果

変数	係数	t値	MWTP(円)
尾瀬ケ原(竜宮とヨッピ橋周回)	0.24735	5.145	527.50
アヤメ平まで往復	0.56769	12.022	1,210.68
至仏山登山	0.46516	9.964	992.03
詳しい解説	0.02289	0.582	-
同行人数	-0.01676	-7.352	-35.75
料金	-0.00047	-15.867	-
選択肢3に固有の定数項	-0.31231	-6.509	-666.05
サンプル数	3223		
対数尤度	-5473.674		

ガイドの内容については、簡単な解説をダミー変数の基準としている。詳しい解説は有意とならなかった。これは、基準である簡単な解説と詳しい解説で、回答者の評価に有意な差がなかったことを意味する。人々は、ガイドツアーの選択において、ガイドの内容を重視していないことが明らかとなった。その原因としては、人々がガイドツアーにおけるガイドの重要性を十分に理解していなかったことや、学ばなければならないことが増えることを負担に感じた回答者がいたことなどが考えられる。

　同行人数に関しては、マイナスに有意となった。ここから、同行人数は少ない方が好まれることが明らかとなった。尾瀬では狭い木道の上を歩くため、同行人数が多くなると移動が困難になる。また、同行人数が多くなるほど、ガイドの説明も聞きづらくなる。これらの理由から、同行人数の増加はマイナスに評価されたものと考えられる。MWTPは、約マイナス36円となったが、これは、同行人数が1人増えることで、約36円に相当する効用の低下がもたらされることを意味する。また、同行人数を1人減らすためであれば36円追加的に支払ってもいいと考えられているとも解釈できる。

　各属性の変数に加えて、選択肢3に固有の定数項がマイナスに有意となった。ここでは、ガイドツアーに参加することを意味する選択肢1と選択肢2をダミー変数の基準としている。したがって、この結果は、ガイドツアーに参加せず個人で行動することよりも、ガイドツアーに参加することの方が好まれることを意味する。MWTPは約666円となったが、これは、ガイドツアーに参加することそのもののために、約666円支払ってもいいと考えられていることを意味する。

　上記の通り、コンジョイント分析の結果から、人々がどのようなガイドツアーを望んでいるのかを理解することが可能であるが、さらに、各属性に対するMWTPの情報から、ガイドツアーの企画に役立つ様々な知見が得られる。例えば、他の条件が同じで、同行人数のみが異なる2つのツアーがあるとする。一方の同行人数が5人で、もう一方の同行人数が15人のとき、2つのツアーが同程度の評価を得るためには、後者の料金は前者の料金よりも約360円（約36

円／人×10人）安く設定されていなければならないことがわかる。また、各属性に対する MWTP を組み合わせることで、ツアー全体に対する支払意思額（Willingness to Pay：WTP）を計算することも可能である。したがって、様々なツアーについて、どの程度の料金を設定すれば、どの程度の需要が見込めるかを予測することも可能となる。このように、本研究で得られた結果は、ガイドツアーを企画する上で有益な情報を提供するものと考えられる。

おわりに

　本研究では、尾瀬国立公園においてガイドツアーを普及促進していくための手がかりを得ることを目的として、入山者の属性、旅行内容、ガイド利用の経験、ガイドツアーに対する選好などを把握するためのアンケート調査を実施した。調査により明らかになったことを要約すると、以下の通りである。

　第一に、個人属性に関しては、(1)年齢層は50代と60代が多く、両年齢層を合わせると全体の7割を占めること、(2)居住地は関東が多いこと、などが特徴である。第二に、旅行内容に関しては、(1)日帰りでの訪問が多いこと、(2)リピーターが多いこと、などが特徴である。第三に、ガイド利用の経験に関しては、(1)尾瀬におけるガイドツアーの経験者は約1割にとどまる、(2)参加経験のない人は、ガイドツアーに参加しない理由として「ガイドツアーに参加する方法がわからないため」、「ガイドツアーの時間や行程などが自分の希望する条件と合わないため」、「ガイドツアーに参加すると自分の歩くペースが乱れるため」を挙げている、などのことが明らかとなった。第四に、ガイドツアーに対する選好に関しては、(1)ツアーの目的地は、これまでに行ったことのない場所や1人では行きにくいと思われる場所が好まれる、(2)人々はガイドツアーの選択において、ガイドの内容を重視していない、(3)人々は同行人数の少ないツアーを好む、(4)ガイドツアーに参加せず個人で行動するよりもガイドツアーに参加する方が好まれる、などのことが明らかとなった。

　上記のとおり、本研究では、尾瀬国立公園においてガイドツアーを普及促進

していくうえで有益な情報が多数得られたが、課題も残されている。今後の課題として、以下のことが挙げられる。

第一に、結果の一般性を確認することが必要である。尾瀬では、春から夏にかけては初めて訪れる人が比較的多いのに対し、秋は登山やトレッキングに慣れたリピーターが比較的多いと言われている。本研究では10月の紅葉シーズンに調査を実施したため、リピーターが主な調査対象となった。初心者とリピーターとでは、個人属性、旅行内容、ガイドツアーに対する選好などに大きな差異が存在する可能性が考えられる。より一般的な結果を得るためには、春から夏にかけても同様の調査を実施することが必要である。

第二に、自然保護の在り方に関する議論が必要である。本稿では、尾瀬の自然をどのような方法でどこまで保護すべきかについては議論しなかったが、ガイドツアーの在り方を考える上で、そのことは極めて重要である。今後は、この点に関する議論が必要である。

第三に、地域におけるルールづくりや合意形成に関する議論が必要である。新たな利用方法としてガイドツアーを定着させるためには、自然保護、ツアーの運営、ガイドの質などに関するルールづくりや利害関係者間での合意形成も欠かせない。本稿では言及しなかったが、それらが重要であることは言うまでもない。なお、尾瀬では2009年度を目標に、認定ガイド制度を導入する方針が打ち出されている。

〔謝辞〕アンケートにご回答くださいました回答者のみなさまと本研究に対して有益なコメントをくださいました財団法人尾瀬保護財団の安類智仁氏に、心より感謝いたします。なお、本研究は高崎経済大学2006年度特別研究奨励金「国立公園の適性利用に向けた環境経済学的研究」により実施されたものです。

注

1) 本稿では、尾瀬ヶ原や尾瀬沼を中心としたエリアである尾瀬地域を尾瀬と表記する。なお、尾瀬国立公園は、群馬、福島、新潟、栃木の4県にまたがっている。

2) 湿地帯ではオゼコウホネやナガバノモウセンゴケ、至仏山などの山地帯ではオゼソウや氷河期残存植物でもあるホソバヒナウスユキソウ、森林帯ではシラネアオイやトガクシショウマといった植物が確認されている。
3) 環境省ウェブサイト内の尾瀬国立公園のページ (http://www.env.go.jp/park/oze/intro/basis.html) を参考に作成。
4) 特別天然記念物と国立公園の双方に指定されているのは、全国で、尾瀬 (尾瀬国立公園)、大雪山 (大雪山国立公園)、黒部峡谷 (中部山岳国立公園)、上高地 (中部山岳国立公園) の4か所のみである。
5) 環境省ウェブサイト内インターネット自然研究所の「平成18年度日光国立公園尾瀬地域入山者数調査について」のページ (http://www.sizenken.biodic.go.jp/park/article/fix/1169514265/index.html) を参考に作成。
6) 環境省ウェブサイト内インターネット自然研究所の「平成18年度日光国立公園尾瀬地域入山者数調査について」のページ (http://www.sizenken.biodic.go.jp/park/article/fix/1169514265/index.html) より引用 (一部加筆修正)。
7) 片品村役場ウェブサイトの片品村統計情報・観光の推移のページ (http://www.vill.katashina.gunma.jp/toukei/kankosuii.html) を参考に作成。
8) 調査票を配布した2006年10月当時、尾瀬は日光国立公園に属しており、分離独立に向けて議論が行われている最中であった。
9) この質問は、尾瀬に滞在した日数を尋ねたものである。麓の利根沼田地域での宿泊は、尾瀬での宿泊と扱っていない点に注意されたい。
10) 仮想ランキングの詳細に関しては、栗山・庄子 (2005) を参照されたい。
11) 6回の質問のうち一部の質問のみに回答している場合は、回答が行われている質問のデータのみを分析に用いた。

参考文献

栗山浩一・庄子康編著 (2005)『環境と観光の経済評価――国立公園の維持と管理』勁草書房。
菊池慶四郎・須藤志成幸著 (1991)『永遠の尾瀬 自然とその保護』上毛新聞社。
スー ビートン著、小林英俊訳 (2002)『エコツーリズム教本 先進国オーストラリアに学ぶ実践ガイド』平凡社。
McFadden, D. (1974) " Conditional logit analysis of qualitative choice behavior ", in P. Zarembka (ed), *Frontiers in Econometrics*, Academic Press, pp. 105-142.

第11章　群馬の森の環境評価
—— 仮想評価法およびトラベルコスト法による実証

柳瀬明彦・小安秀平・中条　護・堀田知宏・水野玲子

はじめに

　我々の社会経済活動は、環境との関わり抜きでは成立しない。環境は天然資源の供給、廃物の同化・吸収、アメニティの供給など多様な機能を擁しており、したがってその価値は計り知れないものがある。しかしながら、環境は「計り知れない」価値を持つ一方[1]、環境の価値は我々の経済活動の基盤である市場経済システムにおいては「計るのが容易ではない」ものである。このような環境の価値を評価することの困難さは、様々な環境問題を引き起こす一因でもある。

　環境価値を貨幣単位で表すことが困難な理由は、環境は市場取引が行われず、市場での価格が存在しない場合が一般的であることに帰する。森林を例にとれば、森林の木材としての価格は知ることができるものの、森林の生態系の価格を知ることはできない。しかし、現代の社会経済システムにおいて適切な環境の水準を達成・維持し、持続可能な社会を築き上げていくためには、環境の経済的価値をできる限り正しく把握する必要がある。

　環境価値を計測する試みは、既に多くの事例が存在し、その手法も現在では多様である。我々は、研究・教育の場である群馬県高崎市にある「群馬の森」という自然公園に焦点を当て、その環境価値の推計を試みた。推計の方法として、我々は仮想評価法とトラベルコスト法という2種類の方法を採用した。次

節以降において、それぞれの手法について概説し、群馬の森の環境評価においてそれぞれの手法をどのように用いたのかを説明する。そして、得られた推計結果についての解釈を行う。

I 仮想評価法とトラベルコスト法

環境価値を測定する代表的な手法には、代替法やヘドニック法、トラベルコスト法、仮想評価法、コンジョイント分析といった手法が挙げられる[2]。その中でも、我々は仮想評価法とトラベルコスト法に注目し、群馬の森の環境評価に適用した。その理由は、これらの手法が自然公園の特色を活かした研究をするのに適している手法であるためだが、以下の説明でそのことが理解されよう。

1 仮想評価法

仮想評価法（contingent valuation method：CVM）とは、次のように環境の経済的評価を求めるものである。まず、ある環境の仮想的な変化から環境を守るために支払える金額や、それを受け入れるために必要な金額を、その環境の変化から影響を受ける人々の一部に直接尋ねる。そして、その額を統計的に処理することによって一世帯当たりあるいは一人当たりの金額を計算し、関係者全体で集計したものを環境の価値とする。

この方法には大きな特徴が2つある。第1に、評価対象となる環境の幅の広さである。従来の景観保全、大気汚染対策などの環境問題対策だけでなく、地球温暖化対策などの地球環境問題についても評価が可能で、原理的にはあらゆる環境を対象にすることができる。第2に、金額を直接人々に尋ねることで、環境に関心をもっている人々のあらゆるタイプの選好に依存して価値を付けることができ、その環境の価値全体を評価することが原理的に可能である。

(1)支払意志額と受入補償額

仮想評価法は、環境を守るために支払っても良い金額である「支払意志額

(willingness to pay：WTP)」や、環境の変化を受け入れるために必要な金額である「受入補償額（willingness to accept compensation：WTA)」を尋ねる評価手法である。ただし、支払意志額と受入補償額は通常は一致しない。一般に、受入補償額の方が支払意志額よりも高くなる傾向があり、受入補償額を用いて評価すると過大評価になる危険性が高いため、受入補償額が実際に使われることはほとんどない。

(2)バイアス

仮想評価法は、仮想状態における支払意志額について尋ねるため、表明された評価額が、本当に実施する側が意図していた対象に対する評価であるかどうかが問題になる。このように、対象の評価と表明された評価の違いを一般にバイアスと呼ぶ。たとえ人々の環境に対する評価が安定したものであっても、バイアスの存在によって推計された評価価値が変わってしまう可能性がある。表1に、主なバイアスの一覧を示した。

表1　主なバイアス

戦略バイアス	回答者が意図的に偽りの金額を表明する
追従バイアス	回答者が調査者に喜ばれる回答をしようとする
開始点バイアス	調査者が最初に提示する金額が影響する(付け値ゲーム形式)[3]
範囲バイアス	金額の選択肢の範囲が回答者に影響を与える(支払カード形式)[4]
関係バイアス	評価対象とその他の商品との関係を示したとき、商品の価格が回答に影響する
重要性バイアス	評価対象の重要性を示したときに回答者が影響を受ける
位置バイアス	複数の評価対象について尋ねるときに、質問の位置や順番が回答に影響する
シンボリック・バイアス	評価対象に関するシンボリックな意味に対して回答してしまう[5]
部分全体バイアス	調査者の意図する評価対象の範囲と、回答者の受け取った範囲が異なる
測度バイアス	調査者の意図する測度と回答者の認識している測度が異なる
供給可能性バイアス	お金を支払っても環境は守られないと回答者が考える
支払手段バイアス	支払手段が支払意志額に影響する
所有権設定バイアス	非現実的な所有権を設定したときに回答者が支払いや補償を拒否する[6]
供給方法バイアス	同じ評価対象であっても提供者の違いが回答者に影響を与える
予算制約バイアス	自分の支払能力を考えずに回答する

(3)評価手順

仮想評価法の手順は、以下の5段階から成る。

① 評価対象の情報収集

評価対象について、既存の統計データの収集を行い、先行研究についても調べる。また、評価対象について、現地調査や聞き取り調査を行う。

② 調査票の草案作成

調査を行う際に使用する調査票の草案を作成する。CVMでは評価対象の現状と変化後の2つの状況を回答者に示すが、その際に具体的かつ現実的なシナリオを検討する必要がある。また、説明文などの解かりやすさにも気をつける。

③ プレテストの実施

本調査を実施する前に、プレテスト(先行調査)を行う。これにより、調査票の問題点が明らかになり、精度の高い本調査につなげることができる。プレテストの結果から再検討すべき調査票の問題点とは具体的には、評価対象の認識、シナリオの理解度、バイアスの影響、提示額の妥当性、評価シナリオに対する認識などである。

④ 本調査の実施

本調査を行う。調査範囲を設定し、調査サンプルを抽出する。調査方法には対面調査、郵送調査、電話調査など様々あるが、各調査法の長所と短所を勘案し、調査方法を決定する。

⑤ 環境価値の推計

調査結果を集計し、環境価値の推計を行う。調査票のデータの入力と分析を行い、支払意志額を推定する。母集団の範囲を設定し、その人口で集計したのが、環境価値の推計値となる。また、評価結果の信頼性を検証する。

2 トラベルコスト法

トラベルコスト法(travel cost method)は、海辺、河川、森林等の自然環境が持つレクリエーション的側面についての価値を明らかにするものである。人々が自然環境のレクリエーション価値を得るためには、遠く離れたレクリエーシ

ョン地を訪れることになるかもしれない。それにはアクセス費用や時間の機会費用等さまざまな支出が伴うものである。トラベルコスト法は、人々がこれらの支出や時間の消費以上の価値をそこに見出すからこそ、レクリエーション行動を実行に移している、という考えに基づいている。

　トラベルコスト法は、訪問地までの旅行費用と訪問回数または訪問率との関係を基に、間接的に訪問地の利用価値を評価するゾーントラベルコスト法と、利用者の訪問の意向を考慮する個人トラベルコスト法に大別される。この論文では前者のアプローチに基づいて分析を行う。

　(1)ゾーントラベルコスト法のアプローチ

　ゾーントラベルコスト法では、まず、レクリエーション地までの旅行費用または距離に基づいて、訪問者の居住地をいくつかのゾーンに分割する。次にレクリエーション地で訪問者にどのゾーンから訪れたのかを聞き、情報を収集する。そして、得られた情報を基に各ゾーンの訪問率を求め、それと旅行費用との関係を分析することによって、レクリエーション需要曲線を推定する。レクリエーション需要曲線を、栗山・庄子（2005）に従って、次のように定義する。

$$\frac{V_z}{N_z} = f(p_z)$$

　ここで、V_z/N_z はゾーン z の住民がレクリエーションサイトを訪問する比率、V_z はゾーン z からの訪問者数、N_z はゾーン z の人口、p_z はゾーン z から旅行費用を示している。

　ゾーントラベルコスト法には訪問回数が極端に少ない場合でも利用できるメリットがある。しかし、個人情報をゾーンごとの数字に平均化するので、情報のロスが大きくなり、さらにゾーンの分け方によって推計値が異なることが多くなるというデメリットも併せ持っている。

　(2)トラベルコスト法の評価手順

トラベルコスト法の評価手順は、以下の5段階から成る。
① 評価対象とアプローチの決定
　まず評価対象を決める。なお、評価対象はトラベルコスト法の性質上、レクリエーション、景観等の利用できるものに限定する。そして、ゾーントラベルコスト法と個人トラベルコスト法のどちらの評価手法を用いるかを決定する。
② データの収集・整理
　発地、着地、及び移動に関連したデータを収集する。
③ 需要曲線の推定
　評価対象までの旅行費用（または距離）、訪問率を基に需要曲線を推計する。
④ 便益の推計
　推計した需要曲線を基に、消費者余剰（の変化分）を計測する。ただし、推計結果の過大評価や過小評価を防ぐために、時間の機会費用や複数目的地の費用配分等いくつか留意しなければならない点がある。
⑤ 結果の報告と分析
　これまでの経過を踏まえた上で、結果をまとめる。

II 「群馬の森」の概況

　「群馬の森」は、群馬県高崎市の東に位置している自然公園である。この公園は昭和43年の明治百年記念事業の一環で建設が計画され、昭和49年に供用が開始された。国において明治百年記念事業で、国土の緑化や歴史の保存、顕彰などの行事を行うことが決定され、旧建設省が自然公園や都市公園の整備を図ることになった。それを受け群馬県は、都市周辺部の平地林の確保と県民の豊かな人間性の形成を図る目的で「群馬の森」を造った。この公園の建設地は、日本で最初にダイナマイト製造を開始した、東京第二陸軍造兵廠岩鼻製造所跡の未利用地であった。
　この公園は、北に日本原子力研究開発機構高崎量子応用研究所、南に日本化薬フードテクノ株式会社に挟まれている全域26.2haの東西に長い土地である。

この公園は、施設区や樹林区、水景区で構成されている。まず、施設区には、大芝生広場や近代美術館、歴史博物館が配置され、遊びと文化教養の場になっている。次に、樹林区にはウォーキングロードやサイクリングロードが、水景区には池等が設けられ、健康と安らぎの場になっている。自然公園ということで、園内にはシラカシやクヌギ、コナラ等の様々な樹木が植えられている。なお、この公園の駐車場は約66台の車が停められる。また、園内はバリアフリー対策も施されている。そして、この公園の清掃などの管理は、ボランティアの人たちが主体で行っている。

群馬の森の年間訪問者数は約52万人である。訪問者は高崎市内だけでなく、市外または群馬県外からも多数の人が行楽に訪れている。

III 仮想評価法の適用

1 調査票の設計とプレテスト

(1)調査票の概要

調査票草案の段階で、以下の14の設問を用意した。

問1：「群馬の森」までの交通手段について

問2：「群馬の森」の利用回数について

問3：「群馬の森」をどうやって知ったかについて

問4：「群馬の森」への来園目的について

問5：「群馬の森」に対する意識調査について

問6：発展シナリオによる支払意志額について

問7：現状維持シナリオによる支払意志額について

問8：現住地について

問9：性別と年齢について

問10：職業について

問11：家族構成について

問12：年収について
問13：アンケートに対する意見について
問14：「群馬の森」に対する意見について

　これらの設問の中で中心となるのは、支払意志額に関する設問である問6と問7である。その他の設問は、問6と問7を基に推計した支払意志額の信頼性を裏づけるためやサンプルの属性を調べるために用意した。また個人のプライバシーに関わり、回答拒否されそうな設問については、後の方に配置することによってアンケート全体の回答拒否を避けるという工夫を行った。

(2)発展シナリオ・現状維持シナリオ

　仮想評価法の調査票設計では、最初に評価シナリオを作成する必要がある。評価シナリオには、評価対象の現在の状態、評価対象の仮想的状態、変化を実現するための環境対策、の3つの要素が含まれる。また、評価シナリオは現実的でなければならない。それは、評価シナリオがあまりにも非現実的だと回答者が真剣に回答しなくなる危険性を避けるためである。さらに調査票の回答者は一般市民ということから、説明内容が一般市民でも理解できるものであるか確認することが重要である。

　我々は、群馬の森に対する回答者の支払意志額を聞きだす際に、「発展シナリオ」「現状維持シナリオ」とそれぞれ名づけた2つのシナリオを用意した。まず、発展シナリオである問6は

　現在、群馬の森の閉園時間は夏季が18時半で冬季が17時半ですが、これを通年で21時まで延長するとします。そうすると、虫捕りやお月見、夏祭りなどのイベントや天体観測を行うことができます。

　ただし、延長する場合、外灯などの設備費用や光熱費、人件費がかかるため、入場料を徴収する必要があります。

というものである。

現在、群馬の森では、博物館や美術館以外では頻繁にイベントを行っていない。問6のシナリオは、閉園時間を21時まで延長し、イベントを多くすることで群馬の森を現在より「発展」させる考えである。しかし、延長する場合には人件費や外灯等の費用がかかるとして、その費用をまかなうために入場料を徴収するとする。そして、入場料として支払っても良い額を支払意志額とする。自然公園ならではのイベントは一般市民に親しみやすく、かつ現実的なシナリオといえるだろう。なお、美術館・博物館の開館時間は延長しないものとする。

次に現状維持シナリオである問7は

現在、群馬の森の管理費は県から出されていますが、この管理費が停止され、群馬の森が閉鎖されるとします。(美術館や博物館も閉鎖されます。)
群馬の森をこのまま維持していくために入場料を徴収する必要があります。

というものである。

群馬の森は、群馬県からの委託で財団法人公園緑地協会が管理している。そこで、問7では県からの管理費が停止されて群馬の森が閉鎖される、というシナリオを仮想し、閉鎖させない、つまり「現状を維持」するために入場料を徴収する必要があるとした。そしてそれに支払っても良い額を支払意志額とした。

(3)調査票設計の各設問についての説明

問1：群馬の森へは何で来られましたか。

この設問は、仮想評価法では交通手段別支払意志額の違いを調べるため、またトラベルコスト法では交通費を算出するために用意した。群馬の森への交通手段として考えられる「車、バス、徒歩、自転車、その他」を選択肢に挙げた。

問2：群馬の森を利用するのは今回で何回目ですか。

この設問は、仮想評価法では訪問回数別の支払意志額の違いを調べるために用意した。回数の設定として、「1回目、2～4回、5回以上」とした。なお、トラベルコスト法では、訪問回数を調べるために用意した。

問3：群馬の森を何で知りましたか（複数回答可）。

　この設問は、群馬の森を知ったきっかけを調べるため用意した。選択肢には、「知人から、HP、群馬県高崎市広報誌」を挙げた。

問4：群馬の森に来た目的は何ですか（複数回答可）。

　この設問は、訪問目的別支払意志額を推計するために用意した。選択肢として「広場、ウォーキング・サイクリング、群馬県立近代美術館、群馬県立歴史博物館、その他」を用意した。

問5：群馬の森に関しての意識調査です。

　この設問は、群馬の森に関して「設備について、管理状態について、立地について、駐車場について、群馬の森の総合的評価」の5つをそれぞれ「満足、やや満足、普通、やや不満、不満、わからない」の6つから評価をしてもらう。これは支払意志額の信頼性を確かめるために用意をした。

問6：
　現在、群馬の森の閉園時間は夏季が18時半で冬季が17時半ですが、これを通年で21時まで延長するとします。そうすると、虫捕りやお月見、夏祭りなどのイベントや天体観測を行うことができます。
　ただし、延長する場合、外灯などの設備費用や光熱費、人件費がかかるた

め、入場料を徴収する必要があります。いくらまでなら支払ってもよいと思いますか。

　以下の空欄に金額をご自由にお書きください。

　　　　　　　　　　＿＿＿＿＿＿＿＿　円

　この設問は、発展シナリオにおける支払意志額を聞くために用意した。なお、プレテストにおいては、自由回答形式を採用した。その理由は金額の幅を調べ、本調査で用いる支払カード形式の範囲バイアスを生じさせないためである。

問7：
　現在、群馬の森の管理費は県から出されていますが、この管理費が停止され、群馬の森が閉鎖されるとします。（美術館や博物館も閉鎖されます。）
　群馬の森をこのまま維持していくために入場料を徴収する必要があります。あなたはいくら支払えますか。
　以下の空欄に金額をご自由にお書きください。

　　　　　　　　　　＿＿＿＿＿＿＿＿　円

　この設問は、現状維持シナリオにおける支払意志額を聞くために用意した。なお、プレテストにおいて自由回答形式を採用した理由は問6と同様である。

問8：あなたのお住まいはどちらですか。

　この設問は、仮想評価法では評価対象地と回答者の居住地が支払意志額に影響を及ぼすかを調べるために、またトラベルコスト法では交通費の算出のために用意した。選択肢は「高崎市内、市外、群馬県外」の3つとした。

> 問9：あなたの性別と年齢を教えてください。

　この設問は、サンプルの属性を調べるために用意した。選択肢は「性別、年代別（10代から70代以上）」とした。

> 問10：
> あなたのご職業を教えてください。1つに○をつけてください。
> 1. 会社員　2. 公務員　3. 自営業　4. 大学生（自宅）　5. 大学生（下宿）
> 6. 学生（小中高）　7. パート　8. 年金　9. その他（　　　　　　　　）

　この設問は、職業別の支払意志額の違いやサンプルの属性を調べるために用意した。

> 問11：
> あなたと同居している家族はあなたも含めて何人ですか。
> ＿＿＿＿＿＿＿＿人　そのうち収入のある人は＿＿＿＿＿＿＿＿人

　この設問は、支払意志額の推定値の信頼性を確かめるために用意した。

> 問12：あなたの家の年収は税込みでだいたいどのくらいですか（年金も含めます）。

　この設問は、支払意志額の信頼性を確かめるために用意した。なお、この設問は、特に回答者のプライバシーに関連することから、アンケート票全体の回答拒否を避けるため後ろの方に配置した。

> 問13：アンケートに関してご自由にお書きください。

　この設問は、この調査票草案に対する意見を回答者からの意見を聞くために用意した。特に発展シナリオや現状維持シナリオについて、その説明が分かりやすかったか、回答者から見て内容が理解できるものであったかに注目した。

> 問14：群馬の森についてご自由にお書きください。

　この設問は、群馬の森について回答者に自由に意見を記述してもらうために用意した。

(4) プレテストの結果と改善点について

　プレテストは2005年9月下旬に実施し、28のサンプルを採取した。プレテストの結果、アンケートの作成において改善すべき点が以下のように見つかった。

　まず、問3「群馬の森を知ったきっかけ」については、選ばれた選択肢のうち「その他」が半数以上を占め、その意見の中には「以前から知っていた」というものが多かった。そのため、本調査用のアンケートには「以前から知っていた」という選択肢を加えることにした。

　また、発展シナリオと現状維持シナリオのそれぞれのケースにおける支払意志額を尋ねる問6と問7については、1人を除いて全員が100円刻みの回答をした。このため、本調査のアンケートは0円から1,000円以上で100円刻みの支払いカード形式にした。

　さらに、無回答が少し目立ったため、質問内容の見直しや、よりわかりやすくするための工夫が必要であると考えた。本調査では、質問文において重要な箇所について下線をつけるなどして対処した。

　このようにして、本調査では質問表の内容について改善を行った。なお、本調査で用いた調査票を章末の付録に掲載した。

2 本調査

本調査は2005年10月の下旬から始め、土日祝日に5日間行った。215のサンプルを採取し、そのうち支払意志額に関しての有効回答は209であった。この209のサンプルを用いて支払意志額の推計を行った。

(1)サンプルの構成

サンプルの構成について、簡単に述べておこう[7]。まず、年代について見ていくと、10代は極端に少ないものの、訪問者の年齢層は幅広いと言える。その中でも20代から50代の割合が多く、実際に現地で調査をしてみても、家族連れや中年の人が比較的多い印象があった。また、男性と女性の比率はほぼ同じである。

職業別に見ていくと[8]、会社員の割合が最も多く、次いで主婦が多い。上述した通り、訪問者に家族連れが多いためだと思われる。その後には公務員やパートが続き、大学生は比較的少ない。また、訪問者の多くは高崎市外から来ており、埼玉県や東京都等の県外からの訪問者も目立った。交通の便が悪いためか、交通手段としては極端に車が多かった。

訪問回数をみると、5回以上が圧倒的に多い。群馬の森の敷地の中には県立歴史博物館や県立美術館があり、繰り返し訪問する傾向があるためと思われる。訪問目的では美術館が比較的多いが、これは調査期間中に美術館で催し物が開催されていたためだと考えられる。なお、この訪問目的を尋ねる設問は複数回答を認めたため、延べ人数になっている。

最後に、群馬の森の総合的な評価については、訪問者の8割以上が現状に不満はないと回答している。

(2)支払意志額と集計額

支払意志額を尋ねた問6と問7のそれぞれに対する有効回答の平均値[9]を求めると、その結果は次のようになった。

発展シナリオ（問 6）　　→181.82円
現状維持シナリオ（問 7）→290.00円

また、集計額を「それぞれの平均値×訪問者数（365057.69人）」によって求めると、その結果は次のようになった。

発展シナリオ（問 6）　　→66,374,788.98円
現状維持シナリオ（問 7）→105,866,729.76円

ただし、今回の調査では支払能力を考慮し18歳未満の訪問者からアンケートは取っていないため、ここでいう訪問者というのは18歳以上の支払能力のある訪問者のことである。18歳以上の訪問者数は、2004年の訪問者数51万9,657人[10]と出生率を使用し推計したものである。

なお、図1は、問6、問7それぞれの結果をグラフ化したものである。縦軸に人数、横軸に支払意志額をとっている。発展シナリオは0円から300円に回答が集中し、現状維持シナリオは0円から500円に回答が集中している。特に、現状維持シナリオでは500円と回答する人が多い。これはワンコインバイアス[11]が生じている可能性がある。

図1　問6・問7の調査結果

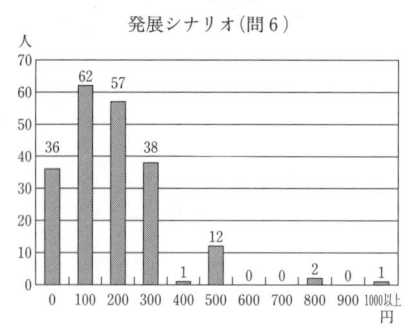

発展シナリオ（問6）

円	0	100	200	300	400	500	600	700	800	900	1000以上
人	36	62	57	38	1	12	0	0	2	0	1

現状維持シナリオ（問7）

円	0	100	200	300	400	500	600	700	800	900	1000以上
人	15	40	50	44	5	42	3	0	7	0	3

(3)支払意志額の信頼性

支払意志額の信頼性を確かめよう。通常は信頼性の検討には年収を使用する[12]のが一般的であるが、今回の調査では入場料を問う形式を採用したためか、年収によってはっきりとした傾向が見られなかった。

そこで、群馬の森は家族で利用されることが多く、今回の支払手段が入場料であることから、家族の人数が多いほど支払意志額が低くなる傾向があるのではないかと考えた。よって、家族の人数と支払意志額の関係から今回の支払意志額の信頼性を検討していく。

図2は家族の人数別に支払意志額の平均値を示したものである。また、上の直線は問7のそれぞれの平均値に対する近似曲線で、下の直線は問6のそれぞれの平均値に対する近似曲線である。

両方の直線とも右下がりになっており、家族の人数が多くなればなるほど支払意志額が低くなるという傾向が見てとれる。しかし、問7については、多少近似曲線とデータに乖離が見られるため、さらに詳しく検討してみよう。

図3は、問7について群馬の森の評価別に支払意志額を集計したものである。一般に、対象の評価が高いと支払意志額が高くなる傾向があるといわれている。図3を見てわかるように、群馬の森の現状に満足している人ほど支払意志額は高い。よって、これらのことから今回の調査結果に信頼性があると考えられる。

(4)回答者の属性と支払意志額

各設問と問6および問7とを組み合わせることにより、回答者の属性と支払意志額との関係を見ていく。

図4は、問1の結果を基に、交通手段別の支払意志額を求めたものである。支払意志額はバスの運賃などの交通費に影響を受けるといわれるが、図4はそのことを実証している。問7のバスの支払意志額が比較的低いことは、バイアスが生じている可能性を示している。また、徒歩の支払意志額が極端に低くなったことについては、訪問回数が多いためその額が低くなったと考えられる。

図2　家族人数別の支払意志額

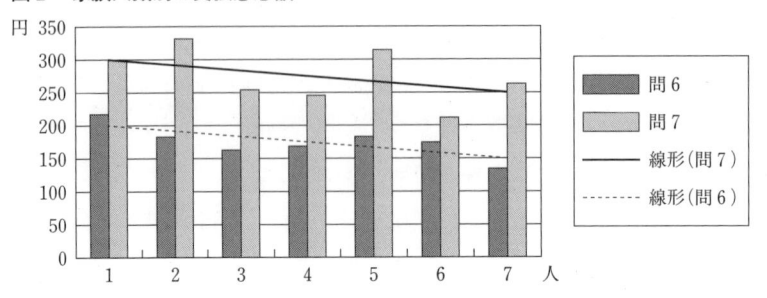

図3　評価別の支払意志額（問7のみ）

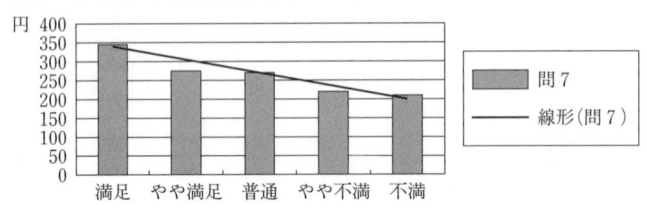

図4　交通手段別の支払意志額

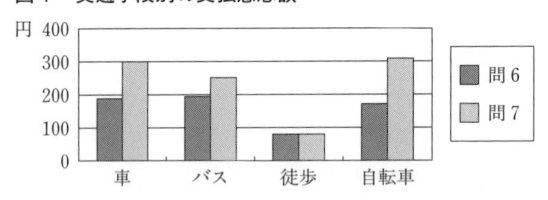

　図5は、問2の結果を基に、訪問回数別の支払意志額を示したものである。訪問頻度が高い人ほど支払意志額が低くなる傾向にあることが分かる。訪問回数が多ければ入場料を多く支払うことになるので、支払意志額は低くなると考えられる。これは支払手段を入場料としたことによる支払手段バイアス[13]が生じている可能性がある。

　図6は、問8の結果に基づき、居住地別の支払意志額を表している。問6において、県外の人の支払意志額が市内・市外よりも低くなっているのは移動時間に関係があると思われる。問7では群馬の森から離れるにつれ、支払意志額

図5　訪問回数別の支払意志額

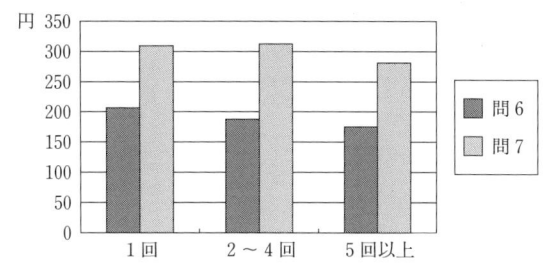

図6　居住地別の支払意志額

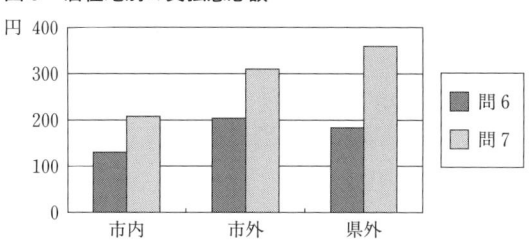

が高くなることがはっきりと分かる。

　図7は、問4の結果に基づき、訪問目的別の支払意志額を表している。問7の現状維持シナリオに関する支払意志額に注目すると、「広場、ウォーキング・リサイクリング」と「美術館、歴史博物館、その他」に分かれていると見ることができる。目的が広場やウォーキング・リサイクリングである場合、その目的をもった人々の効用を満足させる代替物が比較的多くあり、他方、美術館や歴史博物館は比較的代替物が少ないために支払意志額に差が生じたと考えられる。

　最後に、職業別の支払意志額について述べる（問10に基づく）。図8より、一番特徴的なのは問7における公務員の支払意志額の高さである。これは、公務員の公益意識の高さに関係あるのだろう。

276　第Ⅲ部　環境・アメニティ政策の評価

図7　訪問目的別の支払意志額

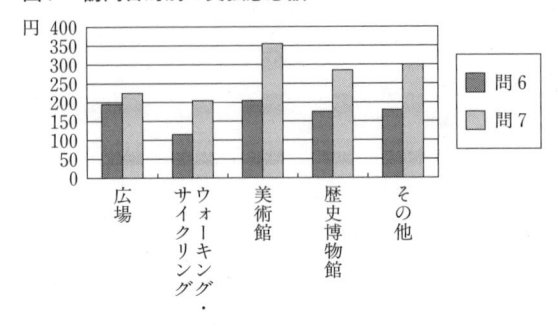

図8　職業別の支払意志額

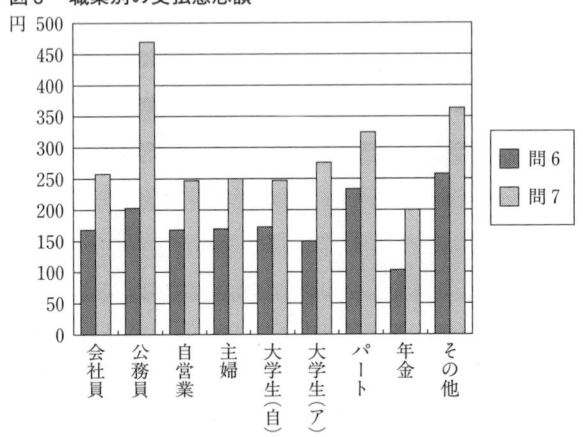

3　考察

(1)現状維持シナリオと発展シナリオの比較

まず、問6と問7の支払意志額の違いについて考える。図9において、U_0 は閉鎖した場合の効用水準、U_1 は現状の効用水準、U_2 は時間を延長した場合の効用水準を表している。また、q_1 は現状を、q_2 は時間を延長したとき、q_0 は閉鎖をした場合の環境の質を表している。q_0 については、閉鎖状態では環境が利用できないため、環境の質を0にした。そして、m_1 は現在の所得、m_2 は時間を延長する場合の所得、m_0 は閉鎖される場合の所得を表している。

WTP_6 が問 6 の支払意志額を表し、WTP_7 が問 7 の支払意志額を表している。$WTP_6 = 181.82$ 円、$WTP_7 = 290.00$ 円より、$WTP_6 < WTP_7$ となっている。このように群馬の森が閉鎖するのを回避するために支払える金額が現状をさらに良くするために使われる金額を上回るということは、訪問者は現状が維持されることの方を選好しているということが考えられる。しかし、問 6 の支払意志額が決して低いわけではないので、現状を良くすることに訪問者は好意的であるとも考えられる。

(2)費用便益分析

費用便益分析の結果を、表 2 に示した。まず、開園時間を延長した場合の費用の推算を行うため仮定をおく。群馬の森の敷地には草木が生い茂り、夜間は人が入っていくと危険であると思われる場所がある。そこで開園時間を延長した場合、開放する敷地をあそびの広場より西側のみにすると仮定する。その仮定の下、敷地の規模を踏まえて外灯を50本設置するとする。

ここから費用の算出を行う。費用としては、外灯の設置費用、電気代、人件費が挙げられる。一般的な公園にある外灯（200w）を 1 本設置するにあたっ

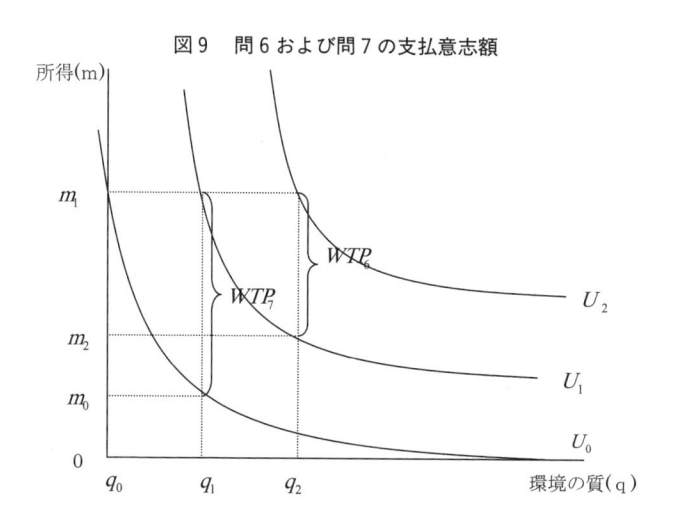

図 9　問 6 および問 7 の支払意志額

ては、人件費等を含めると約50万円[14]かかるので、50本設置するには約2,500万円が必要となる。東京電力株式会社の電気料金を参考にすると、1本あたりの電気料金は1ヵ月約618円であるから、50本を1年使用すると約37万円となる。また、年間の人件費と職員の人数から1時間当たりの人件費を算出し、時間外手当として50%上乗せする[15]と約1,900円になる。延長時間内の勤務人数を3人とすると、開園時間延長にかかる人件費は約625万円となる。以上から、初期投資に約2,500万円、年間維持費に約662万円かかる。この662万円は電気代と人件費のみであるので、電球の交換等のメンテナンスを含めると多少高くなると思われる。しかし、これに対して便益が約6,600万円であるので、開園時間を延長することは、訪問者にとって有益であると考えられる。

　ここで、問6の場合、集計された便益がさらに高くなる可能性があるということを述べたい。例えば、開園時間を延長する場合、現時点では訪問していないが延長されれば訪問したいという潜在的なユーザーがいることも予想される。その人たちにアンケートを取ってみると現時点での便益よりも大きくなるかもしれない。また、1年で外灯などの設備を整えるのではなく、2～3年などの長期的な期間で整える場合は1年間でかかるコストが減少するので純便益は大きくなる（今回の便益は1年単位で考えている）。

　次に問7について分析する。群馬の森の年間の維持費は人件費等も含め、約5,300万円となっている。一方、集計額は約1億600万円であるから、便益の方が上回り、群馬の森の現状を維持することは価値のあることだと言える。また、今回の調査では、群馬の森の現状に不満をもつ人は少ないが、敷地のなかにはきちんと整備されていない場所があった。整備されていない場所には人影があまりなく、濡れた落ち葉がそのままであったり、草が生い茂っていたりして訪問者が利用できる状態ではない。便益が費用を上回っている分、このような場所を整備することは訪問者にとって有益であると考えられる。

表2　費用便益分析

	便益	費用	
問6	66,374,788.98円	31,620,000円 電灯設置費 電気代 人件費	25,000,000 370,000 6,250,000
問7	105,866,729.76円	53,208,000円 管理費 工事費 人件費 その他	17,412,000 8,500,000 24,011,000 3,285,000

IV　トラベルコスト法の適用

1　分析の準備

　トラベルコスト法においては、来園者が群馬の森に来る際にどれだけの交通費をかけて来ているかを算出する必要がある。まず、全体の基本的な算出条件に関して、以下の仮定を置いた。

・交通費の金額は往復

・複数目的地を考慮しない

・時間の機会費用はゼロ[16]

　次に、交通手段別の算出条件について、以下のように仮定した。徒歩、自転車を使用した場合の交通費はゼロとし、バスを使用した場合の交通費は居住地別に表3の通りとした。

　自動車を使用した場合の交通費は、居住地の市町村の役所・役場から群馬の森までの距離とガソリン代を乗じたものとする。なお、ガソリン代は1ℓ＝127円とし[19]、また1ℓあたりの走行距離を13.0km/ℓとすることにより[20]、1kmあたり9.77円とした。高崎市内からの訪問者については人数の関係上、居住地を4km、8km、12km圏内に分けて集計した。埼玉県からの訪問者については、その人数から考えて、より群馬の森に近い本庄市から群馬の森までの距離を使用した。そして東京都、千葉県、神奈川県といった群馬県外からの訪問者については、高速道路を使用して高崎市まで来たものと考え、したがって交通費は

表3　バスを使用した人の交通費の算出

居住地	算出条件	旅費(往復)
高崎市内	高崎市内の循環バス「ぐるりん」を使用	400円
太田市	太田駅から高崎駅まで電車を使用し[17]（往復1,400円）、高崎駅から群馬の森までは「ぐるりん」を使用	1,800円
埼玉県 東京都	高崎駅まで電車を使用し（埼玉[18]：2,020円　東京：3,780円）、高崎駅から「ぐるりん」を使用	2,420円 4,180円

ガソリン代に高速料金を加算したものを使用した[21]。

以上の諸仮定によって算出された、居住地・交通手段別に集計した訪問者の人数と交通費をまとめたのが、表4である。

表4　居住地・交通手段別の交通費

居住地・交通手段	人数(人)	交通費(円)	居住地・交通手段	人数(人)	交通費(円)
徒歩or自転車	17	0.00	富士見・車	1	334.13
玉村・車	4	64.48	北橘・車	1	394.71
高崎・車(4km)	19	78.16	バス	5	400.00
藤岡・車	18	85.98	渋川・車	2	429.88
高崎・車(8km)	12	156.32	大間々・車	1	437.70
吉井・車	1	171.95	桐生・車	6	502.18
箕郷・車	2	175.86	下仁田・車	1	519.76
前橋・車	39	199.31	太田・車	1	525.63
伊勢崎・車	12	207.12	中之条・車	1	642.87
甘楽・車	3	220.80	沼田・車	1	750.34
埼玉県・車	21	230.57	館林・車	1	826.54
高崎・車(12km)	10	234.48	太田・バス	1	1800.00
群馬・車	3	250.11	埼玉県・バス	3	2420.00
吉岡・車	3	271.61	東京都・バス	1	4180.00
鬼石・車	1	298.96	東京都・車	2	7792.16
安中・車	2	326.32	神奈川県・車	1	9471.48
富岡・車	4	328.27	千葉県・車	1	12826.66

2　分析

(1)データの抽出と整理

表4のデータを交通費が高い順に並べ、移動平均を用いて[22]なだらかな需要曲線を導いた[23]。こうして導かれたのが図10である。

(2)レクリエーション需要曲線の検討

移動平均法適用後の曲線の傾きが10人目を境に変化している。我々は、トラベルコスト法による推定評価額を求めるためには10人目を境に2つの近似曲線を用いることが適切だと判断した。10人目までのデータで作成された近似曲線と10人目以降のデータで作成された近似曲線を図11と図12でそれぞれ示す。

(3)評価額の推計

この2つの需要曲線からトラベルコスト法による群馬の森の評価額の推計を行う。先ほどの2つの近似曲線と $x=1$、$x=185$ の直線と y 軸に囲まれた面積を求める（図13）。

$$10人目までの直線：y=-289.8x+3022.7 \quad ①$$
$$10人目以降の直線：y=-1.86x+353.5 \quad ②$$

①と②の交点を点Eとすると（9.27, 336.25）となる。②において $x=185$ のとき、点Bは（185, 10.20）となる。また、①において、$x=1$ のとき点Aは（1, 2732.9）である。点Aから下ろした垂線と x 軸との交点を点C、点Eから下ろした垂線と x 軸との交点を点Dとする。このとき求める面積は台形ACDE＋台形EDFBなので、

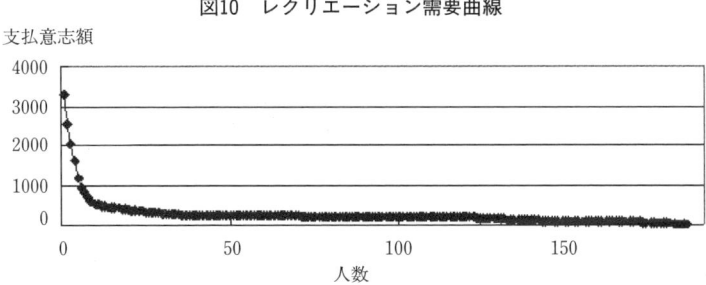

図10　レクリエーション需要曲線

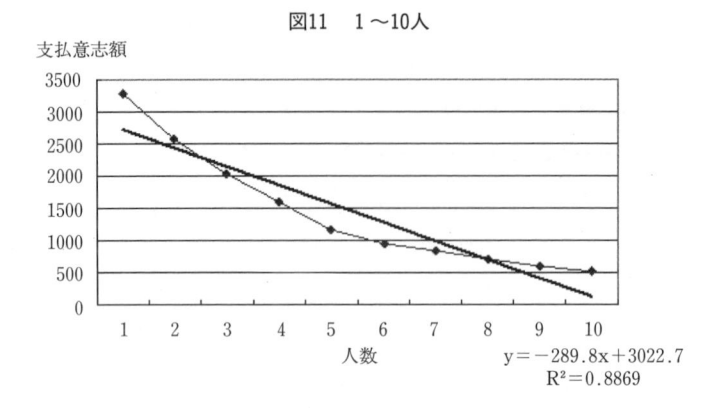

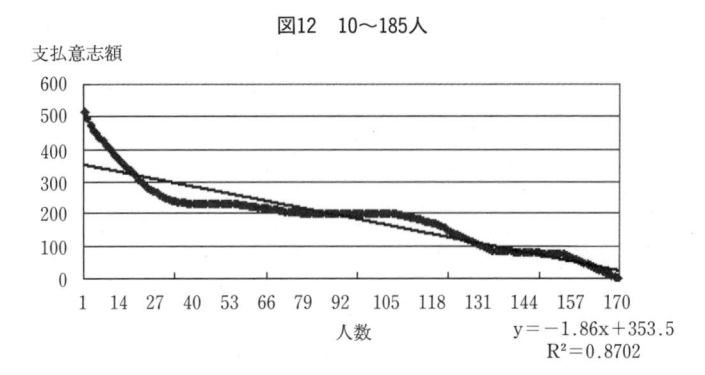

282　第Ⅲ部　環境・アメニティ政策の評価

図11　1〜10人

支払意志額

$y=-289.8x+3022.7$
$R^2=0.8869$

人数

図12　10〜185人

支払意志額

$y=-1.86x+353.5$
$R^2=0.8702$

人数

$$\{(336.25+3022.7)-10.20\times 2\}\times(9.27-1)\div 2$$
$$+(185-9.27)\times(336.25-10.20)\div 2 \fallingdotseq 42453.29 \quad ③$$

　これが訪問者185人の評価額の集計である。訪問者[24]の人数365057.69人を185で除すると約1973.28である。この数に③を乗じた83,772,228.09円が、群馬の森全体の評価額となる。

図13　評価額の推計

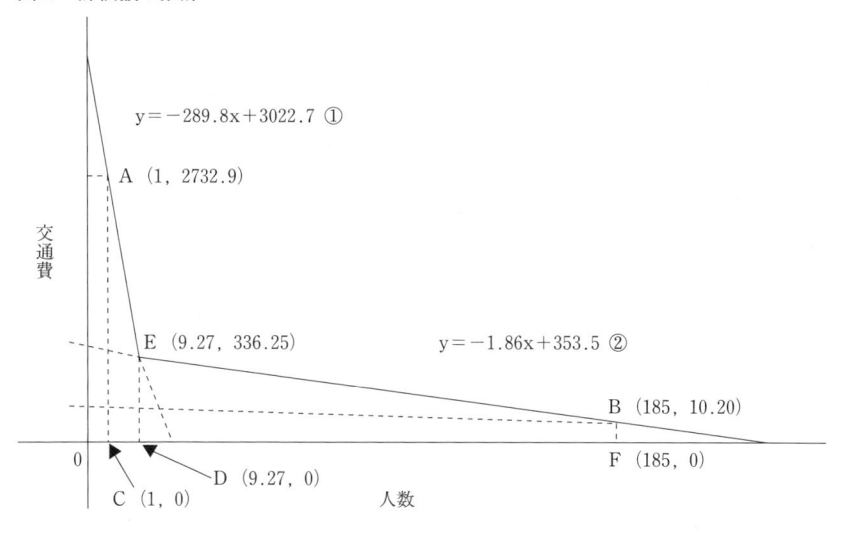

$y = -289.8x + 3022.7$ ①

A (1, 2732.9)

交通費

E (9.27, 336.25)

$y = -1.86x + 353.5$ ②

B (185, 10.20)

0
C (1, 0)　　D (9.27, 0)　　　　　　　　F (185, 0)
人数

V　仮想評価法とトラベルコスト法の比較

　前の2つの節において、我々は仮想評価法とトラベルコスト法のそれぞれの方法により、群馬の森の環境価値を評価した。本節では、仮想評価法の結果とトラベルコスト法の結果を比較することにしよう。なお、トラベルコスト法が現状を評価する方法であるため、仮想評価法の結果についても現状維持シナリオについて考えることにする。

　すでに述べたとおり、仮想評価法の結果が約1億600万円であり、トラベルコスト法の結果が約8,400万円であった。ここから前者が後者を上回っていることが分かる。この両者の違いが生じた理由として以下のように考えられる。

　トラベルコスト法はレクリエーション的側面に着目し環境価値を評価する方法である。そのため、トラベルコスト法の結果はレクリエーション価値を表している。他方、仮想評価法は利用価値だけでなく非利用価値も評価できた。したがって、仮想評価法の結果はレクリエーション価値だけでなく非利用価値も

含んでいると思われる。つまり、

「仮想評価法の結果＝レクリエーション価値＋非利用価値」
≧「トラベルコスト法の結果＝レクリエーション価値」

ということである。

　群馬の森という自然公園の特性上、その価値にはレクリエーション価値だけでなく非利用価値を含むと考えられる。よって、仮想評価法の方がトラベルコスト法よりも群馬の森の環境価値をうまく反映しているといえるだろう。

おわりに

　本章は、群馬の森の環境価値を、仮想評価法とトラベルコスト法のそれぞれの手法で推定することを試みた。我々の試算によると、群馬の森の環境価値は(1)仮想評価法において、開園時間の延長を想定した発展シナリオでは約6,600万円、(2)仮想評価法において、群馬の森が閉鎖されると想定した現状維持シナリオでは約1億600万円、(3)トラベルコスト法では約8,400万円、と求められた。

　仮想評価法において発展シナリオより現状維持シナリオの結果の方が上回っていることより、訪問者は現状維持をより望んでいると判断される。我々はまた、費用便益分析により、便益つまり群馬の森の環境価値が費用を上回っているという結果も得た。つまり、群馬の森は訪問者にとって有益であるといえるが、このことは今後の群馬の森の利用を考える上で良い材料となるはずである。

　仮想評価法の現状維持シナリオの推定結果がトラベルコスト法の推定結果を上回っているのは、前者が群馬の森のレクリエーション価値と非利用価値の両方を表しているのに対し、後者はレクリエーション価値のみを反映しているためであると解釈される。ただし、我々の調査では仮想評価法のアンケートの対象を実際の訪問者に限ったために、群馬の森の非利用価値を十分に評価できなかった可能性がある。加えて、トラベルコスト法のデータに関しては多くの仮

定が置かれ、仮想評価法のアンケートを基に算出し、また複数目的地を考慮に入れていない。こうした分析上の問題点があることを、付言しておく。

　自然公園は、人々に身近な場所で環境に触れ合う機会を提供している。群馬の森もまた然りである。このような自然環境の持つ価値は、ともすれば漠然としたものになりかねないが、具体的な数字として目に見える形にすることでその価値を再認識することが可能になるだろう。それはまた、自然公園のより良い活用のあり方を考えるうえで多数の人々のコンセンサスを形成することにもつながりうる。環境評価は、こうした点からも大きな意義を持っているといえる。

〔付記〕本章は、2007年3月に卒業した高崎経済大学経済学部柳瀬ゼミ2期生の環境経済パートの学生であった小安・中条・堀田・水野による共同論文を基に、担当教員である柳瀬が論文の再構成を行ったものである。群馬の森を調査するにあたり、群馬県県土整備局都市計画課公園緑地グループの方々、財団法人群馬県公園緑地協会事務局長柳田茂氏、群馬の森管理事務所の方々から有益な情報を賜った。群馬の森でアンケートにご協力下さった方々と併せて、心からの感謝の意を表したい。また、共同論文の報告に際し、柘植隆宏氏ならびに林宰司氏から貴重なコメントを賜った。ここに記して感謝したい。なお、本稿における有り得べき誤りはすべて柳瀬の責に帰するものである。

　　　注
1) 環境価値は大きく「利用価値 (use value)」と「非利用価値 (non-use value)」とに分類される。前者はさらに「直接的利用価値 (direct use value)」と「間接的利用価値 (indirect use value)」に区分される。森林を例に挙げると、その直接的利用価値は森林の伐採によって木材を得るなど環境から資源を取り出して利用・消費することで得られる価値であるのに対し、森林の間接的利用価値は森林の保水機能や海岸のレクリエーション機能などから発生する価値である。広い意味の利用価値には、「オプション価値 (option value)」も含まれる。これは、現在はその環境が利用されていないが、将来利用したくなる可能性があるためにその時まで環境を残しておきたいことによる価値である。非利用価値には、「遺産価値 (bequest value)」と「存在価値 (existence value)」がある。遺産価値

は、現在の世代が利用することはないが、将来世代に環境を残すことで得られる価値である。存在価値とは、現在も将来も利用することはないが、ただそこに環境があるというだけで得られる価値のことである。環境価値についてより詳しくは、例えば栗山（1997）を参照。

2）　代替法（replacement cost method）は、非市場財（水や空気など、市場が存在しないような財・サービス）に対する受益者の厚生変化を、これと近似すると考えられる市場財の価格で評価する方法である。ヘドニック価格法（hedonic price method）は、環境と密接な関係を持った財（資産）の市場価格および、環境がその財に与える影響の度合から、環境の価値を推計する方法である。コンジョイント分析（conjoint analysis）は、元々は様々な属性別に人々の選好を評価する手法の総称で、1960年代に計量心理学の分野で誕生したが、1990年代に入り、環境評価の分野でも非利用価値を評価できる手法として注目されるようになった。コンジョイント分析は仮想評価法と同様、アンケートを用いて調査し、統計的に環境価値を推計する方法である。両者の大きな違いは、仮想評価法では評価対象全体を評価するのに対し、コンジョイント分析では評価対象の持つ属性別にも評価できる点である。

3）　付け値ゲーム形式とは、回答者にある提示額を提示して支払う意志があるかどうかを質問し、Yes（No）の場合にはより高い（低い）提示額を提示して再び質問を行う、というのを繰り返すことで、回答者の支払意志額を明らかにする形式である。

4）　支払カード形式とは、回答者に金額のリストを提示し、その中から自分の支払意志額として適当なものを指し示してもらう形式である。

5）　例としては、ダム開発による洪水防止を尋ねる場合、無駄な公共事業に税金を使うのは反対という理由で「反対」と答えてしまうことが挙げられる。

6）　例えば、工場廃水の被害にあっている人々に、「工場に排水処理装置を設置するためにいくら支払いますか」と尋ねるとする。この場合、工場側にお金を受け取る権利が設定されているため、被害者である人々は支払いを拒否する可能性が考えられる。

7）　付録の集計結果も併せて参照のこと。

8）　大学生については、自宅から大学に通っている人とアパート等で一人暮らしをしている人とを分けた。このように別の職業としたのは、経済的な状況が異なるという理由からである。

9）　支払意志額は、小数第3位を四捨五入している。

10) この訪問者数は、群馬の森を管理している財団法人群馬県公園緑地協会からの資料による。
11) きりのよい金額を回答してしまうことによって生じるバイアスのこと。
12) 年収の多い人ほど、支払意志額が大きくなるという関係があるため。
13) 支払手段（税金、入場料、寄付など）によって支払意志額が影響を受ける現象のこと。支払手段バイアスを完全になくすことはできない。例えば、納税者意識の違いも影響する。
14) 公園緑地グループに問い合わせた。
15) 高崎市一般職の職員の給与に関する条例より。
16) 調査した日が土日祝日だったこと、また日本ではサービス残業が存在するため、レクリエーション時間を労働に振り分けても所得が得られるとは限らないため。
17) 太田市から群馬の森、または高崎駅まで直接行くことができるバスがないため。
18) 熊谷駅から高崎駅の電車賃（1,480円）と大宮駅から高崎駅の電車賃（2,560円）の平均を使用。
19) 2005年10月における群馬県内のレギュラーガソリンの平均価格である（社団法人全国石油協会より）。
20) 2005年10月における株式会社カービュー調べ人気車ランキング上位10位の自動車の1ℓあたりに走る距離を平均したものを用いた。
21) 高速料金は、東日本高速道路株式会社、中日本高速道路株式会社、西日本高速道路株式会社が運営しているドライバー's Navi を基にし、東京都、神奈川県、千葉県の各地域からの来訪者の高速料金をそれぞれ2,950円、3,450円、4,775円とした。
22) 移動平均については、唯是（1998）を参照。
23) なお、これによりサンプル数は202から185になった。以降の記述において、1人目とは移動平均法を適用したときに有効な1人目を指す。
24) ここでの訪問者とは、仮想評価法の本調査で用いた母集団のことを指す。

参考文献・資料

植田和弘（1996）『環境経済学』岩波書店。
栗山浩一（1997）『公共事業と環境の価値――CVMガイドブック』築地書館。
栗山浩一（2000）『図解　環境評価と環境会計』日本評論社。

栗山浩一・庄子康編著（2005）『環境と観光の経済評価——国立公園の維持と管理』勁草書房。
竹内憲司（1999）『環境評価の政策利用——CVM とトラベルコスト法の有効性』勁草書房。
土木学会土木計画学研究委員会編（1996）『非集計モデルの理論と実際』社団法人土木学会。
唯是康彦（1998）『Excel で学ぶ経済統計入門』東洋経済新報社。
吉田文和・北畠能房（2003）『環境評価とマネジメント』岩波書店。
鷲田豊明（1999）『環境評価入門』勁草書房。
鷲田豊明・栗山浩一・竹内憲司編（2001）『環境評価ワークショップ 評価手法の現状』築地書館。
バリー・C・フィールド／秋田次郎・猪瀬秀博・藤井秀昭訳（2001）『環境経済学入門』日本評論社。

株式会社カービュー：http://www.carview.co.jp/
群馬県立公園群馬の森：http://www.gunma-park.or.jp/07_gunmanomori/flame.html
国土交通省国土技術政策総合研究所：http://www.nilim.go.jp/
財団法人群馬県公園緑地協会：http://www.gunma-park.or.jp/flame1.html
社団法人全国石油協会：http://www.sekiyu.or.jp/
ジョルダン株式会社：http://www.jorudan.co.jp/
高崎市：http://www.city.takasaki.gunma.jp/
東京電力株式会社：http://www.tepco.co.jp/
ドライバー's Navi：http://www.nexco.ne.jp/

付録　調査票

回答時間_____分　収集日_____　入力_____　確認1_____　確認2_____

群馬の森に関するアンケート

高崎経済大学経済学部経済学科
柳瀬明彦研究室　環境経済班

　高崎経済大学経済学部経済学科柳瀬研究室では、群馬の森に対する意識調査を行っております。お忙しいところ誠に申し訳ございませんが、ご協力お願いします。

問1．群馬の森へは何で来られましたか。　　N＝209

1．車　86.12%　　2．バス　4.78%　　3．徒歩　3.83%	
4．自転車　4.78%　　5．その他（　　　）　0.48%	

問2．群馬の森を利用するのは今回で何回目ですか。　N＝209

1．　1回　7.18%　　2．　2～4回　13.88%　　3．　5回以上　78.95%

問3．群馬の森を何で知りましたか。（複数回答可）　N＝212

1．以前から知っていた	81.60%
2．家族・知人から	7.55%
3．HP（　　　　）	0.47%
4．新聞・雑誌	3.77%
5．その他（　　　　）	6.60%

問4．群馬の森に来た目的は何ですか。（複数回答可）　N＝262

1.広場 14.50%　　2.ウォーキング・サイクリング 24.81%　　3.美術館 37.02%
4.歴史博物館 12.98%　　5.その他（　　　　　）10.69%

問5．群馬の森に関して1～6のうち1つに○をつけてください。

	満足 1	やや満足 2	普通 3	やや不満 4	不満 5	わからない 6
設備について	32.85%	27.05%	28.99%	7.73%	1.45%	1.93%
管理状態について	38.16%	27.05%	27.05%	4.35%	0.48%	2.90%
立地について	42.51%	16.43%	27.54%	10.14%	0.97%	2.42%
駐車場について	35.10%	20.19%	26.44%	12.02%	1.92%	4.33%
群馬の森の総合評価	32.69%	40.38%	22.12%	2.40%	0.96%	1.44%

問6．現在、群馬の森の閉園時間は<u>夏季が18時半で冬季が17時半ですが、これを通年で21時まで延長するとします。</u>そうすると、虫捕りやお月見、夏祭りなどのイベントや天体観測を行なうことができます。

ただし、延長する場合、外灯などの設備費用や光熱費、人件費がかかるため、<u>入場料を徴収する必要があります。いくらまでなら支払ってもよいと思いますか。</u>

N＝209

0円	17.22%	400円	0.48%	800円	0.96%
100円	29.67%	500円	5.74%	900円	0.00%
200円	27.27%	600円	0.00%	1000円以上	0.48%
300円	18.18%	700円	0.00%		

問7．現在、群馬の森の管理費は県から出されていますが、<u>この管理費が停止され、群馬の森が閉鎖されるとします。</u>（美術館や博物館も閉鎖されます。）

群馬の森をこのまま維持していくために入場料を徴収する必要があります。いくらまでなら支払ってもよいと思いますか。

N＝209

0円	7.18%	400円	2.39%	800円	3.35%
100円	19.14%	500円	20.10%	900円	0.00%
200円	23.92%	600円	1.44%	1000円以上	1.44%
300円	21.05%	700円	0.00%		

問8．あなたのお住まいはどちらですか。　N＝207

1．高崎市（　　　　　　町）	28.02%
2．高崎市以外の群馬県内（　　　　　市・町・村）	57.97%
3．群馬県以外（　　　　　都・道・府・県）	14.01%

問9．あなたの性別と年齢を教えてください。1つに○をつけてください。

性別　N＝195
　　男性　47.18%　　　女性　52.82%
年齢　N＝206
　　10代　0.97%　　20代　17.48%　　30代　17.96%　　40代　20.87%
　　50代　22.82%　　60代　14.08%　　70代以上　5.83%

問10．あなたのご職業を教えてください。1つに○をつけてください。

N＝204

1．会社員 32.84%　2．公務員 10.78%　3．自営業 5.39%
4．主婦 17.65%　5．大学生（自宅）3.43%　6．大学生（下宿）3.92%
7．学生（小中高） 0.00%　8．パート 10.29%　9．年金 7.84%
10．その他（　　　）7.84%

問11．あなたと同居している家族はあなたも含めて何人ですか。　N＝204

　　　　　　　　　人　そのうち収入のある人は　　　　　　　人
家族の人数：1人 15.20%　　2人 23.53%　　3人 23.53%　　4人 18.14%
　　　　　　5人 10.78%　　6人 5.88%　　7人 2.94%

問12．あなたの家の年収は税込みでだいたいどのくらいですか。（年金も含みます）

1．200万円未満	8.88%	5．500万円	17.16%	9．900万円	4.73%
2．200万円	5.33%	6．600万円	13.61%	10．1000万円～1200万円	9.47%
3．300万円	9.47%	7．700万円	5.33%	11．1200万円～1500万円	2.96%
4．400万円	10.65%	8．800万円	9.47%	12．1500万円以上	2.96%

問13．群馬の森ならびにアンケート調査に関してご自由にお書きください。

あとがき

　「持続可能な発展」という概念が提起されたのは、第4章でふれられているように、1987年の「環境と開発に関する世界委員会」の報告書においてであった。ヨーロッパでは、1960年代に酸性雨問題が深刻化したことを端緒として、工業化の進展が環境破壊もたらすことに早くから気づいていた。1972年のストックホルム会議では「宇宙船地球号」という言葉が使われたが、やがて、工業化の進展によるオゾン層の破壊、二酸化炭素などの温室効果ガスによる地球温暖化問題が世界的な問題として顕在化した。その一方で、途上国を中心とした世界人口の爆発的な増加は、貧困問題を深刻化させ、人口増加が貧困と環境破壊を推し進めること、工業化が進むほど、石油や天然ガス、金属が消費され、やがては資源が枯渇すること、そして、建築素材や紙の原料となる木材は熱帯雨林の破壊を招くことなど、いわゆる南北問題が顕在化する中で、開発をめぐる諸問題が地球規模の問題として認識されるようになった。「環境と開発に関する世界委員会」では「将来の世代が自らの欲求を充足する能力を損なうことなく、今日の世代の欲求を充たすこと」が地球経営の上で必要であることが提起されたのであった。

　このようなヨーロッパにおける環境問題への認識は、ヨーロッパ各国のさまざまな環境政策や都市計画に反映され、世界をリードしている感がある。日本における環境問題への対応は、いわゆる四大公害の被害者救済をめぐって、半世紀近い時間をかけても完全な解決に至っていない現実もあり、地球レベルの環境問題への対応は敏速であるとは言い難く、具体的な姿が依然として見えてこないというのが実感である。本書は、このような世界的な環境問題、資源問題に対する認識や状況、また日本における取り組みをふまえつつ、持続型社会の構築の可能性を探ろうとしたものである。

　まず第Ⅰ部では持続型社会の課題を探った。第1章（山田博文）では、持続

型社会の構築に向けて、マネーと金融ビジネスはどのような役割を果たすことができるのかを探った。現代の金融ビジネスは、環境を破壊し、持続型社会を阻害する脅威になっており、それゆえに環境と金融が融合するシステムが求められているとして、国連や日本における環境と金融に関する検討や地方公共団体における自然環境保護ファンドの例、そして「環境配慮型金融」の日本や海外での検討や展開について論じた。環境保全と持続型社会の実現に向けた金融の役割を検討するには、マネーゲーム化した現代の金融ビジネスのあり方を抜本的に見直し、投機的な行動に対する金融規制を実施することが不可欠であること、地域自立型マネー循環を実現する取り組みとともに、収益至上主義の市場原理から相対的に独立した、安定的な、公的金融による支援が、持続型社会と快適なアメニティーの実現のために不可欠であることを指摘した。

第2章（水口剛）では、「金銭的な投資利益と社会的利益の合計の最大化」が真に合理的な行動基準であるという立場に立ちつつ、投資家の行動に注目して、持続可能な社会を支えるための環境や社会に配慮した投資、すなわち「責任ある投資」の概念と実践への課題について論じた。米国や英国ではキリスト教を起源として、1920年代から始まったとされる社会的責任投資（SRI）は、環境問題や人権問題、雇用問題、地域貢献など多様なテーマにもとづいて拡大し続けており、国連においても責任投資原則にもとづいて、世界の機関投資家に「責任ある投資」の実践を呼びかけているという。とはいえ、「責任ある投資」が難しいのは、投資行動のもつ環境や社会への影響が複雑であり、効果が簡単に測定できない点にあり、投資行動により引き起こされる事態の不確実性と効果の測定不可能性は「責任ある投資」の本質的な課題だと指摘された。

第3章（西野寿章）では、戦前の電気利用組合の展開と地域的役割について歴史的に追いつつ、その歴史的意義について考察した。戦前の電気事業は市場原理に委ねられて発展したため、投資効率の悪い山村や山間集落は配電地域に組み込まれず、そのため町村営電気事業や電気利用組合によって電気の供給が行われた。そのほとんどが供給範囲を集落を単位とし、住民出資によって設立され、住民によって経営された。戦前の地主小作制度下における住民出資によ

る電気利用組合の設立は、地主、小作にどのような利益、負担をもたらしていたのかを解明することが今後の課題とされたが、戦前の電気供給ネットワークの末端が地域自治的に形成されていた史実は、今日のエネルギー問題を考える上で重要なヒントを与えてくれていることを指摘した。

第4章（矢野修一）では、新自由主義・市場原理主義が台頭するなか、連帯経済の構築に向けて世界で沸き起こっている運動や具体的施策を正当に評価し、それを後押しする「現実」的視点を見いだすべく、アルバート・ハーシュマンの著作『連帯経済の可能性』の内容を紹介し、その現代的意義を確認した。ハーシュマンは、ラテンアメリカにおける都市スラムの住人や貧農の様々な取り組み、社会活動家組織による支援の現場を訪れ、失敗に終わったかに見える過去の集団行動が、時を経て草の根のいろいろな活動を支えるエネルギーになっている様子を観察した。格差拡大に歯止めをかけ、持続可能な社会を築き上げるには、「社会的エネルギーの保存と変異」という考え方を含め、人々の協調行動を正当に評価する視点が必要というのが本章の結論である。

次いで第II部では環境・アメニティの経済分析をテーマに環境保全が可能となる諸条件の分析を多面的に行った。第5章（柳瀬明彦）では、誰でも自由に利用可能な共有資源が枯渇の危機に直面するという「コモンズの悲劇」がどのような条件下で起こるのかについてを知るために、共有資源の利用に関する動学ゲーム理論分析を行い、非協力的な資源の利用によって資源ストックの動学経路においての複雑性や不決定性が生じたり、均衡の不決定性が生じる可能性を示した。その結果、非協力的な行動は、各経済主体が協力的に資源を利用した場合には起こりえなかった、複雑性や不決定性という新たな問題の原因となりうることが明らかになり、パレート最適な「最善」の結果を達成することは困難であっても、「次善」の意味での最適な状態を達成するのは不可能ではないかも知れず、そのための公的部門による政策の意義は大きいと論じられた。

第6章（浜本光紹）では、地域環境政策の形成過程における公衆の参加の現状とその必要について、米国における水質汚濁物質排出権取引、神奈川県における水源環境保全・再生への取り組みを通して検討した。日本では地域環境政

策の意思決定における公衆の参加の実践は始まったばかりではあるが、90年前後より討議民主主義に関する議論が高まり、最近では討議民主主義の制度モデルも提示されるようになったことから、今後は参加から討議へと段階を進めることが重要であることが論じられた。

第7章（伊佐良次・藪田雅弘）では、経済理論的な視点からエコツーリズムを定義し、8つの原則（藪田・伊佐 2007）を明らかにした。分析結果からエコツーリズム均衡を実現させるエコツーリズムは、「地域の人々が、地域の自然、文化などの地域資源を保全しつつ、それを利用しながら主導的に観光サービス業の便益を含めた地域全体の厚生水準を最大化する持続可能なツーリズム」と定義された。

第III部では環境・アメニティ政策の評価を行った。まず第8章（林宰司）では、地球温暖化問題は地球規模の問題ではあるものの、実効性を伴った温室効果ガス排出削減のためには、ライフスタイルや都市構造、産業構造の変革など、地域に根ざした地味ではあるが着実な対策がなければならないとの観点から、欧米や日本の地方自治体における取り組みをふまえて、戦略的政策形成の課題と展望について論じた。地方自治体の担うべき役割については、自治体が取り組めることと取り組めないことを区別し、具体的な目標を設定しつつ、国土・都市の構造的変革や人々のライフスタイルの変更を促すことが不可欠であることを指摘した。そして、EU の事例から、「持続可能な発展」の概念を具体化し、社会の構成員の間で共有することが必要なことも指摘した。そして日本政府の温暖化防止策は削減効果の担保に関しては具体性に欠けるものであるのに対して、いくつかの地方自治体において実施されている先進的でユニークな政策の展開から、地方自治体の実施する政策による先導が期待されるとした。

第9章（山川俊和）では、グローバリゼーションが進む中、生産手法・流通プロセスにおける環境（自然資源）・健康被害（およびその潜在可能性）に基づく規制の問題が「貿易と環境」の重要な論点であるとし、遺伝子組み換え技術と貿易との関係から読み解こうとし、EU ラベリング政策の現状を評価した。グローバル時代における「新しい環境アカウンタビリティ」という観点からは、

市民社会の関心事項な公的主体が応答し、またフードチェーン全体の管理を指向する EU の政策動向には一定の評価を与えられるとした。

　第10章（柘植隆宏・庄子康・荒井裕二）では、貴重な自然が残る尾瀬において、自然保護と観光振興を両立させる新たな利用方法として注目を集めているガイドツアーの普及促進の手がかりをつかむために、入山者の属性をはじめとしたガイドツアーに対する選好などのアンケートを行い、限界支払意志額などを分析し、課題を提示した。

　そして第11章（柳瀬明彦ほか）では、高崎市にある群馬の森の環境評価を仮想評価法とトラベルコスト法によって試算し、今後の群馬の森の利用を考える上での材料を提供した。

　以上が本書のおおよその内容である。筆者は内橋克人氏の『共生の大地』(1995、岩波新書）を読み、日本ではモータリゼーションによる乗客の減少、自動車交通の邪魔だとして、半ば厄介者扱いされ、廃止が相次いだ路面電車が、ヨーロッパでは地域交通の主役として活躍していることを知り驚いた。それ以来、欧米の路面電車の活躍ぶりに多大なる関心を寄せ、高崎経済大学附属産業研究所の研究プロジェクトの成果として刊行された『車王国・群馬からの提案』(2001) に「路面電車の再評価とまちづくり」を執筆した。その後、ヨーロッパ、アメリカへ出かけ、路面電車が活躍する都市をみる機会を得た。筆者が生まれ育った京都の家の近くを市電が走っていたが、1978年に廃止された。山紫水明の都と呼ばれる京都ゆえに市電は残しておくべきだと考え、廃止反対の署名もした。しかし、あの頃は地球規模での環境問題が表面化しておらず、環境に配慮したまちづくりよりも、自動車優先のまちづくりが優先されていた。

　内橋氏がその著書で紹介しているドイツ・フライブルグは、フランクフルトから南におよそ300 km、ライン川上流にある人口20万人余りの地方都市である。大学の町として知られているが、目立った産業があるわけではない。そのフライブルグには戦前から路面電車が存在していた。第二次世界大戦で街は破壊されたが、復興の過程においても路面電車は温存された。1960年代に酸性雨

によって森の木々が枯れる現象が現れ、フライブルグの人々は、徐々に環境に配慮したまちづくりを考えるようになった。中心市街地から自動車を排除して、路面電車を交通の中心に据えたトランジットモールの導入も早く、1980年代には路面電車を環境にやさしい町づくりの主役に据えることを政策的に決定した。フライブルグは、今、日本で提唱されているコンパクトシティーの見本のようでもある。筆者は2002年1月にフライブルグを訪問する機会に恵まれ、2007年3月にも立ち寄った。後者の訪問時には、路面電車の新線が開業しており、さらなるネットワーク化が進んでいた。

　フライブルグの第一回目の訪問後、筆者の第二のふるさとである岐阜市を走る路面電車の廃止を名古屋鉄道が決定し、地元では廃止後の対応に追われることとなった。岐阜市は公共交通を巡ってのシンポジウムを開催し、筆者も招聘され議論したが、環境に優しい路面電車を存続させるだけの財政的余力はなく、2005年3月末に廃止された。廃止を惜しむ声はたくさんあったが、モータリゼーションが進んだ岐阜市で路面電車の利用者は減少の一途を辿っていた。また筆者は、アメリカ・カリフォルニア州に出かける機会を得て、州都・サクラメント、シリコンバレーのあるサンノゼ、サンフランシスコで路面電車に乗車する機会があった。サクラメント、サンノゼでは、身障者が電動車椅子を使って自分で乗降できるように停留所施設が設計されていて、感心させられた。自動車王国・アメリカにおいて、路面電車が都市交通の担い手として位置づけられていることにも驚いた。

　フライブルグの路面電車は運行経費の7割程度しか運賃収入がないといい、赤字分は州が補塡する仕組みになっているそうである。それは、路面電車が環境保全に果たす役割が評価されているからである。しかし、日本では経営効率だけで存廃が論議され、赤字を補塡するスポンサーはどこからも現れず、次々と廃止されている。フライブルグのシステムが絶対であるとは思わないが、フライブルグの路面電車システムを構成するトランジットモール、パークアンドライドシステム、日頃の定期券が休日には家族パスとして利用可能となる制度、そして路面電車が大量輸送機関となるための信用乗車方式によって、路面電車

を地域交通の主役としたまちづくりが樹立されていることは、日本が持続型社会を模索するのに示唆的である。路面電車を装置とした持続型社会は、このようなシステムとそれを理解する市民によって成立していることに気づかされる。

地球温暖化の進行、化石燃料の可採期間が明らかにされる中、50年後、100年後を見据えたまちづくり、エネルギー・資源問題、公共交通問題への対応が求められているのにもかかわらず、日本政府の取り組みは、ほとんど何も出来ていないのに等しい。日本における持続型社会とは、どのようにイメージされるのか、それすら明らかにされていない。持続型社会の形成に向け、本書が僅かながらでもお役に立てば幸いである。

本書は、加藤一郎教授を中心とした持続型社会の形成に関する研究プロジェクトの研究成果である。4年間にわたる研究期間中、林准教授には、多忙の中、事務局的役割を果たしていただいた。また学外の先生には、全く不十分な研究条件にあるにもかかわらず、研究発表、原稿執筆をお引き受けいただき、本書を充実したものにしていただいた。また本書の刊行に当たり、産業研究所事務局の山田紘行氏、鳥屋千恵子氏にたいへんお世話になり、日本経済評論社の安井梨恵子氏には編集の労を執っていただいた。記して感謝し、お礼申し上げたい。

平成20年2月10日
　　　　　　　　高崎経済大学附属産業研究所副所長　西野　寿章

執筆者紹介 (執筆順)

加藤　一郎 (かとう　いちろう)
1946年、大阪府生まれ。
現在、高崎経済大学経済学部教授。
専攻は財政学、地方財政論。
主な著作に『現代の財政』（共著、有斐閣、1996年）、『公共事業と地方分権』（日本経済評論社、1998年）、『財政危機と公信用』（中央大学出版会、2000年）、『公共事業改革とその視点』（かんぽ資金、2002年）がある。

山田　博文 (やまだ　ひろふみ)
1949年、新潟県生まれ。
現在、群馬大学教育学部教授。
専攻は経済学、金融論、日本経済論。
主な著作に『これならわかる金融経済（第2版）』（大月書店、2005年）、『現代経済システム論』（日本経済評論社、2005年）、『現代日本の経済論』（日本経済評論社、1997年）がある。

水口　剛 (みずぐち　たけし)
1962年、神奈川県生まれ。
現在、高崎経済大学経済学部准教授。
専攻は社会的責任投資、環境会計。
主な著作に『ソーシャル・インベストメントとは何か』（共著、日本経済評論社、1998年）、『社会を変える会計と投資』（岩波書店、2005年）、『環境経営・会計』（共著、有斐閣、2007年）がある。

西野　寿章 (にしの　としあき)
1957年、京都府生まれ。
現在、高崎経済大学地域政策学部教授・附属産業研究所副所長。
専攻は経済地理学、地域開発論。
主な著作に、『山村地域開発論』（大明堂、1998年）、『現代山村地域振興論』（原書房、2008年）、"Forest Principles in Japan", Encyclopedia of Life Support Systems (Theme 42 in Regional Sustainable Development Review in Japan), (UNESCO, 2007) がある。

矢野　修一 (やの　しゅういち)
1960年、愛知県生まれ。
現在、高崎経済大学経済学部教授。
専攻は世界経済論。
主な著作に『可能性の政治経済学』（法政大学出版局、2004年）、翻訳にA.O.ハーシュマン『離脱・発言・忠誠』（ミネルヴァ書房、2005年）、同『連帯経済の可能性』（法政大学出版局、2008年）がある。

柳瀬　明彦 (やなせ　あきひこ)
1971年、神奈川県生まれ。
現在、高崎経済大学経済学部准教授。
専攻は国際経済学、環境経済学、マクロ経済動学。
主な著作に『環境問題と国際貿易理論』（三菱経済研究所、2000年）、『環境問題と経済成長理論』（三菱経済研究所、2002年）、"Dynamic Games of Environmental Policy in a Global Economy: Taxes versus Quotas", Review of International Economics (Vol.15, 2007) がある。

浜本　光紹 (はまもと　みつつぐ)
1969年、東京都生まれ。
現在、獨協大学経済学部准教授。
専攻は環境経済学。
主な著作に「住民投票と仮想市場法」『環境社会学研究』（第9号、有斐閣、2003年）、"Environmental Regulation and the Productivity of Japanese Manufacturing Industries," Resource and Energy Economics, (28 (4), 2006)、「環境政策形成過程の政治経済学――公共選択論に基づく研究の動向」『環境科学会誌』（第19巻第6号、2006年）がある。

伊佐　良次 (いさ　りょうじ)
1976年、沖縄県生まれ。
現在、高崎経済大学地域政策学部専任講師。
専攻は観光経済学、環境経済学。
主な著作に「エコツーリズムと環境保全」時政勗・薮田雅弘・今泉博国・有吉範敏編著『環境と資源の経済学』（共著、勁草書房、2007年）、「持続可能な観光と沖縄における観光振興の課題――観光客数増加による環境負荷の推計」『第10回観光に関する学術研究論文』（2004年）、「エコツーリズムと地域環境財の管理――多摩川流域圏の事例研究」『中央大学経済学研究所年報』（第34号、2003年）がある。

薮田　雅弘 (やぶた　まさひろ)
1954年、岩手県生まれ。
現在、中央大学経済学部教授。

専攻は公共政策、環境経済学。
主な著作に『資本主義経済の発展と変動』（九州大学出版会、1997年）、『コモンプールの公共政策——環境保全と地域開発』（新評論、2004年）、「コモンプールと環境政策の課題」『計画行政』（第18巻第4号、1995年）がある。

林　宰司（はやし　ただし）
1973年、大阪府生まれ。
現在、高崎経済大学経済学部准教授。
専攻は環境経済学、環境政策論。
主な著作に"Foreign Direct Investment and North‐South Environmental Problem"『高崎経済大学論集』（第48巻第3号、2006年）、「レーヨン産業の国際移転と二硫化炭素中毒」寺西俊一編『地球環境保全への途』（共著、有斐閣、2006年）、「発展途上国のサスティナブルな発展と地球温暖化対策」『環境と公害』（第35巻第4号、岩波書店、2006年）がある。

山川　俊和（やまかわ　としかず）
1981年、青森県生まれ。
現在、一橋大学大学院経済学研究科博士課程、高崎経済大学，大月短期大学非常勤講師（2008年度より）。
専攻は国際環境経済論、国際政治経済学。
主な著作に「食品の安全性をめぐる国際交渉と貿易ルールの政治経済学——米国産牛肉を中心に」『季刊経済理論』（第43号、2007年4月）、「GMO貿易と国際規制——構造と展望」『国際経済』（第58号、2007年）、「食品安全性政策と国際経済関係——1970年代における防腐剤認可問題と日米貿易摩擦」『日本貿易学会研究年報』（第45号、2008年）がある。

柘植　隆宏（つげ　たかひろ）
1976年、奈良県生まれ。
現在、甲南大学経済学部准教授。
専攻は環境経済学。
主な著作にTsuge,T., Kishimoto,A. and Takeuchi,K. "A Choice Experiment Approach to the Valuation of Mortality" Journal of Risk and Uncertainty,(Vol.31 No.1,2005)、笹尾俊明・柘植隆宏「廃棄物広域処理施設の設置計画における住民の選好形成に関する研究」『廃棄物学会論文誌』（Vol.16、No.4、2005年）、Tsuge,T.and Washida,T. "Economic Valuation of the Seto Inland Sea by Using an Internet CV Survey" Marine Pollution Bulletin,(Vol.47 No1-6,2003) がある。

庄子　康（しょうじ　やすし）
1973年、宮城県生まれ。
現在、北海道大学大学院農学研究院助教。
専攻は環境経済学、自然資源管理。
主な著作に栗山浩一・庄子康編著『環境と観光の経済評価——国立公園の維持と管理』（共編著、勁草書房、2005年）、庄子康・柘植隆宏・宮原紀壽「選択型実験による紅葉期登山者の目的地選択モデルの構築」『ランドスケープ研究』（Vol.68、No.5、2005年）がある。

荒井　裕二（あらい　ゆうじ）
1985年、群馬県生まれ。高崎経済大学地域政策学部4年。

小安　秀平（こやす　しゅうへい）
1984年、千葉県生まれ。高崎経済大学経済学部卒業。

中条　護（なかじょう　まもる）
1983年、鹿児島県生まれ。高崎経済大学経済学部卒業。

堀田　知宏（ほりた　ともひろ）
1983年、茨城県生まれ。高崎経済大学経済学部卒業。

水野　玲子（みずの　れいこ）
1983年、福島県生まれ。高崎経済大学経済学部卒業。

サステイナブル社会とアメニティ

2008年3月31日　初版第1刷発行　　　定価（本体3500円＋税）

編　者　高崎経済大学附属産業研究所
発行者　栗原哲也
発行所　株式会社日本経済評論社
　　　　〒101-0051　東京都千代田区神田神保町 3-2
　　　　電話　　03(3230)1661
　　　　Fax　　03(3265)2993
　　　　振替　　00130-3-157198
装幀者　静野あゆみ
印刷・製本　中央精版印刷株式会社

Ⓒ 高崎経済大学附属産業研究所 2008 Printed in Japan
A5判(21.0cm)　総ページ 304
ISBN978-4-8188-1994-8　C1336
日本経済評論社ホームページ http://www.nikkeihyo.co.jp/

・本書の複製権・譲渡権・公衆送信権（送信可能化権を含む）は㈱日本経済評論社が保有します。
・[JCLS]〈㈱日本著作出版権管理システム委託出版物〉
本書の無断複写は著作権法上での例外を除き禁じられています。複写される場合は、そのつど事前に、㈱日本著作出版権管理システム（電話 03-3817-5670、Fax 03-3815-8199、e-mail: info@jcls.co.jp）の許諾を得てください。

落丁・乱丁本はお取り替えは小社まで直接お送りください。

高崎経済大学附属産業研究所叢書

群馬・地域文化の諸相 —その濫觴と興隆—	本体 3200 円
利根川上流地域の開発と産業 —その変遷と課題—	本体 3200 円
近代群馬の思想群像Ⅱ（品切）	本体 3000 円
高度成長時代と群馬	本体 3000 円
ベンチャー型社会の到来 —起業家精神と創業環境—	本体 3500 円
車王国群馬の公共交通とまちづくり	本体 3200 円
「現代アジア」のダイナミズムと日本 —社会文化と研究開発—	本体 3500 円
近代群馬の蚕糸業	本体 3500 円
新経営・経済時代への多元的適応	本体 3500 円
地方の時代の都市・山間再生の方途（品切）	本体 3200 円
開発の断面 —地域・産業・環境—	本体 3200 円
群馬にみる人・自然・思想 —生成と共生の世界—	本体 3200 円
「首都圏問題」の位相と北関東	本体 3200 円
変革の企業経営 —人間視点からの戦略—	本体 3200 円
IPネットワーク社会と都市型産業	本体 3500 円
都市型産業と地域零細サービス業	本体 2500 円
大学と地域貢献 —地方公立大学付設研究所の挑戦—	本体 2000 円
近代群馬の民衆思想 —経世済民の系譜—	本体 3200 円
循環共生社会と地域づくり	本体 3400 円
事業創造論の構築	本体 3400 円
新地場産業と産業環境の現在	本体 3500 円

表示価格は2008年3月現在の本体価格（税別）です